电脑软、硬件自己动手DIY系列

电脑硬件专家门诊

——使用技巧与故障排除

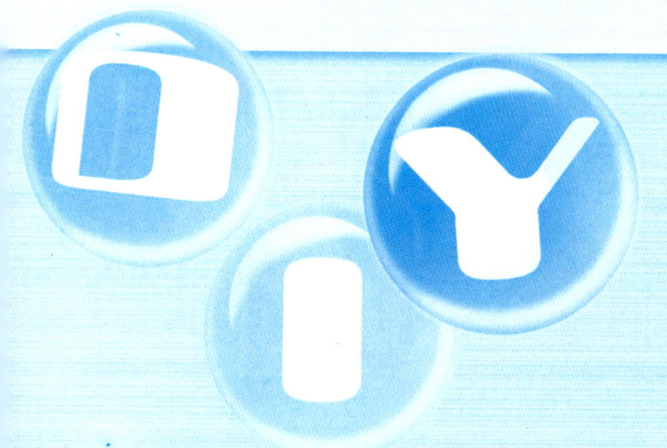

北京希望电子出版社　总策划
钟希武　赵　康　尹春燕　编

- 完全来自实战的电脑故障排除与维护技巧，应用价值高
- 情景化的问答式讲解方法，充分仿真故障现场
- 无需专业设备即可解决日常最常见故障
- 文图结合，解决问题更为直观

科学出版社
www.sciencep.com

内 容 简 介

这是一本电脑硬件相关使用技巧与故障排除的实战参考书。书中以问题解答的方式，总结大量来自于实践中的故障与解决办法，便于读者掌握操作要领、从容应对类似故障，解决问题手到病除。

本书由 10 章组成，主要内容包括：主板、CPU、内存、硬盘、显卡、显示器、声卡、音箱、光驱及刻录设备、机箱、电源、键盘、鼠标、移动硬盘与 U 盘、游戏、网络、摄像头、数码相机及摄像机等设备相关的使用技巧与故障排除内容。

本书摈弃了枯燥、沉闷、难以理解的理论内容，使之通俗易懂。本书故障典型、技巧实用、实战性强，讲解深入浅出、易于理解、可大大提高读者的实战能力。本书不仅是 DIY 爱好者及发烧友的有力指导，也是电脑维修人员的参考书，更是所有电脑用户的案头应急必备手册。另外，本书也是大中专院校、职业学校等计算机硬件专业以及社会各类电脑装机、维修与维护培训班教材。

需要本书或技术支持的读者，请与北京清河 6 号信箱（邮编：100085）发行部联系，电话：010-82702660，62978181（总机），传真：010-82702698，E-mail：tbd@bhp.com.cn。

图书在版编目（CIP）数据

电脑硬件专家门诊——使用技巧与故障排除/钟希武，赵康，尹春燕编.—北京：科学出版社，2007.5

（电脑软、硬件自己动手 DIY 系列）

ISBN 978-7-03-018772-7

Ⅰ.电… Ⅱ.①钟… ②赵… ③尹… Ⅲ. 硬件—故障修复 Ⅳ.TP303

中国版本图书馆 CIP 数据核字（2007）第 040333 号

责任编辑：邓 伟 / 责任校对：娄 艳

责任印刷：媛 明 / 封面设计：刘孝琼

科学出版社 出版

北京东黄城根北街 16 号

邮政编码：100717

http://www.sciencep.com

北京媛明印刷厂印刷

科学出版社发行 各地新华书店经销

*

2007 年 5 月第 一 版 开本：787×1092 1/16

2007 年 5 月第一次印刷 印张：19

印数：1-5 000 字数：423 852

定价：28.00 元

前 言

纵观已出版的“硬件维修维护”类的书籍，在涉及“故障排除”内容时，大多蜻蜓点水，而真遇到难题需要解决时，泛泛之介绍，对读者来说有如隔靴搔痒，况且所介绍的内容大多已过时，缺乏实用价值，为弥补之不足，我们编写了此书，希望对广大读者有所帮助和启迪，达到学以致用的效果。

本书特点

1．操作讲解深入浅出、全面透彻、易于理解，这样可以指导读者更全面、更具体、更扎实的掌握相关知识，便于读者举一反三，解决实际问题。

2．摒弃了枯燥沉闷、难以理解的理论内容和繁杂冗余的铺垫，同时避免了知识为主的“维修教程”纸上谈兵之弊端。

3．使用技巧、维护和故障排除的比例占到全书的80%以上，并对故障现象拨云见日，最后给出解决问题的方法。

4．笔者从实践中精心提炼，以无需专用设备就可以解决、日常使用过程中最常见到、最有实用价值、最常出现的内容为选材原则，去粗取精，力求在有限的篇幅内尽可能包含更丰富的内容。

5．对于重要的部位或复杂的操作，都配以图片辅助讲解，让读者一看就会、一学就能掌握，起到立竿见影的效果。

6．主题细分，技术精湛，通俗易懂，这对作者的要求极为苛刻，既要有极为丰富的电脑知识，还要求有维修经验，同时又应具备出色的写作能力，并具备一定的市场知名度(品牌效应)，只有这样才能深受读者欢迎。

本书可作为大中专院校、职业学校等计算机硬件专业教材及各类电脑硬件维护、维修班教材或参考读物。

对于初学者，相当于经典的教程，可以帮助他们学习和掌握电脑的优化、维护、使用技巧与故障排除等相关知识。

对于中级用户，大量的问答及实例可以帮助他们掌握具有实用价值的操作方法，提高实际解决问题的能力。

对于高级用户，相当于《速查手册》，可快速上手，方便实用。

本书由钟希武、赵康、尹春燕执笔编写。在编写过程中，得到了周晓军、刘斌、尹春燕、伯镛、陈胜恒、张会玲、周莉，王海丽、赵建明、张书武等在图片加工、数据整理各方面的帮助。在此一并表示感谢。

这里还要提及的是陆卫民先生、郑明红女士、杨如林先生等，他们为本书的出版付出了辛勤努力，这里同样表示谢意。

由于作者水平有限，书中如有不当之处，恳请广大读者提出宝贵意见。联系方式：xwgzs@public.tpt.tj.cn。

编者

Contents 目录

CHAPTER 9

辅助设备的使用技巧与故障排除

CHAPTER 11 数码相机及数码摄像机的使用技巧与故障排除

第 1 章　主板的使用技巧与故障排除

主板是电脑的主要组成部分，电脑中的大多数零部件都是安插在主板上的，主板故障与否直接影响着电脑的运行，在实际操作中主板出现故障的机率是非常高的，掌握一定主板相关技巧与故障排除对电脑用户来说是必须的，本章主要通过 CMOS 设置、支持硬盘、USB 接口、电池相关、其他等几个相关部分来介绍主办的使用技巧和故障排除。另外，本章最后一节介绍了 BIOS 刷新相关的技巧。

1.1　CMOS 设置使用技巧

问 1-1　电脑自检硬盘时所用的时间比同级别配置的电脑长是何原因

答：这个问题一般与硬盘的容量大小、档次及传输模式没有多大关系，而且由于还没有涉及到引导操作系统，因而与 Windows 系统版本和是否受到病毒攻击等也没有多大关系，更谈不上硬盘自身是否已经出现“坏道”等问题。以笔者的经验判断，这多半是用户使用的主板（这里以常用的 865 主板为例进行介绍）中将所有硬盘类型都设置为 Auto（如图 1-1 所示）了，这样就导致每次开机时 CMOS 都需要重新检测硬盘设置，“自检”速度自然会有所下降。

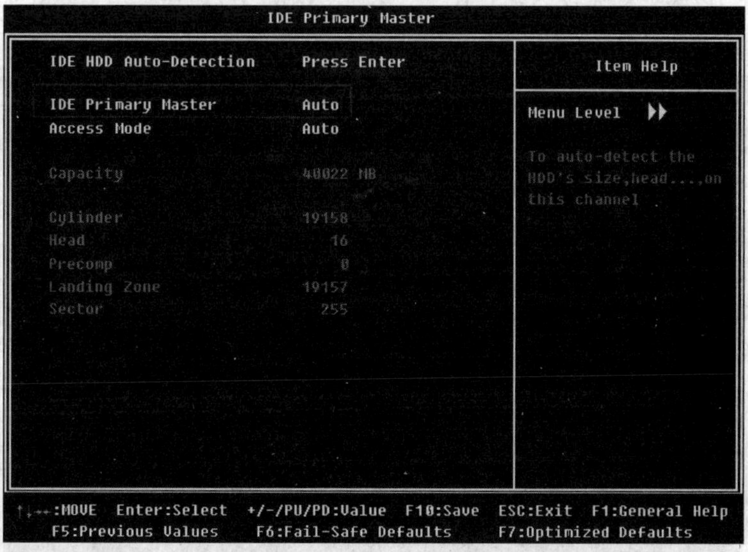

图 1-1　Advanced 菜单

解决方法：在主板 CMOS 正确检测出硬盘型号后，将其他没有连接的 IDE 接口类型更改为 None（如图 1-2 所示），这样设置后 CMOS 就可以跳过无关硬盘检测过程，从而使启动速度得以提高。

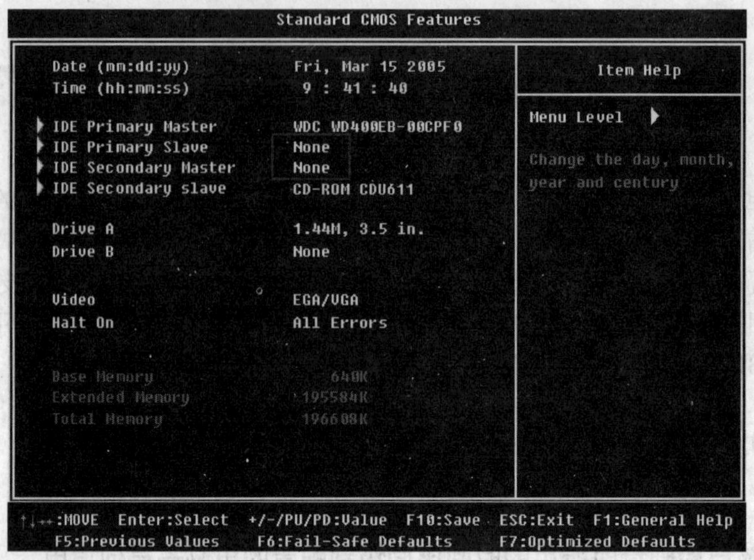

图 1-2 Standard CMOS SETUP 菜单

问 1-2 启动电脑系统时按 Esc 键是否能跳过自检

答：只要对 CMOS 中的有关选项进行简单设置就可以实现。具体步骤如下：

STEP 1 首先启动电脑，按住 Del 键进入 CMOS 主菜单，通过键盘上的方向键移动光标找到 Advanced BIOS Features（有些主板命名为 BIOS Features SETUP）选项，按回车键进入下一级子菜单，移动光标选择 Quick Power On Self Test（快速加电自检）选项，将原来的 Disabled 改为 Enabled（如图 1-3 所示）。

```
Advanced BIOS Features

Virus Warning                   Disabled      Item Help
CPU L1 Cache                    Enabled
CPU L2 Cache                    Enabled       Menu Level
CPU L2 Chche ECC Checking       Enabled
Quick Power On Self Test        Enabled       Allows you to choose
First Boot Device               Floppy        the VIRUS warning
Second Boot Device              HDD-0         feature for IDE Hard
Third Boot Device               CDROM         Disk boot sector
Boot Other Device               Enabled       protection. If this
Swap Floppy Drive               Disabled      function is enabled
Boot Up Floppy Seek             Enabled       and someone attempt to
Boot Up NumLock Status          On            write data into this
x Typematic Rate Setting        Disabled      area , BIOS will show
x Typematic Rate (Chars/Sec)    6             a warning message on
Typematic Delay (Msec)          250           screen and alarm beep
Security Option                 Setup
OS Select For DRAM > 64M        Non-OS2
HDD S.M.A.R.T. Capability       Disabled

↑↓→←:MOVE  Enter:Select  +/-/PU/PD:Value  F10:Save  ESC:Exit  F1:General Help
F5:Previous Values   F6:Fail-Safe Defaults   F7:Optimized Defaults
```

图 1-3 Advanced BIOS Features 菜单

STEP 2 然后按 Esc 键退到上一级菜单，最后保存退出即可。

选中 Enabled 还有一个好处是，可以让系统跳过某些自检选项，比如内存由 3 次检测变成了只检测 1 次。建议高级用户开启此选项。

问 1-3　如何能让电脑实现定时自动开机

答：只要使用的主板 CMOS 设置中具备支持定时开机功能即可（当然电源也要支持，可参考主板说明书）。以笔者的经验，一般 2001 年以后购买的主板都支持该功能。设置步骤如下：

STEP 1　启动电脑，按住 Del 键进入 CMOS 主菜单，然后找到 Power Management Setup（电源管理设置）子菜单，将 Resume by Alarm 选项（如图 1-4 所示）的参数设为 Enabled。

STEP 2　在 Date（of Month）Alarm 和 Time（hh：mm：ss）Alarm 中分别设定开机的日期和时间。保存设置并退出 CMOS。以后一旦系统时钟到了设定时间，电脑即会自动开机。

当然，必须事先将电脑的电源插好，并保证电脑供电正常。

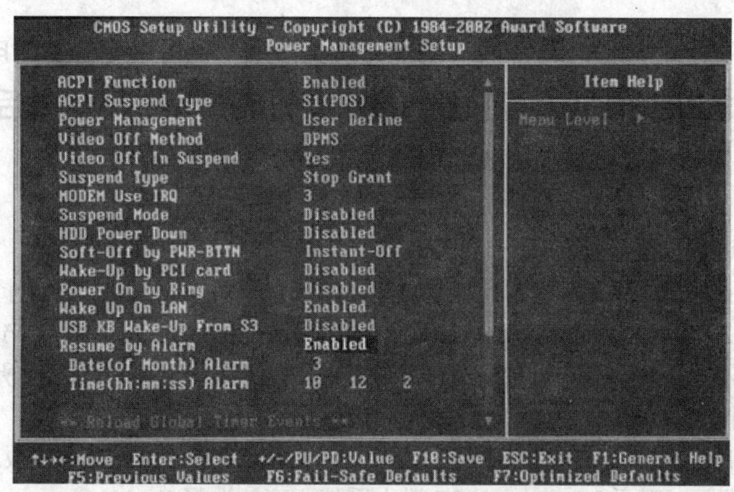

图 1-4　Power Management Setup 菜单

问 1-4　一款 865PE 芯片主板更换风扇后运行时 CMOS 中检测转速为 0 是何原因

答：这个档次的主板，在 CMOS 的 PC Health Status（PC 健康状态）中至少包含 CPU 电压、多组工作电压、CPU 温度、散热风扇（风扇转速）工作情况等关键性参数的自动侦测（如图 1-5 所示），一旦系统运行过程中发现异常即发出报警信息以提醒用户。有些主板不仅在 CMOS 中可以进行检测，还可以借助配套的软件在 Windows 系统中直接读取系统温度等各项参数。

对于本例的问题，笔者分析多半出在 CPU 散热风扇接头的安装上，由于主板上集成的监控芯片侦测风扇转速时必须配合三针的风扇（其中一根针提供风扇状态信息），所以，排除此故障的方法是除了选择高品质带有三针电源接头的散热风扇外，同时还需要注意在主板上风扇接头的位置，一般情况下，标注有 CPU FAN（如图 1-6 所示）字样的插针才是我们用得着的，而 CASE FAN 的插针是用来监控电源风扇转速的。

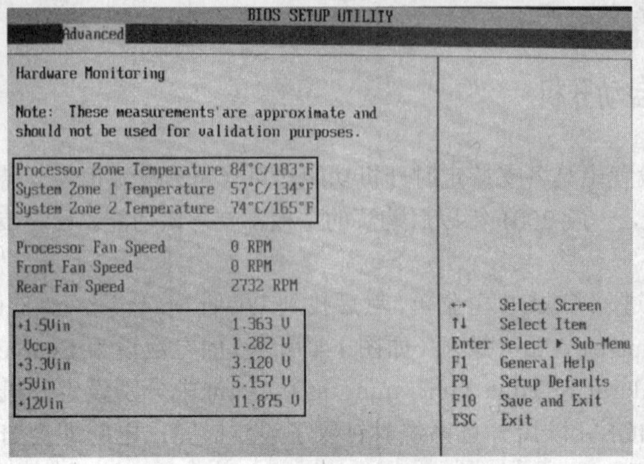

图 1-5 PC Health Status 菜单

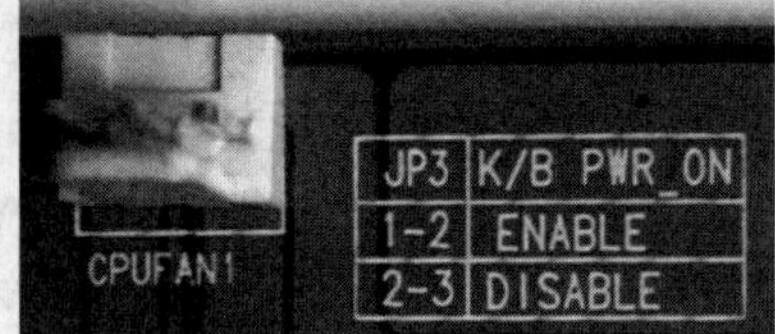

图 1-6 主板局部

问 1-5 安装 Windows XP 系统后，每次关机都提示“你可以安全关闭电脑了”，但机箱的电源并没有真正切断，必须按住 POWER 按钮数秒钟后强行关闭主机电源是何原因，与电脑配置及主板档次是否有关

答：出现这种情况通常有以下几种可能：

其一，电脑主板的 BIOS 版本比较老。老版本 BIOS 对 Windows XP 支持上存在缺陷，就造成了它的 ACPI（Advanced Configuration and Power Interface）功能与 Windows XP 中的电源管理功能不太兼容，解决的方法是需要去主板厂商网站下载你的主板所用型号的最新 BIOS 文件并升级。

其二，在 Power Management Setup 中将 ACPI Function 选项由 Disable 改成 Enabled（如图 1-7 所示）即可，对于 Windows 98SE 以上系统，应该选择 Enabled。

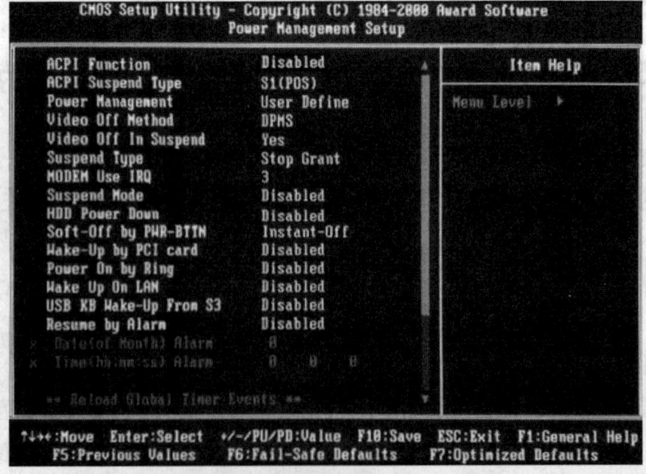

图 1-7 Power Management Setup 菜单

其三，Windows XP 中的“高级电源管理”没有设置好。解决的方法是，进入 Windows XP 后，执行“开始”→“设置”→“控制面板”→“性能和维护”→“电源选项”→“高级电源管理”命令，在“启动高级电源管理支持”选项（如图 1-8~图 1-11 所示）进行一次相反的操作（即：原来打开的，现在关闭；原来是关闭的，现在打开）试试。这种情况与电脑配置无关，但与主板的档次有一定关系。

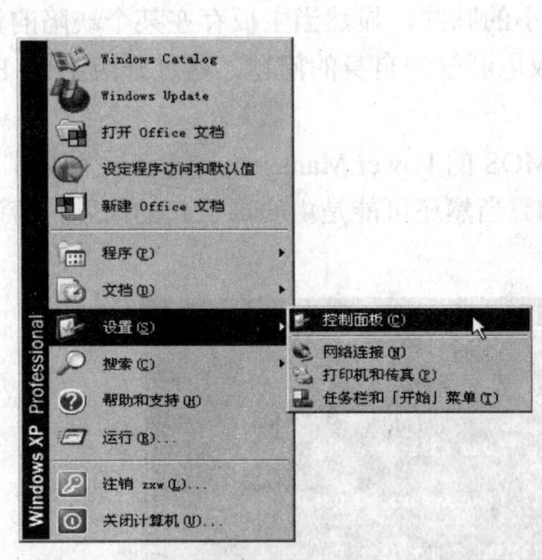

图 1-8　Windows XP 菜单

图 1-9　Windows XP 控制面板菜单

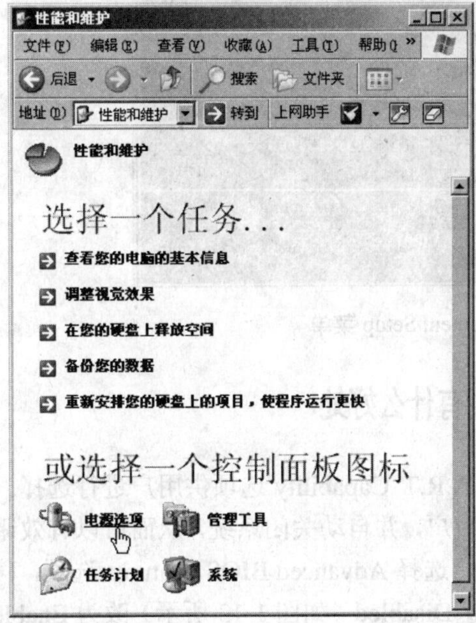

图 1-10　Windows XP 性能和维护菜单

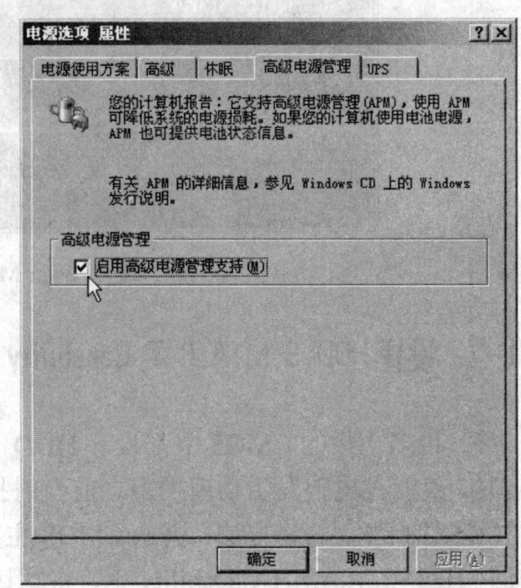

图 1-11　Windows XP 电源选项菜单

问 1-6 电脑关机后总是重新启动，只能强行按 POWER 按钮数秒钟后才真正关机，这是何原因，这样关机是否对硬盘有损伤

答：这种情况涉及的问题比较多，既有主板电源管理自身的问题，也有 CMOS 中设置不当的问题，还有病毒引起的问题。由于没有当面检查，因此只能凭经验介绍一下常见的解决方法。资深 DIY 玩家都知道，有些杂牌主板的电源管理设计，由于受布线设计和元件质量等影响，对电平信号的响应不是很精确。主板在切断电源的瞬间会产生一个瞬间电压，而这个电压会导致网卡、MODEM 等产生一个微小的脉冲，显然当主板存在某个缺陷的话，就会引起误操作，导致电脑自动重启。这是主板电源管理自身的问题，通过升级主板 BIOS 一般可以解决问题。

对于 CMOS 中设置不当的问题，可以在 CMOS 的 Power Management Setup（如图 1-12 所示）中将 Wake Up On LAN 选项改为 Disabled。当然还可能是由病毒引起的问题，请调用最新版杀毒软件试试。

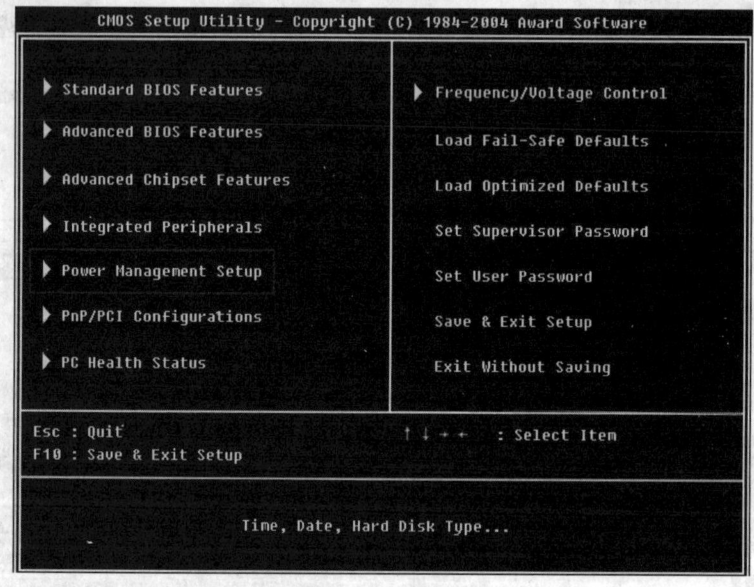

图 1-12 Power Management Setup 菜单

问 1-7 设置 HDD S.M.A.R.T Capability 选项有什么好处

答：很多主板的 CMOS 中都设有 HDD S.M.A.R.T Capability 选项供用户进行选择。打开它时，就能在电脑发生物理损害之前及时提示用户，并自动关闭系统，从而可以有效避免硬盘物理性损坏。具体方法：进入 CMOS 主菜单，选择 Advanced BIOS Features 选项，移动光标到 HDD S.M.A.R.T Capability 上，将默认设置 Disabled（如图 1-13 所示）改为 Enabled，保存后退出即可。

由于不同的主板厂商设计风格不尽相同，HDD S.M.A.R.T Capability 画面可能有所差异，但操作方法上大同小异。

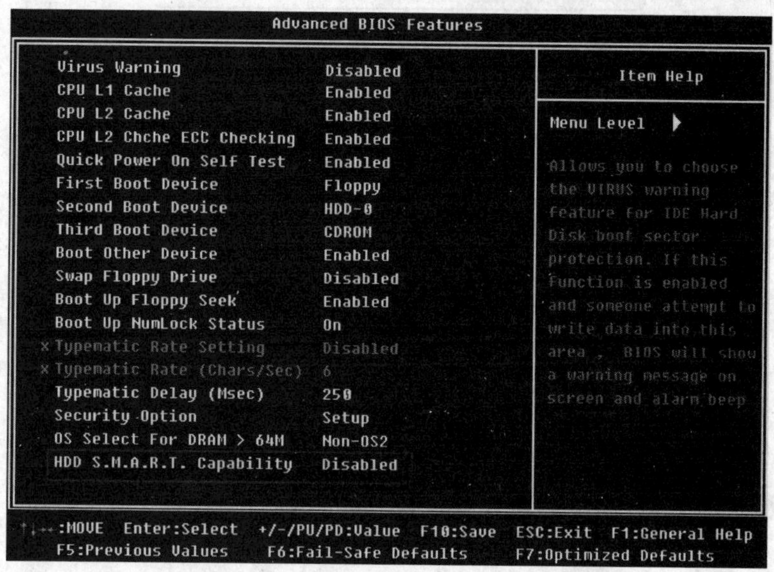

图 1-13　Advanced BIOS Features 菜单

1.2　支持硬盘使用技巧

问 1-8　市场上支持 Serial ATA 硬盘的主板所使用的芯片组各有什么特点

答：从目前情况看，能够直接支持 Serial ATA（很多媒体缩写为 SATA）硬盘的主板，所采用的芯片组主要集中在以下 3 个厂商：

其一，Intel 的主要有：865，875，915，945，965，975 等系列（如图 1-14~图 1-19 所示）。

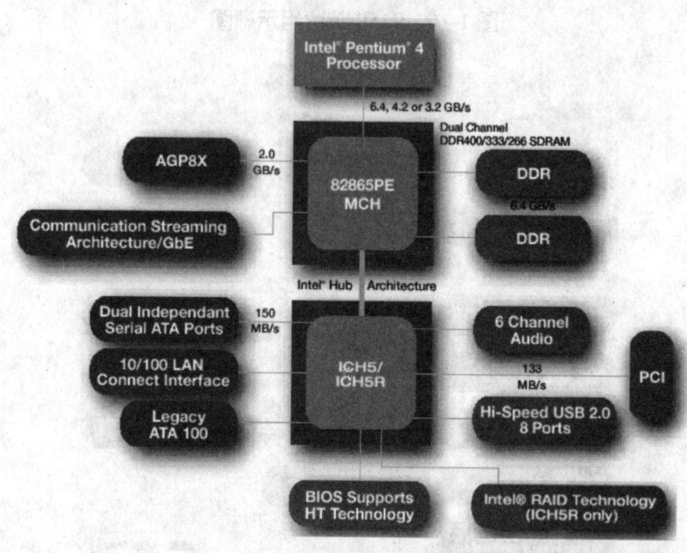

图 1-14　865PE 芯片组示意图

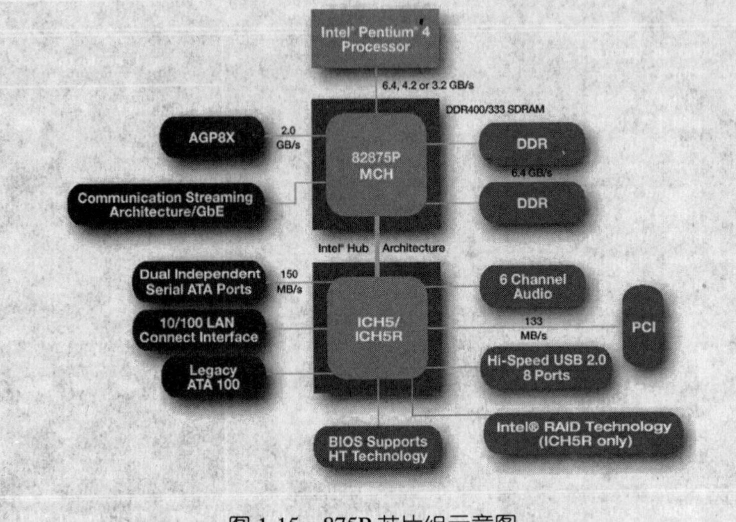

图 1-15　875P 芯片组示意图

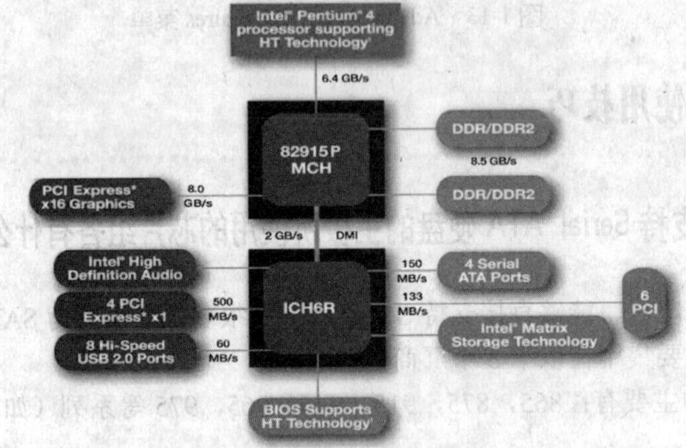

图 1-16　915P 芯片组示意图

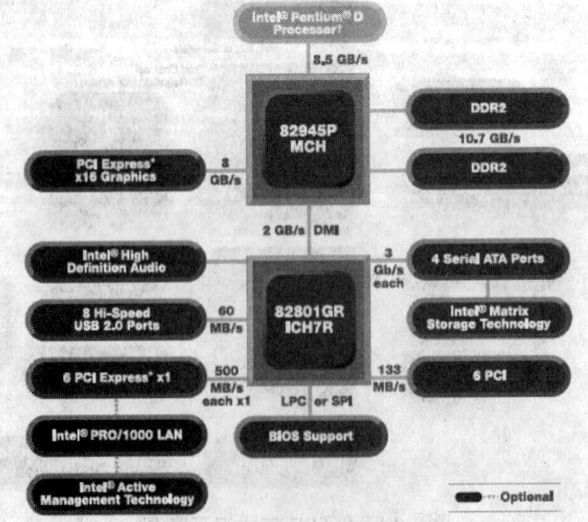

图 1-17　945P 芯片组示意图

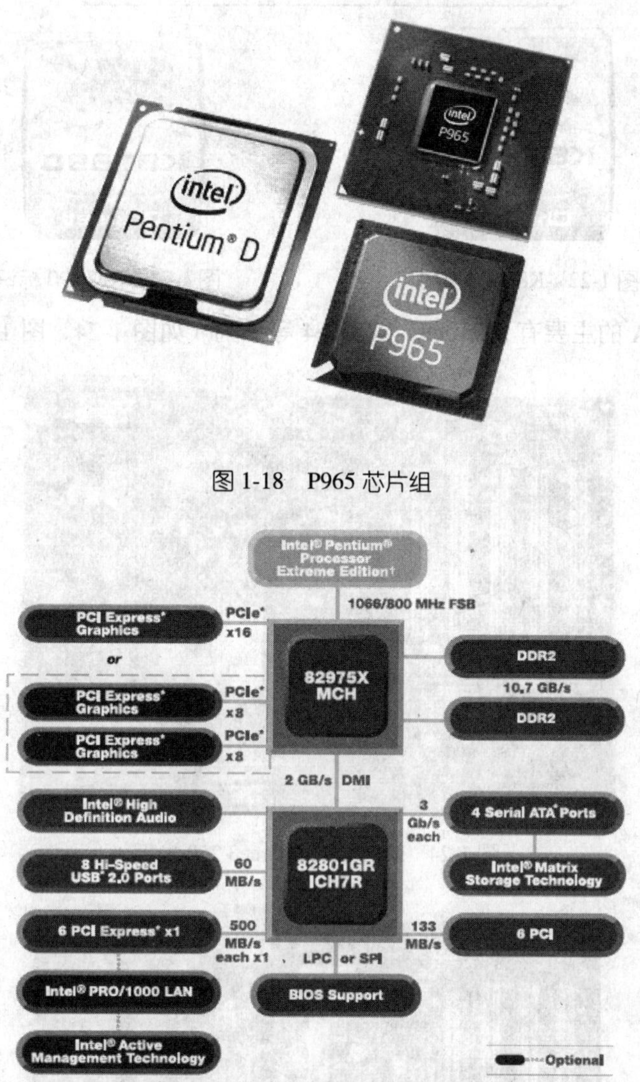

图 1-18　P965 芯片组

图 1-19　975X 芯片组示意图

其二，VIA 的主要有：PT880，PT890、K8T800，K8T890 等系列（如图 1-20~图 1-23 所示）。

图 1-20　PT880 标识

图 1-21　PT890 标识

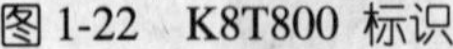

图 1-22　K8T800 标识　　　　图 1-23　K8T890 标识

其三，nVIDIA 的主要有 nForce3，nForce4 等系列（如图 1-24、图 1-25 所示）。

图 1-24　nVIDIA　nForce3 250 主板

图 1-25　nVIDIA　nForce4 SLI 主板

由这些芯片组构成的主板，可以不借助任何第三方辅助芯片就直接支持 Serial ATA 结构的硬盘。此外，有些主板厂商为了迎合用户需求，它们在主板上集成了 Silicon Image3112 和 Promise PDC20375、PDC20376、PDC20378 等第三方芯片也可以达到支持 Serial ATA 硬盘的目的。这类主板所使用的芯片组几乎涵盖了当今所有已上市的芯片组产品。

问 1-9　主板不支持 WD 生产的 80GB 硬盘，如何解决

答：这个问题是电脑用户在升级大硬盘时经常碰到的。如果一定要在老主板上使用 80GB（如图 1-26 所示）以上的大硬盘，解决的方法有很多种，这里介绍两种最常用的方法：

其一，借助硬盘生产厂商提供的大容量硬盘专用工具进行分区和格式化，并接管 BIOS 对硬盘实施控制，从而达到使用全部容量之目的，这在各个硬盘厂商的网站以及知名的硬件专业网站上都可以免费下载，具体可以参见笔者出版的《电脑故障排除——硬盘与内存篇》（希望电子出版社最新出版）有关章节。

其二，如果你能够找到主板厂商对应的 BIOS 升级程序，也可以尝试 BIOS 升级，也许能识别出大硬盘。

其实，以笔者之经验，解决这个问题有一个更简单的方法，效果也很好。就是将新买的大容量硬盘，拿到另一台可以正常使用这个容量硬盘的电脑上对该硬盘进行分区，注意每个分区的大小不要超过你的主板 BIOS 可以管理的最大容量，然后装回到自己电脑上，由于 Windows 对硬盘采用的是 32 位管理方式，因此你完全可以使用硬盘的全部空间。这种方法可以不借助其他软件，而且对系统性能也没有不良影响，值得一试。

图 1-26　西部数据 80GB 并口硬盘

问 1-10　Windows 98 不能识别大容量硬盘，如何解决

答：目前一些专用软件要求系统是 Windows 98 操作系统，鉴于此用户只好放弃已经普及了的 Windows XP 系统，但由于硬盘价格一路走低，一般用户的硬盘都已在 80G 之上，所以就会出现标题所说的情况，在 Windows 98 系统中使用大硬盘引发的问题主要有两个：

其一，很多老主板的 BIOS 不能正确识别。

其二，第一次分区时因为 FDISK 版本原因不能识别。

由于很多朋友（包括电脑城的一些装机商）并不知道 Windows 98 的 FDISK 这个版本只可支持到 60GB 以下容量，因此用 FDISK 分区（认作 10GB，强行格式化出一个分区后，重新启动后无法自举）导致失败还感到莫名其妙。再有，这个 FDISK 版本还容易造成分区引导位置标识为错误代码，这给使用其他分区工具再次分区造成很大的困难。如果使用各种分区软件在同一敏感位置反复操作，还可能给硬盘造成“软”故障。

解决这个问题常用的方法有两个：

其一，对于老主板的 BIOS 不能正确识别的问题，采用升级 BIOS 的办法。

其二，可以用 Windows 2000 以上版本操作系统附带的 FDISK，当然借助硬盘厂家附送的工具软件，或是 DM 以及国产的分区软件 DISKMan 等效率更高。

1.3 USB 接口使用技巧

问 1-11 机箱上有前置 USB 接口，但是插入 U 盘后，系统提示错误，而使用机箱后面的 USB 接口就能正常使用，这是何原因

答：机箱前置的 USB 接口（如图 1-27 所示）不能正常使用一般有两个原因：

其一，连接有误。前置 USB 接口是由一根专用连接线与主板上的 USB 插针连接，如果此线与主板 USB 插针引出脚不对应，就会导致不能正常使用。

其二，USB Root HUB 没有被正常驱动，请检查软件相关方面。如果两个前置的 USB 接口，只有一个能使用，那多半就是连接线与主板 USB 插针引出脚不对应。当然，这要在排除了 USB 插座内部簧片接触不良的前提下。

对于前置 USB 接口带有保护电路的情况，也可能是保护电路的元件损坏造成的，用户可以将保护元件去掉试试。

前置 USB 端口

图 1-27 爱国者“月光宝盒 F”系列机箱

问 1-12 一位用户由于需要买了一块 USB 口扩充挡板，连接好之后插上 U 盘后不能工作，而且 U 盘的指示灯也不亮，这是何原因

答：经过核对发现该用户的 USB 挡板（如图 1-28 所示）与主板 USB 插针的连接不对应，主板 USB 插针排序为+5V、信号、信号、地线、地线，且两排顺序相反（5V 电源线不

在同一边）。将接错的一根线反过来重接（具体可参见本节前面的介绍）后，再次启动电脑，奇怪的是U盘仍不能工作。用“万用表”测量USB的输出电压，居然测不出电压，关机后顺着主板USB插针查看，发现了一块外接USB 2.0的专用芯片，经过分析后得出了这样的结论：用户首次插上USB口扩充挡板后，有一根线是连对了，但另一根则相反了，开机后，这接错的一根已经对电路造成了破坏，导致USB接口芯片当即报废，将接错的一根线反过来重接后，由于USB接口芯片已经烧毁，因此U盘仍无法工作。

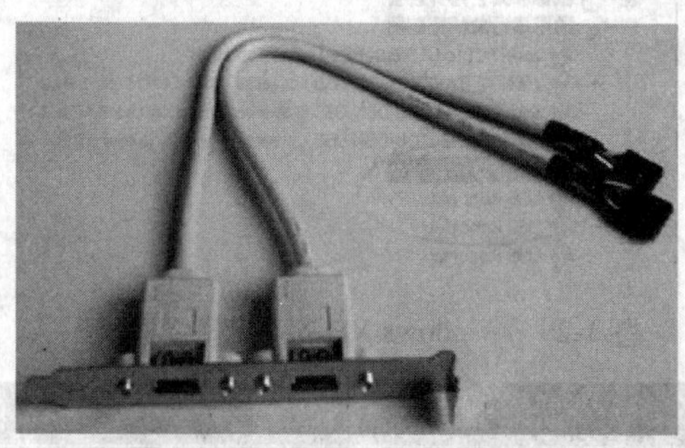

图1-28 USB口扩充挡板

问1-13 一个USB接口的40GB移动硬盘，在机箱后置的USB接口上使用正常，而接到机箱的前置USB接口上根本找不到硬盘，这是何原因

答：电脑设计上给前置USB接口提供的电流较小，导致USB接口供电不足而无法驱动移动硬盘。一般而言，后置的USB接口多采用主电源直接供电，可提供较大的电流，因此多用于不经常更换的和耗电量大的设备，如USB接口的打印机、扫描仪等。而前置USB接口因为提供的电流较小，主要用于连接U盘、MP3、数码相机等经常拔插的设备。

问1-14 新买的一块“爱国者”移动硬盘，说明书上写着USB 2.0，可是插在电脑(Pentium 4/2.4C CPU)上感觉速度很慢，这是何原因，如何解决

答：由于没有当面检查，因此这里笔者只能就一般常见的问题作个概括。我们知道，USB 2.0将接口的数据传输速度提高到480Mbps，比USB1.1提高了40倍，这可以大大缓解USB 1.1带宽不足的“瓶颈”，可是以前购买的很多主板（比如845D以前的芯片组）并不支持USB 2.0。估计问题出在USB接口的传输速率上。只要不是最新上市的主板，其所搭配的南桥一般只支持USB 1.1的传输速度，而新的移动硬盘支持USB 2.0模式，这样就会出现传输速度受到制约的问题。尽管不影响正常使用，但是，这个移动硬盘在主板上工作速度会受到限制。另外，为了能更好的使用USB 2.0设备，请正确安装配套的驱动程序。在Windows XP的“设备管理器”中能看到如下设备（如图1-29所示），就说明已经可以使用支持USB 2.0的移动硬盘了。再有，为了稳妥起见，还需要在主板CMOS的Integrated Peripherals（有些主板还要再进入下一级子菜单）中查看USB 2.0 Controller（USB 2.0控制器）是否已打开（如图1-30所示）。

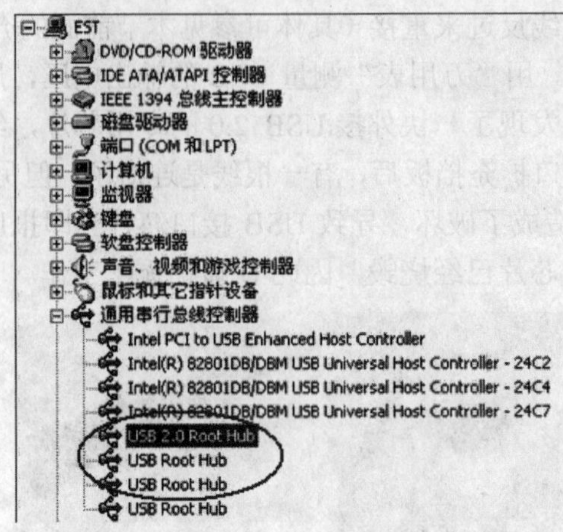

图 1-29　Windows XP 的“设备管理器”

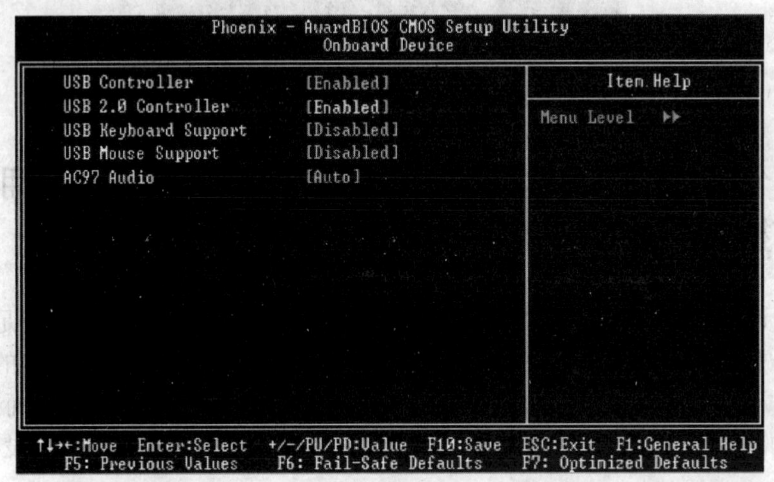

图 1-30　USB 2.0 Controller（USB 2.0 控制器）选项

问 1–15　一位网友 E-mail 询问一个 USB 2.0 的移动硬盘，在 nForce2 主板上使用 USB 2.0 模式拷贝文件时总是出现问题，这是何原因，如何解决

答：这位网友既没有说清楚使用的是什么品牌的移动硬盘，也没有讲明使用的是什么品牌的主板，因此只能凭掌握的经验进行解答。nForce2 芯片组的主板，从正式推出到广泛热销，经历了不少风风雨雨，不断的改进以及推出新驱动和补丁，这使得 nForce2 主板的稳定性大为提高，但不可否认的是还存在一些小漏洞。以笔者分析，如果移动硬盘是在 USB 1.1 模式传输、拷贝都没有问题的话，那多半就是 nForce2 主板对 USB 2.0 模式支持有问题，也可能是 nForce2 芯片组自身的一个漏洞。

笔者就遇见过这样一例：电脑装的是 Windows 2000 系统，nForce2 主板连接一块“爱国者”20GB 移动硬盘，用 USB 2.0 模式拷贝文件时，只要文件大于 200MB，拷贝/移动过程中就会报错，虽然重新插一次又可以找到移动硬盘了，但是拷贝文件时问题依旧。如果真是

nForce2 芯片组自身的一个漏洞升级主板的 BIOS 很难解决问题，如果移动硬盘是 USB+PS/2 口供电的，可以插上 PS/2 试试，或是使用带有外接电源的移动硬盘。

可以到 nForce2 主板厂商网站下载一个特殊的 USB 2.0 驱动程序（不同厂商的驱动一般可以互用），然后在控制面板中更新驱动，自己指定驱动程序位置，选定后会提示该驱动没通过微软认证，强制安装后，在“设备管理中”找到可移动硬盘（如图 1-31 所示），单击“属性”→“策略”命令，将“为快速删除而优化”改为“为提高性能优化”（如图 1-32 所示）试试。另外，尽量不要使用 USB 延长线。

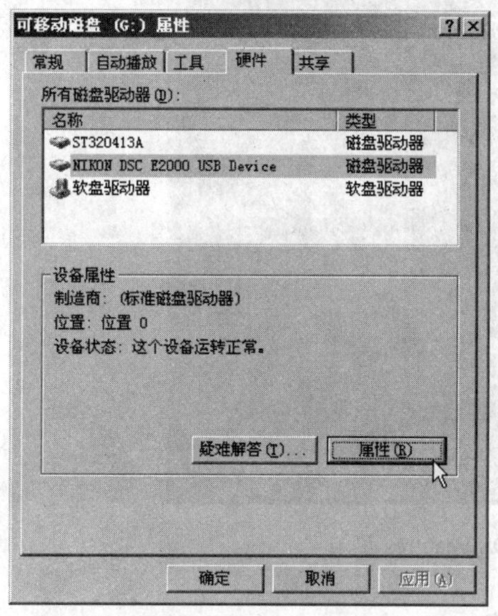

图 1-31　设备管理器面板

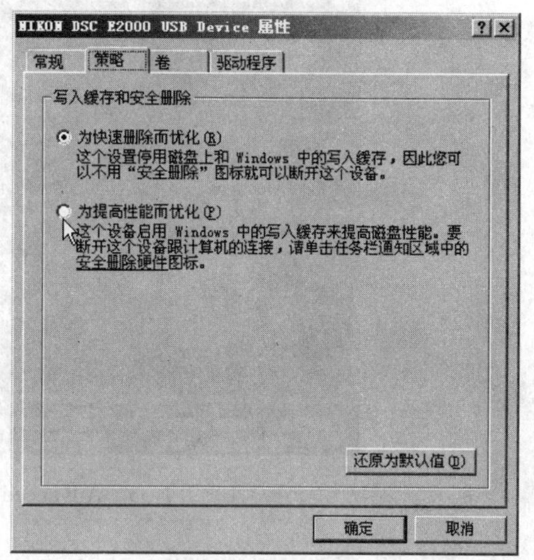

图 1-32　策略选项卡

1.4　其他使用技巧

问 1-16　APIC 作用是什么？如何设置

答：可能有些朋友遇到过这样的问题，在添加网卡、声卡、RAID 卡（PCI 类）设备时，在安装后却由于系统不能正确为新添加的设备分配 IRQ，因而导致该设备无法正常运行。由于不知如何解决，因此很多时候只能选择放弃。这是什么原因造成的呢？资深玩家都知道，在拥有多个 PCI 设备的电脑中，经常会遇到 IRQ（中断请求）分配不足的问题，也就是我们通常看到的 IRQ 冲突或 N/A 之类的问题。而在操作系统中，IRQ 是由 APIC 进行控制的。在很多主板 CMOS 的“Advanced BIOS Features（高级 BIOS 设置）”中，我们可以看到一个名为“APIC Mode（高级可编程中断控制器）”的选项（如图 1-33 所示），当它设为 Enable 时即可使用 ACPI 模式。一般而言，在 Windows 2000/XP 系统资源中，APIC 提供的可用 IRQ 数量最多可达到 24 个，不再受传统 IRQ 只能有 16 个的限制。正确启动 APIC 功能后，如果用户再出现系统无法正确识别新添加的设备情况，使用 APIC 模式通常都能得以解决。

这里需要提醒的是，使用 APIC 模式要注意以下几个问题：

其一，APIC 功能对 Windows 98SE/Me 系统不起任何作用。

其二，必须先在主板 CMOS 的 Advanced BIOS Features 中打开 APIC 选项，然后重新安装操作系统后，APIC 模式才能起作用（新设备才能被正确识别）。

其三，一旦重新安装了操作系统之后，就不允许再更改 APIC 选项了，否则会导致操作系统无法正确运行。

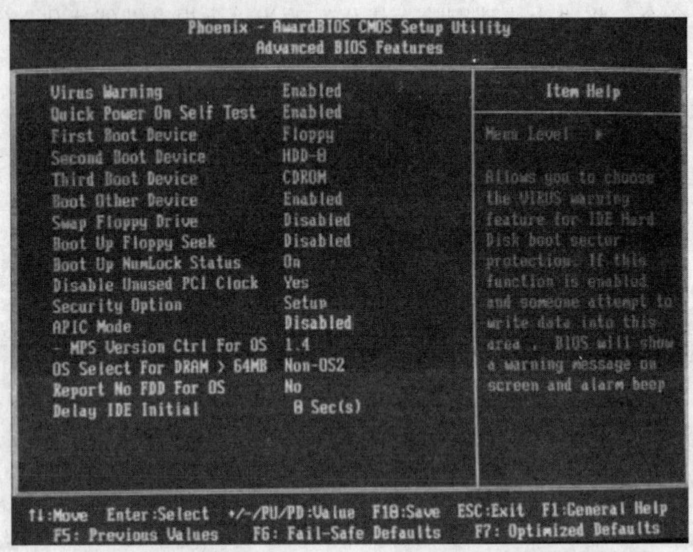

图 1-33 Advanced BIOS Features 菜单

问 1–17 主板驱动程序的安装是否有顺序要求

答：以笔者的经验而论，目前几乎所有主板的驱动程序都提供了“傻瓜”安装方式，只要用户没有特殊要求，一般用鼠标依次“点选”即可。不过，笔者还是建议，主板驱动程序应最先安装，这是因为一些采用 Intel 芯片组的主板，都要求在先安装主板驱动，然后才能安装其他的驱动程序。Intel 主板驱动程序有 Intel Chipset Software Installation Utility（www.intel.com/design/software/drivers/platform/inf.htm）,Intel Application Accelerator（www.intel.com/support/chipsets/iaa）两个文件，要先安装 Intel Chipset Software Installation Utility，之后再安装 Intel Application Accelerator。Intel Chipset Software Installation Utility 能够使操作系统正确识别并发挥芯片组的全部功能。如果没安装它，操作系统可能无法正确识别主板上的芯片组和驱动各种周边设备。尤其是芯片组提供的 AGP 绘图功能，必须通过芯片组中的内存控制中心（Memory Controller Hub；MCH），来访问主板上内存中的显示资料。Intel Application Accelerator 适用于 Intel 8XX 系列芯片组的性能加速软件。

根据 Intel 公司发布的数据来看，它能够缩短 10~20%的系统启动时间，同时能加快应用软件 5~10%的运行速度。安装第一个之后最好重新启动电脑，否则可能提示不能安装。

相比较而言，VIA、nForce 主板驱动程序的安装要方便得多，只需要运行一个即可安装完成。需要特别提示的是，在网上下载最新的驱动程序准备更新时，一定要检查所安装的驱动程序是否与硬件的型号或核心芯片型号相匹配。

1.5 故障排除预备知识

问 1-18 有哪些判断主板故障常见的方法

答：主板出现故障既有硬件（器件损坏）方面的原因，也有 CMOS 设置方面的原因，而且故障的表现形式多种多样，需要留意屏幕有无显示以及所显示的内容。判定主板故障常用的有 3 种方法：

其一，采用排除法。具体说来就是打开机箱后，先要仔细观察主板上的各元器件是否有明显的烧焦或者开裂损伤的痕迹，电容是否有起鼓、漏液的迹象；主板上是否有线路连线烧断的痕迹；CPU 风扇、电源风扇、北桥芯片风扇等是否正常运转；用手触摸 CPU 及主要芯片是否有温度过高现象；是否有开机报警声以及报警声长短搭配情况等；插卡是否有松动迹象等。

其二，电压测量法。在连接不能确定好坏（或不熟悉）的主板、CPU 之前，为防止意外应该测量一下电源输出的各种电压是否正常，比如：+3.3V、+5V、+12V、-5V、-12V 等。实际测量的结果允许有误差，但相差不可过大。

其三，采用替换法。替换法是维修中最有效的方法。它的精髓就是用好的板卡、部件逐一替换怀疑有故障的板卡、部件，逐步缩小范围，比如将主板上的 CPU、内存、显示卡、硬盘以及声卡、网卡等配件逐一在正常工作的电脑中进行试验，逐个解除嫌疑，最后把目标集中锁定在主板上。在确定了主板之后，还可以尝试采用 BIOS 芯片替换法作进一步确认。

替换操作的一般原则是先易后难，先大后小，先一般后特殊。只要能熟练运用这几种方法，用户就具备一定的实际解决问题的能力，接下来就是反复实践，总结经验。

问 1-19 主板故障与哪些有关

答：以笔者多年的经验，导致主板故障的原因很多，但归纳起来主要有以下几个方面：

（1）与接触不良有关。主板的面积较大，是聚集灰尘最多的地方。灰尘不仅很可能直接引发插槽与板卡接触不良，而且还会导致各焊点及内存插槽、PCI 插槽、AGP 插槽等引脚氧化后引起接触不良。对于插槽中的灰尘，我们可以用有一定硬度的厚纸板（厚度最好与插卡相当），插入槽内来回擦拭即可。有条件的话，可以定期除尘。拔下所有插卡、内存及电源插头，拆除主板的螺丝，取下主板，用刷子轻轻除去各部分的灰尘，注意不要用力过猛，以免碰掉主板表面的贴片元件或造成元件的松动以致虚焊。

（2）与短路有关。拆装机箱时不小心掉入的小螺丝，可能会卡在主板的某个元器件之间从而引发短路。另外，还要检查主板与机箱底板之间是否因少装了用于支撑主板的小铜柱而导致发生主板变形；主板安装不当或机箱本身变形而导致主板与机箱某个点直接接触产生短路，如果主板自身带有很好的自动保护功能，则会出现“保护性故障”，更高档的主板还可以自动切断电源供应。

（3）与电池有关。当遇到电脑开机时不能正确找到硬盘、开机后系统时间不正确、CMOS 设置保存不住等现象时，可先用“万用表”检查主板 CMOS 电池是否没电了或电压不足，然后再看看电池插座接点是否有氧化迹象。在排除了电池可能存在的问题后，可以试试改变一下 CMOS 的跳线。

（4）与北桥芯片散热不良有关。有些厂商将主板北桥芯片上的散热片省掉了或是换成了廉价产品，这对于新主板暂时还不会出现问题，但随着时间的推移，就可能会因芯片散热效果不佳而导致系统运行一段时间后出现不明原因的“死机”。遇到这样的情况，可自制一个散热片装在北桥芯片上，如果有必要还可以再加个风扇使散热效果更好。个别主板的南桥芯片有时也会出现过热情况，尽管这种现象比例很小，但也不可掉以轻心。

（5）与元器件有关。以笔者接触过的维修实例来看，元器件方面的损坏集中在 RAID 专用控制芯片、集成网卡专用芯片、IEEE 1394 接口芯片、USB 控制芯片、集成的音效芯片、I/O 控制芯片、键盘控制芯片、晶振、MOS 晶体管等。不过，真正烧毁的比例不大。元器件损坏后通常都是局部功能（包括关联的设备）丧失，只有个别情况才会导致主板整体不工作。

（6）与电容失效有关。主板上的电解电容通常集中分布在 CPU 插槽、内存插槽和电源接口的周围，其内部的电解液由于时间、温度、内在质量等方面的原因，会使它发生“老化”现象，这会导致主板抗干扰指标的下降，严重时将影响主板的正常工作，表现形式为启动失败、运行不稳定，不明原因的“死机”等。电容常见的故障有起鼓、电解液外流、失效等。如果发现某个电容异样，比如顶部有突起、液体外流或是底部有松动等就要特别留意。经过认真观察比较一般是可以鉴别出来的。另外，拆装电脑时也有可能不小心将电容砸坏（造成断路），检查也要特别留意。再有，对于一些主板上出现的电容漏液，在更换了新电容后，一定要将主板认真检查一遍，防止漏液腐蚀主板，造成不必要的损失。

（7）与插槽及接口有关。因为主板上要连接很多配件，如果某个插槽（接口）坏了，那么就意味着主板失去了对应的功能，例如：主板的 AGP 槽有问题（比如 AGP 槽开裂、触点氧化或是松动），就会导致显示卡的金手指不能和槽内的触点很好接触，有时要重插几次才可以找准方位，但有时根本就无法驱动显示器。IDE 接口出现问题，可能根本不能检测到硬盘，那就更谈不上进入操作系统了。如果是内存槽出现问题（开裂、触点氧化或触点松动），那么在开机时，一般会发出“嘀，嘀”的报警声。

（8）与安装中粗暴操作有关。主要集中在安装 CPU 风扇固定卡子上。对于 SOCKET 370 主板的 CPU 散热器，由于安装是通过 CPU 插座，如果固定弹簧片太紧，在拆卸时一定要小心谨慎，否则就会造成塑料卡子断裂，导致没有办法固定 CPU 风扇。Pentium 4 主板 CPU 风扇的安装，相对要简单一些，因为散热器的固定与主板是连在一起的，但要注意的是，千万别把风扇架给折断了，万一因为粗暴操作导致风扇卡子断裂，还是可以考虑使用其他的固定方法。

（9）与兼容性有关。如果在升级系统时出现新旧配件不兼容或是由于主板设计上的漏洞时，在排除了 CMOS 设置上的问题后，可以下载最新的 BIOS 进行刷新。笔者就遇到过升级操作系统而引起的兼容性问题，后来确定是由于主板 BIOS 版本过老所致。

（10）与驱动程序有关。主板驱动程序被破坏、重复安装、版本不正确等都可能会引起操作系统引导失败或造成操作系统工作不稳的故障。对于采用 Intel 芯片组的主板一定要安装 Intel Chipset Software Installation Utility 主板驱动程序，而对于采用 VIA 芯片组的主板则需要安装 4 In 1 驱动程序，只有这样才能获得更好的运行稳定性和系统兼容性。

1.6 CMOS 故障排除

问 1-20 主板 CMOS 中的 STR 功能是打开的，功能却没有实现，是何原因

故障现象：用户的一台电脑 STR 功能无法实现，请几位“高手”检查了之后，除了能证明主板 CMOS 中的 STR 功能是打开的外，其他结论不尽相同，但都没有解决实际问题。

解决过程：接上显示器开机检查发现电脑启动工作都没问题，接着进入 CMOS 的“Power Management Setup（电源管理设置）”中查看相关设置，发现 ACPI 电源管理规范的设置中确实“打开”的，在 ACPI 内容选项中也被设定为 S3（STR）类型（如图 1-34 所示）。重新启动电脑后，发现安装的是 Windows XP 系统，然后在“控制面板”中单击“性能和维护”（如图 1-35 所示），然后再单击“电源选项”（如图 1-36 所示），发现“休眠”选项的“启用休眠”对话框前面没有“勾选”（如图 1-37 所示），将其“勾选”后“确定”保存退出。再次启动电脑后，STR 功能起作用了。

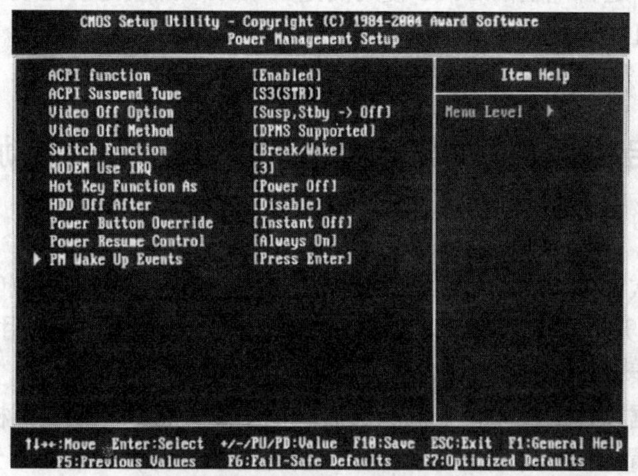

图 1-34 Power Management Setup 菜单

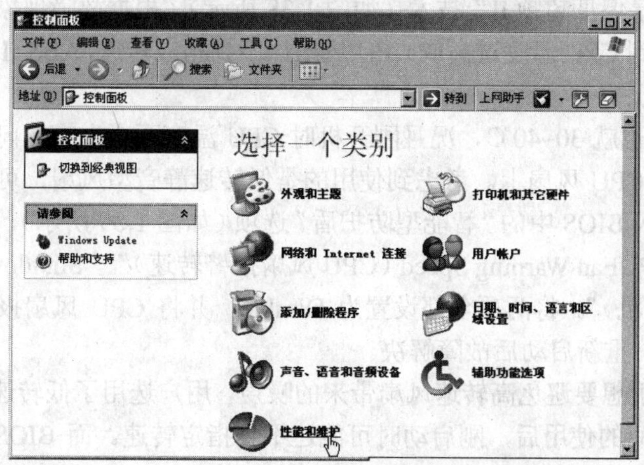

图 1-35 控制面板菜单

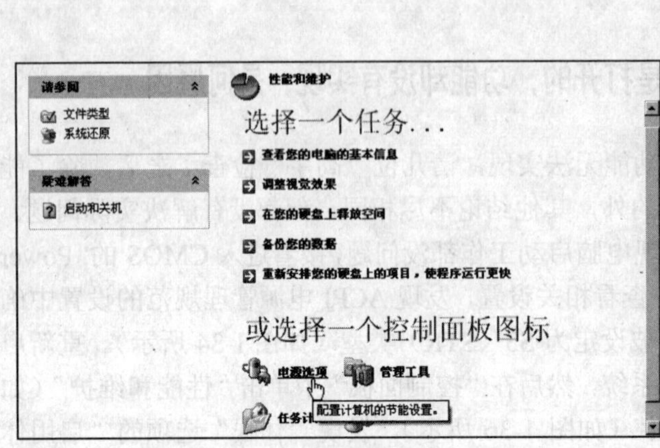

图 1-36　性能和维护菜单

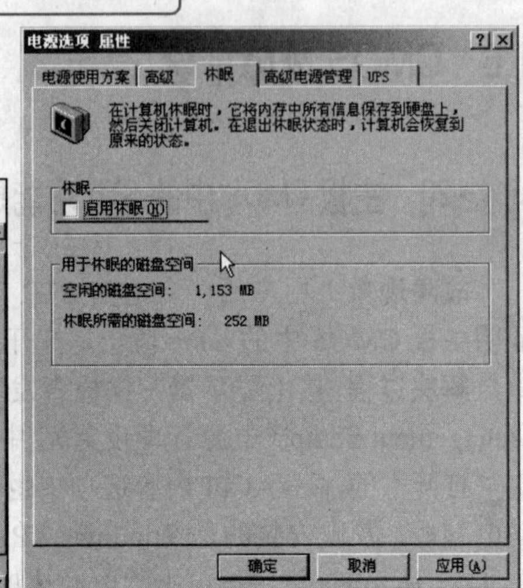

图 1-37　电源选项菜单

故障点评：由于这台电脑的 BIOS 使用的是 AWARD 开发的规范版本，因此笔者的助手很快就找到了 ACPI 有关选项，并能够证明该主板的 CMOS 可以支持 STR 功能。接着在 Windows XP 设置中发现问题，因而解决起来轻而易举。

问 1–21　主机才启动后，随即关机，而重复开机数次后可正常启动，第二天使用时故障依旧，是何原因

故障现象：一次电脑刚启动，显示器还未进入工作状态就听机箱喇叭发出"嘀"的一短声，随即关机，再次开机仍然如此，第三次开机才正常启动，第二天使用时故障又再次出现，该电脑使用的是硕泰克 VIA K8T800Pro 芯片主板。

解决过程：根据以往的经验，主机能够启动但中途关机，而重复开机后可正常启动，问题应该不是出在设置方面。其短促提示音在一般的提示音说明中也查不到相应项，所以问题应该出在该主板的特殊功能项上。查看主板说明书，该主板具有硕泰克独有的"ABS II 烧不死"及"红色风暴傻瓜超频 II"技术（如图 1-38 所示）。根据故障现象判断，自动关机应该是由于主板检测到 CPU 温度过高或 CPU 风扇达不到相应转速，ABS II 发出提示音后自动关机。

CPU 平时温度也就 30~40℃，况且刚开机时 CPU 温度不会太高，问题不应该在此。看来问题应该集中在 CPU 风扇上。考虑到使用的是低转速静音型风扇，可能是风扇达不到相应的转速。开机进入 BIOS 中的"智能型防护盾"选项（如图 1-39 所示），找到两项关于 CPU 风扇的设置项："CPUFan Warning Speed（CPU 风扇报警转速）"、"Shutdown For CPUFan（在 CPU 风扇停转时关机）"。将两项全都设置为 Disable，并将 CPU 风扇报警转速由 2000 转/分降至 1000 转/分，重新启动后故障解决。

故障点评：由于想要避免高转速风扇带来的噪声，用户选用了低转速静音型风扇。CPU 风扇在经过一段时间的使用后，刚启动时可能达不到指定转速。而 BIOS 中 CPU 风扇报警转速设置过高，造成主板认为 CPU 风扇出现故障，为防止 CPU 被烧毁而采取了关机措施。

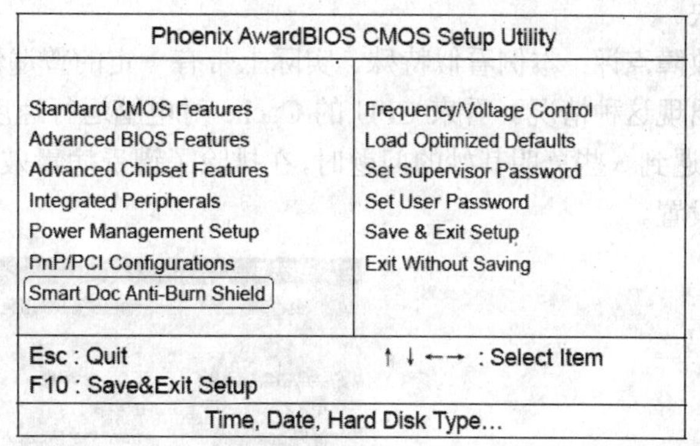

图 1-38 “硕泰克”主板特色 BIOS 技术　　图 1-39 “硕泰克”主板智能型“防护盾”选项

问 1–22 一台原本工作正常的电脑，近日明显感觉运行速度变慢，不仅开机速度很慢，而且所有运行的软件都很慢，是何原因

故障现象：一台原本工作正常的电脑，被放寒假在家的孩子一阵鼓捣后，在启动时，明显感觉运行速度变慢，不仅是开机速度很慢，而且所有运行的软件都慢的难以忍受，由于这台电脑是包月上网，因此怀疑是否染上了病毒，调用“瑞星”杀毒软件进行杀毒，这台电脑问题依旧。难道是硬盘出现了“坏道”？用 Windows 自带的系统工具“磁盘扫描程序”逐个对磁盘进行扫描（如图 1-40、图 1-41 所示），等到 F 盘（如图 1-42 所示）扫描完了之后，也没有发现有“坏扇区”。

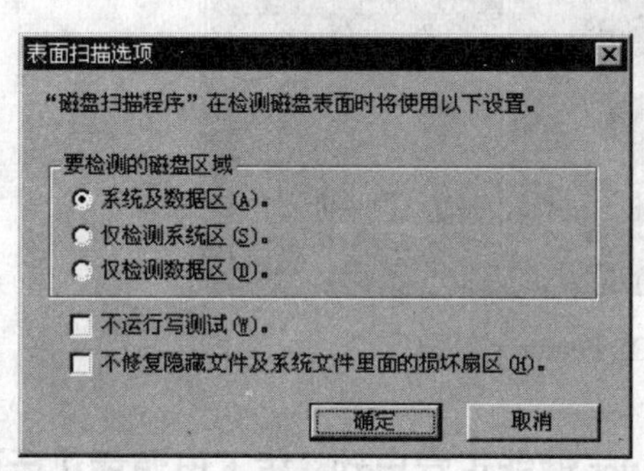

图 1-40 磁盘扫描程序菜单

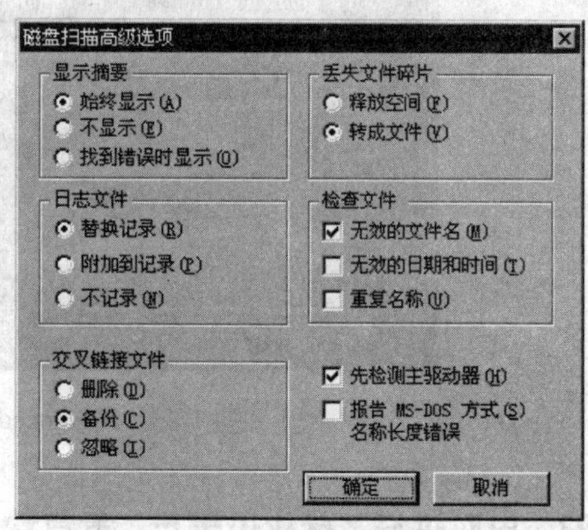

图 1-41 磁盘扫描高级选项

解决过程：从开机到引导完 Windows 差不多要 3 分钟时间。看来是够慢的，又询问了使用“瑞星”杀毒软件的更新日期，也就是两天前的最新版本，这就排除了病毒问题，联想到被“寒假在家的孩子一阵鼓捣”这句话，随即问道：孩子是否拆开过机箱，得到的答复是绝对没有。到此将怀疑点转到主板的 CMOS 相关设置上。开机进入 CMOS 菜单，对与 CPU、硬盘、内存相关的参数逐项检查，突然发现 Advanced BIOS Features 选项中的 CPU L1&L2 Cache 被设了成 Disabled（如图 1-43 所示），这意味着 CPU 的一、二级缓存被关闭了，难怪会出现如此蹊跷的故障，将它改成 Enabled 后保存退出，再次启动电脑，问题得到

了解决。

故障点评：本例看似特殊，实际上带有一定的普遍性。如果不是孩子的一阵鼓捣，根本不会出现这种情况。看来 CPU 的 Cache 对电脑运行速度影响之大不容忽视。这里也提醒用户，再遇到一些莫明其妙的问题时，在排除了遭受病毒破坏的基础上，还是多留意一下 CMOS 参数设置。

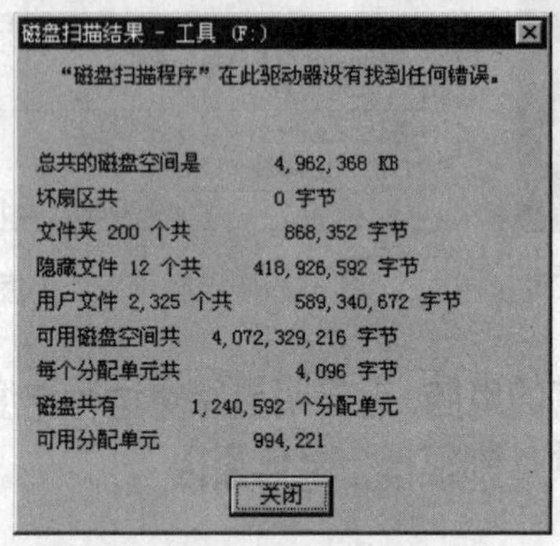

图 1-42 磁盘扫描结果菜单

Advanced BIOS Features
Virus Warning Disabled
CPU L1 Cache Enabled
CPU L2 Cache Enabled
CPU L2 Chche ECC Checking Enabled
Quick Power On Self Test Enabled
First Boot Device Floppy
Second Boot Device HDD-0
Third Boot Device CDROM
Boot Other Device Enabled
Swap Floppy Drive Disabled
Boot Up Floppy Seek Enabled
Boot Up NumLock Status On
x Typematic Rate Setting Disabled
x Typematic Rate (Chars/Sec) 6
Typematic Delay (Msec) 250
Security Option Setup
OS Select For DRAM > 64M Non-OS2
HDD S.M.A.R.T. Capability Disabled
Item Help
Menu Level
Allows you to choose the VIRUS warning feature for IDE Hard Disk boot sector protection. If this function is enabled and someone attempt to write data into this area , BIOS will show a warning message on screen and alarm beep
:MOVE Enter:Select +/-/PU/PD:Value F10:Save ESC:Exit F1:General Help
F5:Previous Values F6:Fail-Safe Defaults F7:Optimized Defaults

图 1-43 Advanced BIOS Features 菜单

问 1–23 电脑进行了优化设置后，重复按 Power 键能正常启动，拔下电源插头后再插上启动无响应，是何原因

故障现象：电脑在请人进行优化设置后，出现了如下症状：表现为第一次按 Power 键启动无响应，再次按 Power 键能正常启动，只要能启动系统运行一切正常。在不拔下电源插头情况下重新开机则能正常启动，如果拔下电源插头后再插上，此时会出现前面描述的现象。

解决过程：对于此故障，笔者首先想到就是电脑的电源可能有缺陷，于是将自己电脑上正常使用的"金和田"（如图 1-44 所示）电源接了上去，可是故障依旧，看来并非是电源问

题。而从启动后系统运行正常这点来看，应该说其他部件都正常，而且可以排除 Windows 系统自身的兼容性问题。根据笔者以往的经验分析，估计与主板的 CMOS 设置有关，为此开机按 Del 键进入 CMOS 主菜单，在 Integrated Peripherals 项（如图 1-45 所示）中找到“State After Power Failure（电源复原设定）”（有些主板命名为“PWRON After PWR-Fail”），将该选项设为 On，然后保存设置退出，关机并拔下电源线后重新插上，再次开机，可以正常启动，至此问题得以解决。

故障点评：此类故障并不多见，按照一些有此功能的主板说明书上的解释应该是：当电源突然中断（非正常断电）情况下，“电源复原”功能才起作用，它决定重新恢复供电时，电源该如何处理。它有 3 种选项，“Auto（处于电源复原功能状态）、Off（保持关机状态）、On（重新开机）”，默认设置为 Off。这台电脑的故障，笔者分析可能是有人进行 CMOS 优化设置时无意中动了相关选项，也可能是 BIOS 设计上有漏洞。

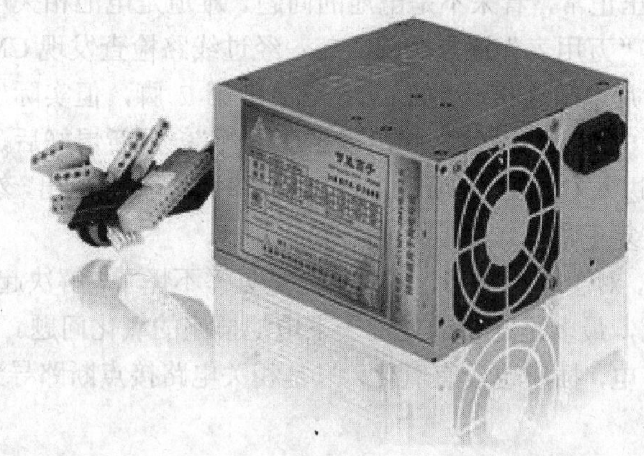

图 1-44　金河田 ATX-S388E 电源

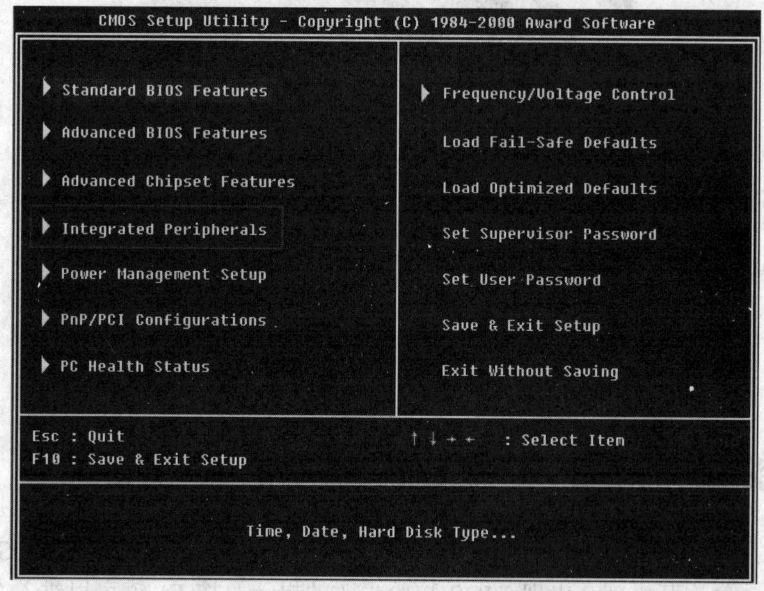

图 1-45　Integrated Peripherals 选项

1.7 电池故障排除

问 1-24 使用了近四年的一台电脑近来 CMOS 设定值总是保存不了，是何原因

故障现象：一台使用了近四年的电脑近来 CMOS 设定值总是保存不了，好不容易将 CMOS 选项设好，关机后再开机屏幕就会显示 CMOS Setting Wrong 及 CMOS Checksum Bad，需要重新设定。

解决过程：首先判断是电池没电了，更换一块新电池（如图 1-46 所示），启动电脑进入 CMOS 选项中设定好日期和时间，保存后重新启动电脑，再次进入 CMOS 选项查看日期时，还是 Jan 01，2001，重复操作之后问题还在。检查电池插座没有氧化，把刚才拆下的电池，用“万用表”测量，电压正常，看来不是电池的问题。难道是电池相关电路出了故障？强行翘起电池插座，然后用“万用表”逐点跟踪查找，经过线路检查发现 CMOS 电池负极接地，电池的正极通过一个贴片电阻连接至跳线（JBAT）的第 2 脚，但实际上它们之间不通，再仔细观察，竟发现贴片电阻应与跳线之间出现了“虚焊”，重新焊好后，再用“万用表”测量没问题后，启动电脑进入 CMOS 选项设定好日期和时间，保存退出，然后再次进入 CMOS 选项查看日期，已经恢复正常。

故障点评：实际上，对于这类故障，笔者早已是见怪不怪了，解决起来也已是驾轻就熟。不外乎是换一块新电池，最多是连带的处理一下电池插座的氧化问题。但是本例比较特殊，说它特殊是因为电池有电，插座也没有氧化，只是相关电路接点断路导致故障发生。这属于极个别现象。

图 1-46 CMOS 电池

问 1-25 电脑在超频设置后 CMOS 设定信息无法保存，是何原因

故障现象：一台原本使用正常的电脑，在一次超频设置后，就出现 CMOS 设定信息无法保存的故障，每次开机都会出现 BIOS 校验失败的提示，按 F1 键可以进入 Windows XP 系统，但进入 CMOS 中查看，系统时间自动变为 Jan 01，2002，而所有的设置全为出厂时

的默认设置。于是怀疑 CMOS 电池失效，换上一粒新电池后，故障依旧。

解决过程：笔者检查了电池插座，没有发现氧化迹象，用“万用表”测量了一下电池电压，3V 正常，根据故障现象，笔者只能将怀疑范围缩小到主板 CMOS 相关电路，于是用“万用表”从 CMOS 电池及供电电路开始查起，逐步扩大范围，20 分钟笔者发现一个贴片三极管的引脚好像是根部折断了，试着焊了两次，都不成功，于是先焊下贴片三极管另外的两个引脚，确定好 e、b、c 三个极性，找来三根细的长电线，分别焊在贴片三极管在主板对应的三个焊点上，又从报废的半导体收音机上取下一个普通三极管，将它焊在主板对应的 e、b、c 三个极上，处理完成后再次按下 POWER 按钮，进入 CMOS 中设置好日期和时间参数，保存退出后重新启动电脑，进入 CMOS 中再次查看，发现 CMOS 设定的信息还是没有保存，可能是那个从半导体收音机上取下的三极管类型不对，从另外一个半导体收音机上取下一个与前面那个三极管类型相反的三极管，替换了刚才那个，再次开机，故障终于得以排除。最后将该三极管的一个引脚直接焊在主板上，另外两个引脚用电线连接后焊在主板上，至此维修工作宣告结束。

故障点评：这个故障只是一个小小的三极管损坏造成的。三极管本身值不了 5 角钱，但是真想解决问题，还真需要一定的电子技术知识，还要具备出色的焊接技术，并非轻而易举。

问 1-26 打开电脑后没有报警声，显示器指示灯由橘黄色变成绿色，屏幕却没显示，是何原因

故障现象：一台正常运行的电脑一直忽然不工作了，现象是打开电脑电源后，没有报警声，显示器指示灯也由橘黄色变成了绿色，可就是显示。

解决过程：该电脑接了两台显示器。拆开机箱看到，这台电脑有三条内存、主板集成了显示卡，在 PCI 槽里还插了一块较老的 PCI 显示卡，另一个 PCI 槽里插有网卡。怀疑是内存或显示卡接触不好，拔下后用橡皮整理干净后重新插上，但没有解决问题。接着采用最小系统法检验，将 PCI 槽里所有插卡都拔了下来，硬盘数据线也拔了下来，按下 Power 按钮后，随着一声清脆的“滴”声，电脑启动了并顺利通过了“自检”，看来主板、CPU、内存似乎都没有问题。插上硬盘数据线，再次 Power 按钮，一分钟不到 Windows XP 系统引导完成，看来对硬盘的怀疑可以排除。重新插上 PCI 显示卡，两台显示器都打开，接通电脑后，故障出现。由此想到可能是 PCI 显示卡和主板集成的显示卡不兼容引起了冲突。

询问用户得知，双显示器系统以前确实一直工作正常。根据以往的经验，这多半是由于 CMOS 选项设置有误，但原来是工作正常的，是电池没电了导致 CMOS 选项设置信息丢失？关机卸下电池发现，电池插座的接触簧片已经氧化，明显的出现接触不良，找来刻刀清除氧化后，再更换了一块新电池，接着拔下 PCI 显示卡后，再次启动电脑，进入 CMOS 主菜单，找到“Integrated Peripherals（集成外部设备）”子菜单（如图 1-47 所示）中的 Init Display First 选项（如图 1-48 所示），重新设定后，保存设置后退出。再次插上 PCI 显示卡，并启动电脑，两台显示器工作正常，故障已经排除。

故障点评：其实这个故障只是因为 BIOS 电池插座接触不良导致 CMOS 掉电引起的，而掉电使得 CMOS 恢复了出厂时的默认状态，以至于双显示卡无法正常工作。这里要提醒用户，如果电脑使用时间已经很长，就要考虑电池是否有问题了，一旦电池失效，就会出现

无法保存 CMOS 设置的问题。

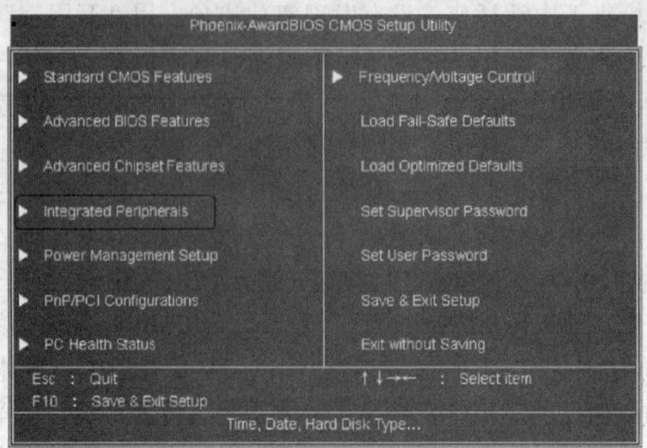

图 1-47　CMOS 主菜单

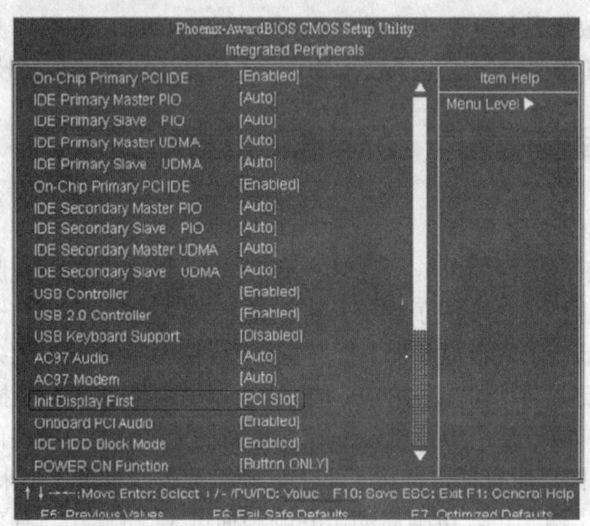

图 1-48　Integrated Peripherals 菜单

问 1–27　按下 Power 按钮启动时电脑没有任何反映，是何原因

故障现象：一台电脑按下 Power 按钮没有任何反映，既没有任何报警声，也没有听到电源风扇启动的声音，检查插座没有问题。

解决过程：首先用“万用表”检查了电源部分，各组电压输出正常，接着用最小系统法将两个硬盘、CD-R 刻录机、声卡、网卡等取出，只保留主板、CPU、内存条、显示卡。再次按下 Power 按钮，电脑依然没有反应，就在准备将 CPU、内存条取下装到笔者的试验机上进行验证时，突然感觉到电源风扇转了起来，随之显示器也亮了，电脑居然启动了，连忙关闭电脑，随手将硬盘接上，重新启动电脑，很快屏幕就出现了 CMOS Load Failure，并提示按 F2 键继续，按下 F2 键后，进入 Windows XP 系统的桌面，随后将其他设备及声卡复原，本以为到此故障排除，但再次试机时刚按下 Power 按钮，正要输入密码，却直接进入了

Windows 系统，大惑不解道，这时助手提醒道，看看 CMOS 中的时间设置，迅速按 Del 键进入 CMOS 设置选项，在查看中发现系统时间为 Jan 01,2001，很显然这是 CMOS 电池没电才导致故障产生。换上新电池，再次开机电脑顺利进入了系统桌面，至此故障才解决。

故障点评：回顾整个过程，一枚小小的电池居然引出这么大的麻烦，还真是没有遇见过。至于为什么 CMOS 没电后，前几次按下 Power 按钮后电脑没有反应，而在按下 Power 按钮十分钟后电脑又能启动，笔者分析可能是多次接通电源后使得主板给电池充电，待电池电量符合下限启动要求后，便出现了前面发生的一幕。

问 1-28 电脑开机后屏幕"漆黑"一片，检查所有连接没有发现问题，如何解决

故障现象：一台电脑开机启动后，只有硬盘和光驱的指示灯闪了几下就没有下文了，屏幕"漆黑"一片。重新检查了所有的连接，没有发现可疑之处。

解决过程：启动电脑，果然屏幕漆黑一片，接着用排除法将内存、硬盘、电源等都换到笔者的主板上进行测试，确定没有问题后，重新装回故障电脑中。现在只剩下了主板和 CPU 了。本着先易后难的原则，又检查了 CPU 散热风扇，也没看出毛病，由于显示卡是主板集成，因此怀疑显示功能有问题，找来一块 PCI 接口的显示卡插到主板上，又在 CMOS 中重新进行设置后，保存退出。按下 Power 按钮，但故障依旧。看来问题肯定出在主板和 CPU 上，为进一步确定，将 CPU 取出换到笔者的试验机上，随着"滴"的一声过后，电脑启动，显然 CPU 没有问题。最后将疑点集中在主板上了。取出主板（如图 1-49 所示）仔细端详了一番，没有发现有电容"起鼓"、"漏液"情况，也没有看到器件烧毁的迹象，于是只好先将 CMOS 放电再说，板子上的跳线不少，可找了半天居然没有找到哪个是 CMOS 的跳线，尽管主板的做工还不错，但是没有印上跳线说明，于是干脆卸下电池，采用短路法直接放电，在装上电池前，忽然想到还是测量一下为好，测试才知道只有 0.8V，换了一块新电池后，再次按下 Power 按钮，随着显示器的绿灯亮起，电脑启动成功了。

图 1-49 SIS645 主板

故障点评：电池放电是一个好方法。本例特殊之处在于电池没电了而引起主板不启动，这个故障竟然让笔者花费了一个多小时！按照以往的经验，电池没电通常都是 CMOS 设置保存不住，或是系统时间越走越慢，还有就是 CMOS 自动恢复到出厂时的默认设置，因此开始一般都不会怀疑到电池问题。

1.8 其他故障排除

问 1-29 双硬盘安装实现数据对拷贝后，再连接主硬盘提示找不到任何 IDE 设备，也无法进入 Windows XP，是何原因

故障现象：一台兼容机，在一次双硬盘安装实现数据对拷贝后，重新连接主硬盘并开机，电脑提示找不到任何 IDE 设备，找不到硬盘也无法进入 Windows XP。重启进入 CMOS 设置程序后，发现检测不到任何 IDE 设备。换另外硬盘也检测不到，怀疑是主板 IDE 接口出现故障，但也不至于全部 IDE 口都损坏了，电脑的配置为：AMD 的 Athlon64 3000+处理器，希捷 80GB 硬盘，金士顿 512MB DDR400 内存，GeForce 5600 显卡。

解决过程：既然找不到硬盘，那么肯定是硬件出现了问题，而如果硬盘确实没有问题，那么会不会是主板的 IDE 出现了故障。就在更换主板的 IDE 接口时，发现主板与硬盘的 IDE 数据线接反了，ATA/100 硬盘线是 Slave 口接在硬盘上，于是更换为 Master 接口，开机恢复正常。

故障点评：此故障看似复杂，没有经验的用户会误认为是硬件损坏，但这仅仅是因为 IDE 接线错误造成的，此类现象还经常发生在我们身边。有的用户在挂硬盘时，因为没有及时更改跳线，也会出现类似情况。还有的用户出现找不到硬盘故障，除去硬盘本身出现故障的可能外，还有可能是由于主板的 IDE 线或者 IDE 接口损坏造成。

问 1-30 电脑系统时间变慢重新设置后，隔几天又会慢下来，如何解决

故障现象：一台电脑已使用较长时间，最近出现系统时间变慢的现象，重新设置好时间后，隔几天又会慢下来。

解决过程：先用无水酒精棉清洁计时电路附近的电路板，仍不能排除故障，更换电容和石英晶体后故障排除。

故障点评：由于系统是时间变慢，估计应该是主板电池没电了，更换新电池后，故障依旧。取出主板仔细观察，发现主板电池旁边的电容有损坏的迹象，而该电容恰好是主板计时电路上的一个元件，计时电路依靠石英晶体的振荡来计算时间，因此估计故障就在这里。

问 1-31 正常使用中的电脑鼠标突然失灵，是何原因

故障现象：一台正常使用中的电脑，鼠标突然失灵，于是在没有关机的情况下直接将 PS/2 鼠标从电脑中拔下，并插入一个新的鼠标后，发现无法使用，重新开机后鼠标仍无法

正常使用。

解决过程：这类故障明显是由操作者的误操作所造成的。大家知道PS/2鼠标（如图1-50所示）是不支持热插拔的，即使你在开机的情况下拔下鼠标没有造成任何的问题，那么重新插入鼠标后很显然是不能正常作用。根据故障表现，说明主板的PS/2鼠标接口烧毁了。

故障点评：很多人都知道热插拔硬件容易有危险，但是因为热插拔引起的故障却屡见不鲜。最常见的就是烧键盘、鼠标口。一般的维修方法是更换键盘、鼠标口上的保险，主板上键盘、鼠标口旁边的一个个小的长方块，上面标号一般是F开头，这就是保险。但是一般这样的保险不好找，有些资料上介绍用1~2欧姆的电阻代替，但是这样的方法不好操作，笔者在实践中是用导线把保险的两端用烙铁焊住直接短路这个保险。

这样处理后，用户注意下次使用的不要再热插拔，就可以正常使用，不然再次烧毁的可能就不只是键盘、鼠标口，而是电脑的主板芯片。

图1-50　PS/2接口鼠标

问1-32　打开电源开关后电脑没有反应，等上几分钟电脑才能加电启动，启动后一切正常。一关闭电源，再开机问题重复出现，是何原因

故障现象：使用了两年多的一块硕泰克主板（如图1-51所示）突然不亮了，表现为当打开电源开关后，电源风扇，CPU风扇都在转，但是光驱、硬盘没有反映，等上几分钟后机子才能加电启动，启动后一切正常。重新启动也没有问题，但是一关闭电源，再开就像上面一样等上几分钟。开始以为是电源问题，替换后故障依旧。更换主板后一切正常，说明是主板有问题。

解决过程：从故障现象分析，主板在加上电后可以正常工作，说明主板芯片是好的，问题可能出在主板的电源部分上。但是电源风扇和CPU风扇可以运转正常，说明总的供电正常。加电运行几分钟后断电，经闻无异味，手摸电源部分的电子元件，发现CPU旁的几个电容，电感温度极高。要知道，电解电容长期在高温下工作会造成电解质变质，从而容量会变化。所以笔者初步判断是这两个电容有问题。找到故障，仔细将损坏的电容焊下，将新电容重新焊上去。焊好了电容，笔者没有装CPU，先加电试了几分钟，温度正常。于是加上CPU，加电，屏幕立刻就亮了。笔者多试了几次，并注意了电容的温度。电容的温度正常，但是从“加电”到“点亮”比正常情况好象慢了几秒，估计还有其他的电容有问题，于是仔细检查，发现一个4500μF电容也有些变质。为了彻底排除问题，于是跑到市场中买回一个同型号的电容，将其更换上去。开机测试没有出现问题。

故障点评：一般情况下如果主板出现了问题，大部分原因便是主板上的部分电容老化或损坏，因此在维修时可以先从检查电容入手，仔细排查，最终找到问题根源。另外，需要提醒的是，由于在排除电容老化时最直接的方法是用手检查电容的温度，而电子元件就怕静电，因此在用手接触主板上的电容元器件时，一定要先彻底的放掉身上的静电，方法便是洗手或用手接触金属，有条件的可以带防静电“腕环”装置。

图 1-51　硕泰克 K8T800 主板

问 1-33　主机最近频繁死机是何原因，如何解决

故障现象：一台英特尔赛扬 1.7GB，金士顿 256MB DDR，GeForce2 MX440 显卡，希捷 80GB 硬盘的主机最近频繁死机，开始以为感染病毒，经过查杀后未发现任何病毒。又认为是硬盘碎片过多，导致系统不稳定。但整理硬盘碎片，甚至格式化 C 盘重做系统，但一段时间后又反复死机。

解决过程：通过以上操作均未排除故障，于是开始考虑到硬件自身问题了，后来检查出来是主板过热导致不稳定，因为主板是杂牌 i845EP 主板（如图 1-52 所示），做工差不说，且北桥芯片上无散热风扇，加散热风扇后，问题解决。

图 1-52　i845EP 主板

故障点评：一般为主板或 CPU 有问题，如若按此法不能解决故障，那就只有更换主板或 CPU 了。出现此类故障一般是由于主板 Cache 有问题或主板设计散热不良引起，笔者在某品牌 865PE 主板上就曾发现因主板散热不够好而导致该故障。在死机后触摸 CPU 周围主板元件，发现其温度非常高且有烫手的感觉。更换大功率风扇后，死机故障得以解决。对于 Cache 有问题的故障，可以进入 CMOS 设置程序，将 Cache 禁止后即可顺利解决问题。

问 1–34　电脑突然蓝屏，重启自检完后显示器不亮，是何原因

故障现象：笔者采用的是华硕的主板（如图 1-53 所示），由于华硕的主板上有智能监控芯片，可对 CPU 温度进行监视，于是在购买该主板时，另外选购了一根 2Pin 的温度监控线（如图 1-54 所示），插于 CPU 插槽旁的 JTP 针脚上。后来在一次玩游戏过程中，电脑突然蓝屏，重启后等到光驱、硬盘自检完后显示器居然不亮了。由于之前报告蓝屏错误，起初以为是内存出错，后来更换内存后依然无效。

图 1-53　华硕 K8V SE Deluxe 主板

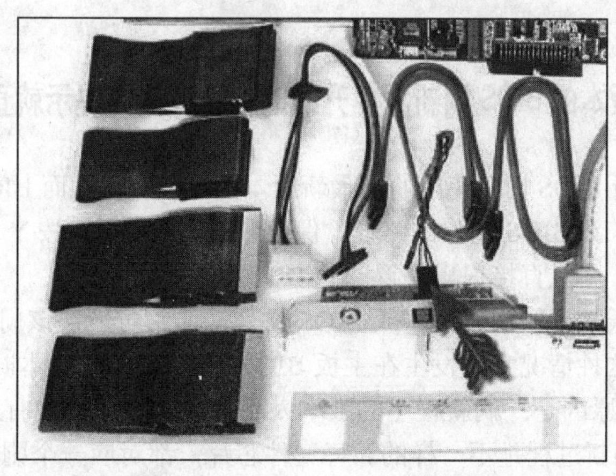

图 1-54　箭头所指为温度监控线

解决过程：笔者按照最小硬件排除法，将主板、硬盘、光驱等一一取下更换后进行测试，结果还是无济于事。笔者开始怀疑是不是 CPU 烧毁引起的故障，换了 CPU 再试但故障依旧。检查主板，发现原来接在主板上的温控装置线脱落，难道是温度监控线导致的故障吗？重新连接温度监控线后，再开机居然一切正常了。

故障点评：由于现在 CPU 发热量非常大，所以许多主板都提供了严格的温度监控和保护装置。一般 CPU 温度过高，或主板上的温度监控系统出现故障，主板就会自动进入保护状态。拒绝加电启动，或报警提示。上述例子就是由于主板温度监控线脱落，导致主板自动进入保护状态，拒绝加电。所以当主板无法正常启动或报警时，先检查一下主板的温度监控装置是否正常。另外在很多时候由于散热风扇与 CPU 没有紧密接触，导致 CPU 温度过高，也会产生经常死机的现象。

问 1–35　重新组装后的电脑，主板电源指示灯不亮，风扇不转，是何原因

故障现象：一块原本工作正常的主板，在经历了“从机箱中拆出后再装入机箱”过程，发现主板电源指示灯不亮，北桥风扇不运行，说明主板没有通电。

解决过程：首先找一块平整的泡沫塑料，将主板放置其上，然后将主板放于方凳上。接着用两根塑料绳各捆上两块方砖分别悬于变形主板的两端（注意：不可压住主板上的元器件）。过一段时间后，主板轻微变形便得到了矫正。将其装入机箱，加电后正常启动。至此，一块由主板变形引起的故障得到了解决。

故障点评：由于此前这块主板工作正常，故怀疑电源存在问题，但仔细检查电源连接以及更换一个电源后，故障依然存在。接着将主板从机箱中拆出，然后安装好相关配件进行测试，发现主板工作正常，于是找到故障所在--安装主板时，螺钉拧得过紧导致主板发生变形。找到故障原因后，重新将主板固定，虽然在拧螺钉时注意了变形问题，但固定后主板还是出现了故障。难道是机箱存在问题？再次将主板拆下后仔细观察，发现主板已经轻微变形，主板两端向上翘起，中间相对下陷。

1.9　BIOS 刷新方面

问 1–36　使用最新版本的 BIOS 刷新程序升级时，没有任何提示就直接退出，是何原因

故障现象：在刷新 BIOS 时，使用的是最新版本的刷新程序，而 BIOS 文件也是正确的，但运行刷新程序，输入新 BIOS 文件的路径、保存备份 BIOS 后，按 Y 键进行刷新时，刷新程序却没有任何提示，并且直接退出，返回到 DOS 状态。

解决过程：换用低版本的刷新程序或 BIOS 文件，通常可解决该问题。

故障点评：其实这种情况大多发生在主板 BIOS 芯片为 4.51 版本时（6.0 版本偶尔也会发生这种情况），具体原因是：刷新程序的版本太高，刷新程序中没有此类芯片的型号。不同的 BIOS 芯片，其刷新过程是不一样的。每一种芯片，都对应一个刷新过程，也称为刷新流程（此程序由芯片生产厂家提供）。刷新流程其实也就是控制芯片如何读、写的程序，将

刷新程序不断地加入新芯片的刷新流程，即可不断地支持新的芯片。同时，每一种 BIOS 芯片都对应一个 ID，称为 BIOS ID。因此刷新程序在用户确定刷写时，首先要检测即将刷新的 BIOS 芯片的 ID，然后根据其标识，寻找其对应的刷新流程。找到后，即在刷新流程的控制下完成对 BIOS 的写入。但现在一些高版本的刷新程序，由于在加入新芯片的同时，也删除了一些老芯片（可以识别出芯片的 ID，但却没有相应的刷新流程），因此用户在用高版本的刷新程序刷新低版本的 BIOS 芯片时，由于刷新程序找不到其对应的刷新流程，就会出现没有提示而直接退出的问题。

问 1-37　电脑开机无法启动，如何解决

故障现象：维修部的同行接手了一台使用了不到的电脑，现象是开机无法启动，经过替换法反复验证，在排除了 CPU、内存、硬盘、电源等嫌疑后，最后确定为主板问题。

解决过程：该主板为“联冠”HK-845GLR1（如图 1-55 所示），做工比较差，但没看出有烧坏的痕迹。检查了 CPU、内存、电源周围的十几个大电容，也没有发现有什么异常地方。给主板接通电源，用万用表测量了电源输出的几组电压，没有发现存在短路，这才装上 CPU，插上内存，还在 PCI 槽上插了一块 DE 漏洞卡，然后接通电源，DE 漏洞卡显示的代码表明主板有问题，而主板既没有报警声，显示器也没有任何反映，用手逐一触摸主板上的主要芯片感觉“冰凉”，显然主板根本就没有加电。按照以往的经验，对于主板没有“加电”这样的症状，如果 BIOS 芯片还没有问题，情况就变得相当复杂了。卸下主板，取下北桥芯片上的散热片，得知是 Intel 的 845GL 芯片组，内置显卡，再看 BIOS 芯片为四边带引脚的方形（如图 1-56 所示）设计，于是找了一块也是 845GL 芯片组而且 BIOS 芯片为四边型的“双捷”SJ-P4GLD 主板（如图 1-57 所示），再经过比对，发现南桥芯片型号、PCI 槽数量及内存槽数量均相同，这就存在着相互借用的可能性。取下“双捷”SJ-P4GLD 主板 BIOS 芯片替换到“联冠”HK-845GLR1 上，之后按下 POWER 按钮，随着“嘀”的一声，显示器有了 BIOS“自检”画面，到此故障谜底才算揭开。

图 1-55　“联冠”HK-845GLR1 主板

图 1-56 “联冠”HK-845GLR1 主板 BIOS 芯片

图 1-57 “双捷”SJ-P4GLD（845GL）主板

原来是 BIOS 芯片内容被破坏了。问题找到解决起来也就容易了，先进入“联冠”主板厂商的网站，下载了一个相关的 BIOS 升级程序及升级工具，然后用编程器将程序“烧录”在原 BIOS 芯片中，再用该芯片替换到“联冠”HK-845GLR1 主板上。问题得以真正解决。

故障点评：本例估计是用户自己刷新 BIOS 芯片时，不慎将其内容破坏了。也可能经验不足误以为是主板烧毁，还可能有意隐瞒自己误操作事实真相。但不管怎么说应该如实介绍真实情况，这有利于维修人员查明问题所在，以便对症下药。当然，出现 BIOS 内容被破坏的原因很多，比如运行过程中突然掉电、病毒破坏、刷新失败等，只是突发情况引发的概率很小，而刷新失败的可能性极大。

问 1–38　升级 BIOS 时，刷新过程顺利，之后系统启动失败，如何解决

故障现象：一位玩家的电脑原本使用的挺好，一天在朋友的怂恿下忽然心血来潮想尝试着升级 BIOS，于是在朋友的具体指导下开始了升级试验。他先将所使用的 SOLTER SL-85SD 主板保存备份，然后进入了厂商网站下载了升级程序和升级工具，在整个刷新过程中没有看到任何报错提示，刷新过程似乎很顺利，但当重新启动系统后，意想不到的情况发生了，系统启动失败。该玩家顿时“傻眼”了，多亏了朋友的还算有经验，启动电脑后在“黑屏”状态下，采用动手运行升级程序进行 BIOS 刷新（此时电脑仍可以正常运行，只是屏幕没有显示，只要键入的内容正确，一样可以成功），经过数分钟的等待后，再次重新启动电脑，屏幕依然是一片“漆黑”，这次算彻底失败。

解决过程：这是块采用 Intel 845 芯片组带有 RAID 功能的 SOLTER SL-85SD 主板（如图 1-58 所示），也算是大厂的名牌产品，考虑到玩家的朋友毕竟有过 BIOS 升级经验，一般不会犯低级错误，因此无需再用玩家叙述，而直奔主题，本想找一块 ISA 显示卡避免“黑屏”操作，无奈 SOLTER SL-85SD 主板不带 ISA 插槽，又不愿“黑屏”操作，因此只好试着看看有没有捷径可走，从同行手中借来一块 SOLTER SL-85SD+主板（如图 1-59 所示），将 BIOS 芯片取下换到 SOLTER SL-85SD 主板上，检查了一遍没有发现有什么不妥之后，再次启动电脑，随着“嘀”的一声，显示器有了“自检”显示画面，看来还是玩家的朋友操作有误。

图 1-58 SOLTER SL-85SD 主板

图 1-59 SOLTER SL-85SD+主板

问题关键点找到了，接下来的操作易如反掌了，进入该主板厂商的网站，下载了一个相关的 BIOS 升级程序及升级工具，然后用编程器将程序“烧录”在原 BIOS 芯片中，再用该芯片替换到 SOLTER SL-85SD 主板上。问题得以解决。

故障点评：DIY 爱好者在进行 BIOS 升级时，万一操作失败，最直接也是最有效的办法可以找主板生产商或本地区代理商，还可以找专业维修公司，他们会提供 BIOS 芯片的写入（恢复）服务，或是指导用户完成 BIOS 写入工作。至于报纸杂志中介绍的“热插拔”法、“黑屏”操作法等并不适合一般电脑玩家，因为这不仅需要丰富的经验，而且要胆大心细，动手能力强。而“热插拔”法更具有一定的危险性。

问 1–39 升级 BIOS 后重启，显示器竟然出现“BIOS 核对出错，检查软盘驱动器中的软盘”，如何解决

故障现象：一位电脑玩家最得意的事是给朋友们升级 BIOS，于是成天鼓动朋友升级 BIOS，为此还预备了很多资料，一天他将女朋友的电脑搬到宿舍，随后将主板（如图 1-60 所示）的 BIOS（Award 6.0 版本）软盘备份资料后，就进行升级操作。在刷新过程中没有提示任何出错信息，于是自认为刷新过程很顺利，但是就在自鸣得意时，意想不到的情况发生了，系统启动失败。回想了一下操作细节，没错呀，升级过程中也没有突然断电现象，再次按下 POWER 按钮，令人意想不到的是，显示器竟然出现了“BIOS ROM checksum error, Detecting floppy drive A media”提示，借助《金山词霸》得知其大意是“BIOS 核对出错，检查软盘驱动器中的软盘”，到这一步电脑玩家已经不敢继续操作，生怕再出现闪失不好交代，于是以需要借助个软件为借口搪塞过去。转将主板送到笔者工作室来。

解决过程：在试验机上制作了一张自动刷新 BIOS 的软盘，又找了一个新软驱和显示卡接到该主板上，插上 CPU，连上电源和显示器，然后进行 BIOS 刷新，也就几分钟的光景，系统终于恢复正常。望着完好如初的主板，玩家不住的感叹，就差这一步，虽然也想到了，还是没敢继续进行，看来还是“技高人胆大”呀。

故障点评：本例由于主板的是 Award 公司的 6.0 版本，因此具有支持 Boot Block 模块设计功能，而最值得庆幸的是，这块主板上的 BIOS 所支持的 Boot Block 模块设计居然还支持 AGP 显示卡，只要 Boot Block 模块没有被破坏（它是系统中最重要的启动信息，一般只支持显示卡及软驱等最基本的硬件工作），恢复起来就很容易，这样即使 BIOS 刷新过程中出现失败，也不必在“黑屏”状态下操作，对 DIY 玩家真是关爱备至。也正因为如此，现在很多主板厂商都采用了 Award 6.0 版 BIOS，为的是给升级 BIOS 时提供更多的便利。

图 1-60 故障主板

问 1-40　一台 Pentium 4 主板的电脑，在一次工作时突然显示器不亮，CPU 已证明没有问题，是何原因

故障现象：用户拿着一块 Pentium 4 主板找到笔者请求帮助。介绍情况时说，一次正在工作时突然显示器就不亮了，试着检查了电池的电压，2.6V 正常，后来又采用设置跳线方法清除 CMOS 也没有奏效，最后怀疑 CPU 烧毁了，可是将 CPU 换到其他电脑上却证明没有问题。

解决过程：直观检查一下主板，没有发现有何外伤痕迹以及电容起鼓、流液等情况。接通电源后又用“万用表”测量了主板供电电压，似乎一切很正常。看来这块主板属于典型的不加电症状。按照以往的经验，主板不“加电”最值得怀疑的自然是 BIOS，于是断开电源，查看了一下 BIOS 芯片，好像没有动过，这就排除了用户自己更换 BIOS 芯片而产生故障的可能性，当询问用户最近是否自行升级过 BIOS 时，该用户肯定答道：“绝对没有”。这就排除了用户自己升级 BIOS 而产生各种问题的可能性。那么剩下的只有两种情况：

其一，病毒作怪，导致 BIOS 出问题。

其二，BIOS 中的程序失效。

为了得到验证，仔细辨认了这块主板，发现是 GIGA 的产品（如图 1-61 所示），撬开北桥芯片上的散热片后看到的是 SiS650（如图 1-62 所示）字样，显然这是一块 2002 年上市的产品。于是向各位朋友及同行发出求援信函，转天一位二手经销商打来电话说他手中正好有一块 SiS650 主板（如图 1-63 所示），于是带上用户的主板到二手经销商那里，经过比对，发现两块主板惊人的相似，除了内存插槽多一个外，其他几乎一模一样。于是，将好主板上的 BIOS 芯片取下来换到坏主板上，然后接通电源，随着“嘟”的一声，显示器屏幕出现了“自检”画面。由此得出结论是 BIOS 芯片出了问题。问题找到了，接下来的工作就是进到主板厂商网站，确定坏主板的型号，下载相关的升级程序和刷新工具程序，然后用编程器重新烧录一个新版本的 BIOS 程序，具体过程这里就不再赘述，有兴趣的读者请参照本人出版的《轻松玩转——注册表与 BIOS》（希望电子出版社 2005 年 2 月出版）。

图 1-61　GIGA GA-8SMML(SiS650)主板　　　　图 1-62　SiS650 北桥芯片

图 1-63　GIGA GA-8SIML(SiS650)主板

故障点评：本例属于 BIOS 失效故障，采用“替换法”进行验证是一个很不错的方法。请注意，这里所说的“替换”，只是为了进行开机验证，并非真正意义上的 BIOS 芯片互换，因为不同厂商的主板内部硬件设计不尽相同，即使通过了开机“自检”或是能进入操作系统，也很难保证运行稳定。BIOS 芯片的替换原则是：

其一，两块主板的 BIOS 芯片的封装要完全一样，这样才能保证物理上兼容。

其二，两块主板所使用的芯片组要完全一样，这样才能保证具有互换性。

其三，两块主板的主要功能及设计结构（比如“板型”）要尽可能一样，这样才能保证 BIOS 芯片的内容具有通用性。

其四，两块主板应尽可能出自同一家厂商，这样才能保证 BIOS 芯片的内容可以互换。

当然，如果只是为了“点亮一下”，那么上述条件就可以适当放宽。

第 2 章　CPU 的使用技巧与故障排除

CPU 是电脑的“大脑”，其自身参数是反映一台电脑性能优良的主要依据，由于 CPU 的科技含量、集成度很高，极易损坏，一旦损坏物理上是很难维修的，所以在平时使用过程中一定要加倍小心，本章主要从 CPU 的散热、自身故障及其他方面来讲述 CPU 相关的使用技巧与故障排除，阅读完本章之后读者朋友可以自行设置 CPU 的各项参数，并知道如何让 CPU 工作在稳定、安全的环境下，对电脑的运行来说，益处良多。

2.1　散热相关使用技巧

问 2-1　赛扬 D331 处理器，映泰 915P 的主板，CPU 风扇工作中噪音较大，是何原因

答：赛扬 D331 CPU（如图 2-1 所示）+映泰 915P 的主板（如图 2-2 所示），CPU 风扇在工作中噪音比较大，是由于 CPU 集成度非常高，因此发热量也非常大，特别是目前处理器的频率都非常高，3.0G 早已不算新鲜，因此目前的散热器的转速明显要比以前的低端产品高得多，噪音相比较也大许多。如果噪音实在太大，一般情况下就是因散热风扇缺油所引起的，比如在温度较低的情况下，CPU 风扇的润滑油容易失效，导致工作中噪音明显增大，这时就要考虑为 CPU 风扇进行清理和加油。同样，还要检查 CPU 散热风扇是否损坏，可以用手轻轻的转动风扇，是否感觉风扇的转动比较困难，另外可以用手轻轻的上下拨动一下扇叶，看看轴承的活动范围是否增大，如果风扇损坏，则要直接更换新的风扇。

另外，许多劣质的散热器工作时噪音会特别大，并且散热性能不佳，因此在选购时一定要注意，为保证系统的稳定运行和 CPU 的安全，切不可选购劣质的散热器。

图 2-1　赛扬 D331 CPU

图 2-2 映泰 915P 主板

问 2-2 用户更换 Pentium 4 散热风扇时，将主板上的 CPU 风扇支架弄断了，如何解决

答：据笔者所知，在 Intel 推出 Pentium 4 以前，散热器一直是用一个金属扣具“卡子”直接扣在主板 CPU 插座两端的突起部分，现在使用 AMD 处理器的主板（如图 2-3、图 2-4 所示）很多仍采用这种方式。这种方式突出特点是结构简单、安装方便，但其缺点是 CPU 核心压力分布不均匀，以致于散热器底部和 CPU 表面不能紧密接触，散热效果有局限性。

图 2-3 支持 AMD 处理器主板 CPU 插座

图 2-4 支持 AMD 处理器主板 CPU 插座

而从 Pentium 4 开始，主板上的 CPU 散热风扇安装部位使用了支架方式（如图 2-5、图 2-6 所示），新的散热器设有 4 个挂钩，分别挂在主板的支架上，然后用风扇顶部的压杆扳手压紧。这样方式的好处是 CPU 核心压力分布更均匀，散热器底部与 CPU 核心表面能紧密贴合，缺点是结构相对复杂，安装起来也有一定难度，成本也略有提高。由于改变了以往传统的安装方式，加上 CPU 插座旁边很多直立电容确实比较碍事，这使得不少玩家还不是特别适应，因此在安装过程中导致支架损坏的不在少数。这属于典型的鲁莽操作造成的人为硬件损坏，商家是不给更换主板的。

应该承认，这是厂家设计上的缺憾，但是如果小心谨慎的话，这种现象也不会发生。对于这位用户提出的问题，笔者的答复是只能找商家送回厂里更换或是找专业维护人员进行更换。而任何粘合剂都解决不了问题。

图 2-5　CPU 散热风扇支架结构

风扇支架

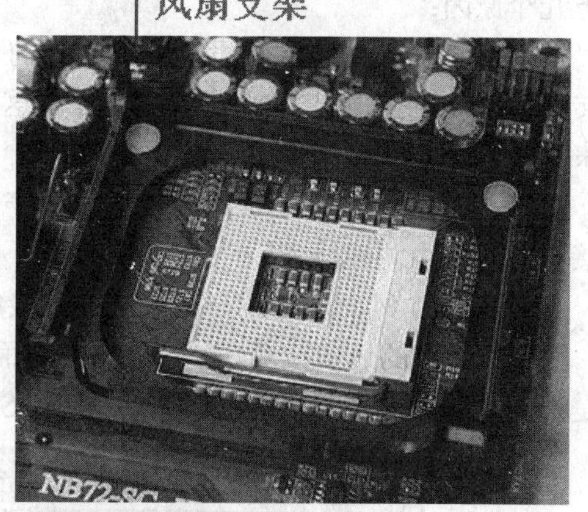

图 2-6　CPU 散热风扇支架结构

问 2–3　搬家以后发现电脑出现了“哒哒”的碰撞声是什么原因，如何解决

答：因为没有当面检查，这里只能凭经验进行解答。根据笔者多年的维修实践来看，如果电脑启动后没有发现其他异常现象，而且在 CMOS 的“PC Health Status（PC 健康状态）”中查看 CPU 温度以及风扇转速也基本正常的话，那么就可以推断它是由机箱内数据线或电源线碰到了风扇的扇叶所引起的（当然，声音的叫声可能有所差异）。

解决方法：打开机箱将杂乱无章的数据线和电源线用橡皮筋、胶带纸等捆扎起来，并尽量避开从 CPU 散热风扇上方经过。这种情况比较容易出现在使用涡轮风扇（如图 2-7、图 2-8 所示）的主板上，因为很多涡轮风扇都没有保护扇叶的防护装置（防护网），因而容易造成导致这种现象发生。从维修实践看，这种碰撞还是最轻的故障，严重时还有扇叶被数据线打掉的记录，甚至可能卡住了风扇的扇叶，使之转动不正常从而导致 CPU 过热最后造成电脑“死机”。

图 2-7　涡轮风扇

图 2-8　铜制涡轮风扇

问 2-4　查看到主板 CMOS 的“PC Health Status”中 CPU 风扇转速为 0，是何原因

答：以笔者的经验而言，出现查看 CPU 风扇转速为 0（如图 2-9 所示）这种情况通常有以下几个原因：

其一，CPU 风扇电源线没有插在主板的 CPU Fan（CPU 风扇）插针上，而是通过“D”型转接头插在电源输出“D”型接口上了，这样虽然风扇照常转动，但 CMOS 中自然检测不出来。

其二，CPU 风扇为不合格（或劣质）产品，尽管看似有 3 根线，但实际上只有 2 根线连接电机，缺少测速线，因而 CMOS 检测不出来。

其三，CPU 风扇电源线与主板上插针接触不良，但风扇实际工作正常。

其四，主板的风扇检测功能电路失效，而风扇转动正常。判断风扇是否转动正常最直接也是最有效的方法就是“触摸法”+“CMOS 查看法”。

```
CMOS Setup Utility - Copyright (C) 1984-2004 Award Software
PC Health Status

Shutdown Temperature    70°C/158°F        Item Help
  Vcore                  1.69V
  1.8 V                  1.80V            Menu Level ▶
  3.3 V                  3.24V
  + 5 V                  5.02V
  +12 V                 12.80V
  -12 V              (-)11.37V
 Voltage Battery         3.10V
  CPU    Temp.            36°C
  System Temp.            34°C
  CPU    FAN             0 RPM
  Case   FAN             0 RPM

↑↓→←:Move  Enter:Select  +/-/PU/PD:Value  F10:Save  ESC:Exit  F1:General Help
F5:Previous Values   F6:Fail-Safe Defaults   F7:Optimized Defaults
```

图 2-9　PC Health Status 菜单

2.2　CPU 自身故障使用技巧

问 2-5　电脑 Athlon XP 2500+ CPU 中有一个边已经压塌了，露出了粉红色，而且下一层的黑色也能看见，CPU 目前还可以工作，但还能坚持多久

答：由于没有当面检查，因此笔者只能凭借以往的经验进行答复，粉红色介质是用复合材料做成的，它具有良好的导热性能，下一层的黑色介质是填充材料，是用来保护核心的。现在 CPU 能工作，说明这颗 Athlon XP 2500+CPU（如图 2-10 所示）破坏的还不严重，应该说是不幸中的万幸了。至于还能坚持多久，一方取决 CPU 自身的“体质”，另一方面取决于能否及时采取有效的保护措施，再有，散热器是否继续对 CPU 核心已破坏部分施加压力也

很重要。先说 CPU 自身的"体质"，AMD 前后共推出了 Palomino，Thoroughbred-A，Thoroughbred-B，Barton 等几种不同核心的 Athlon XP，它们的核心面积、耐热性各不相同。关于保护措施，笔者建议应该立即用质量较高的硅胶均匀地涂抹核心压塌了的部位。

注意：只覆盖压塌了的部位即可，并尽量抹平整一些，再找一片比压塌部位大一圈的薄银片（厚度不大于 1mm）粘在上面，等到完全干透后，再根据其形状用锉刀和电钻等工具加工散热器底部，使之尽量与 CPU 核心紧密接触，最后用硅脂（最好是含银硅脂）进行填充后再装散热器。

散热器的扣具（"卡子"）不能过紧，否则还可能继续对 CPU 核心施加压力导致问题进一步复杂化。当然，散热器的扣具也不能过松，负责打功率风扇转动时会进一步带动散热器作摩擦运动直接磨损 CPU 核心也会导致问题进一步复杂化。

图 2-10 Athlon XP 2500+ CPU

问 2–6 换 CPU 散热器时，不小心将 INTEL Pentium 4/630 CPU 核心碰出了一个大裂纹，虽然现在还能工作，是否有补救措施

答：这是安装散热器操作不当引起的，没有压塌这颗 Pentium 4/630（如图 2-11 所示）导致报废就已经是拣了"大便宜"，应立即采取补救措施。方法是在裂纹周围均匀地涂上硅胶，注意不能过厚，等到硅胶完全干透后，再根据其形状用锉刀加工散热器底部，使之尽量与 CPU 核心吻合，然后涂上少许的硅脂，最后再装散热器即可。需要特别留意的是，一定不要让散热器直接压在裂纹处，否则 CPU 还是会随时出现新问题。这里需要提醒读者的是，可能有些人认为，不小心将 CPU 核心压坏了一点，只要当时可以正常使用就应该没什么问题，事实上，这是一种错误认识。因为不及时采用补救措施的话，那么会引起这样几个问题：

其一，散热器对 CPU 核心已被破坏部分继续施加压力，加剧了核心部分彻底损坏。

其二，由于风扇（特别是高速风扇）剧烈振动肯定会连带影响 CPU 核心产生震动，使裂纹不断加大。

其三，裂纹越来越大后，会使得某些电路暴露于空气之中，由于灰尘、潮湿空气等原因产生的物理或化学变化，经过一定时间后必然影响到内核电路的正常工作。

图 2-11 INTEL Pentium 4/630 CPU

2.3 其他方面使用技巧

问 2-7 新买的盒装 CeleronD 320，在主板 CMOS 中查看，CPU 的温度为 34℃，使用 AIDA32 和 HWiNFO 软件查看，发现竟然高达 70℃，是何原因

答：导致盒装 CeleronD 320（如图 2-12 所示）两种检测结果相差很大的主要原因是因为两者的检测对象不同，主板 CMOS 检测的是 CPU 的外部温度，也就是 CPU 插座底部的传感器温度，而 AIDA32 和 HWiNFO 检测的是 CPU 内部传感器的温度，也就是其核心温度。这是正常现象。现在有些主板也改为直接检测 CPU 的核心温度，如果使用这类主板，在 CMOS 中再检测 CPU 的温度，那么两者就相当接近了，但是仍不能保证检测结果完全一致。

图 2-12 盒装 CeleronD 320 CPU

问 2-8 硅胶与硅脂是否指同一样材料

答：非也。硅胶是一种高活性吸附材料，属非晶态物质，无毒无味，它不溶于水和任何溶剂。它具有热稳定性好和机械强度较高等特点，是绝缘、防水、防震、耐高压和耐高低温的绝缘材料，特别适用于作电热电器的绝缘封装材料。硅脂一般为白色乳状，不流动，导热性好，可以填充在 CPU 及其他发热元器件与散热器之间空隙，能够顺利将 CPU 及其他发热量大的元件产生的热量迅速传递给散热器，然后通过散热器及风扇将热量扩散到空气中，从而起到降低温度的作用，因此它是电脑中辅助散热的必备材料。随着电脑中 CPU、显卡等部件的发热量越来越大，单凭传统的硅脂加上提高风扇的转速和扩大散热器的面积等方法，已经不能满足散热要求了，为此一些厂家就在早期使用的硅脂中添加了导热性能更好的银（氧化银化合物）成份，推出一些导热性更好的银灰色、土黄色、银白色的特殊导热硅脂（如图 2-13 所示）。

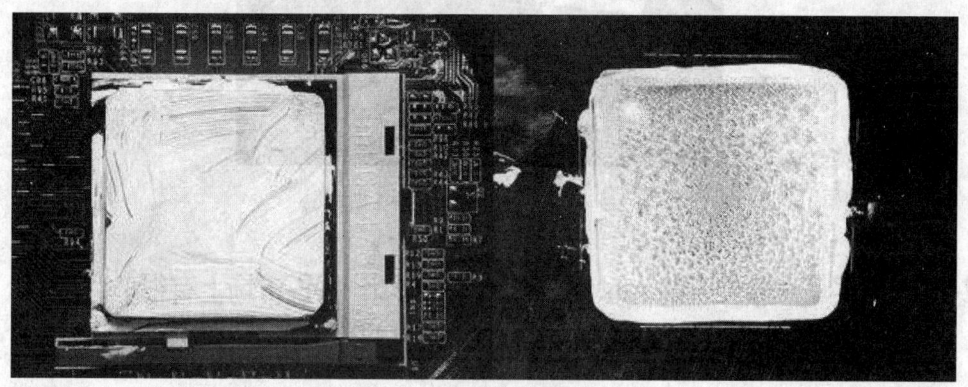

图 2-13 特殊导热硅脂

问 2-9 使用含银硅脂有何好处

答：众所周知，无论一款散热器的性能多出色，要想将其发挥得淋漓尽致，就离不开导热介质，因为影响其散热能力的发挥因素是多方面的，而导热硅脂就是其中很重要的一部分。与 CPU 核心表面相比较，散热器底部无论加工精度得多精细，都会或多或少的存在一些凹凸不平，只是用肉眼无法分辨而已。因此散热器在同 CPU 核心接触时，中间就会有空隙，为了填合散热器底部与 CPU 之间的空隙，使得导热硅脂应运而生。常见的导热硅脂有两种：

其一，为纯白色的普通导热硅脂，它的成分主要是碳矽化合物（碳硅化合物），由于这种硅脂的导热胶分子密度较小，因而导热性能一般，但价格便宜。

其二，为灰白色的含银导热硅脂（在导热胶中加入了氧化银化合物等），利用银的导热性好来弥补碳矽化合物导热上的不足，只要是正牌产品效果确实出色。

笔者有幸用过 ARCTIC SILVER 3 散热膏（如图 2-14 所示），使用了纯度达 99.9%以上的银粉和高分子聚合物，产品中银粉的重量比达到 70%以上，感觉温度至少可以下降 2℃。美中不足是含银硅脂的价格比较昂贵。为了降低成本，一些硅脂制造厂家就私下里降低了硅脂中的含银量，并加入了一些颜料，这样尽管颜色看上和高含银量硅脂差不多，但性能比普通导热硅脂强不了多少，这就是为什么市面上的廉价含银导热硅脂效果并不理想的原因所在。

不过，还是有很多厂家开发出了物美价廉的含银硅脂以满足用户需要。如，九州风神就推出了导热载体为“导热绝缘硅酮基体液态活性复合剂”的新型硅脂，通过测试和比较，效果优异。

国外有人做过一个试验，同一颗 CPU 在同一块主板上，是否使用了硅脂，是否使用的恰到好处，散热效果相差 3~5℃并不新鲜。

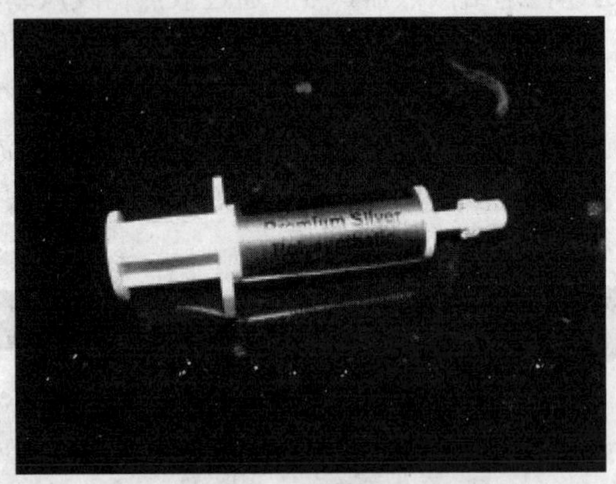

图 2-14　ARCTIC SILVER 3 散热膏

问 2-10　刚买了一颗二手的 Athlon XP 2400+ CPU，据说市场上有很多假货，怎样才能知道这颗 Athlon XP 2400+不是假货

答：除了选择在 AMD 正式代理柜台购买外，还要仔细查看 CPU 正面底部的标识（如图 2-15 所示），具体请参见本书“AMD 名词解释”中的相关内容，同时还可以使用 CPU-Z 软件（如图 2-16 所示）等进行测试。

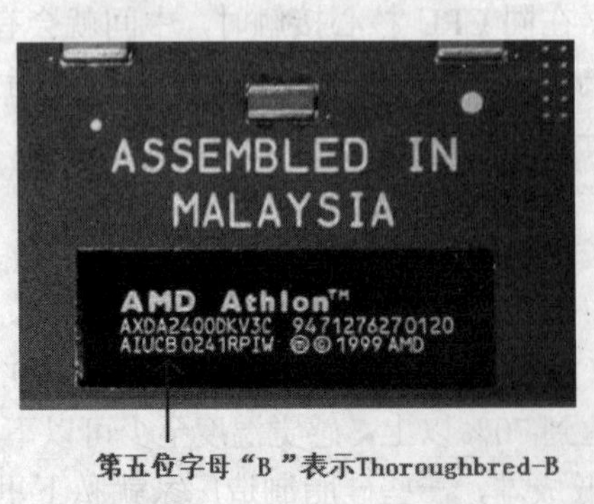

图 2-15　Athlon XP/2400+标识

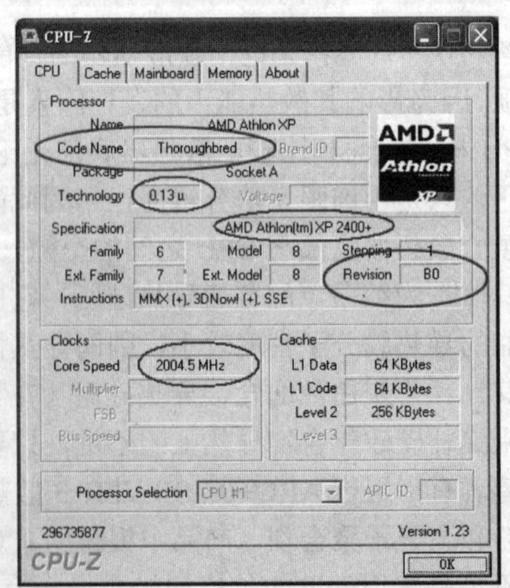

图 2-16　CPU-Z 软件检测结果

问 2-11　一台 INTEL Pentium4/506 级别的电脑，内存已扩充到双通道 512MB 了，但是在 Windows XP 下只要运行一些大型软件，就经常性的无故退回到桌面。用最新版“瑞星”杀毒后，问题依旧，是何原因

答：当系统运行 Photoshop，PageMaker，Dreamweaver 等一些大型软件时，CPU（如图 2-17 所示）将会开足马力，此时发热量也最高，如果散热系统稍有缺陷就可能出现运行程序时无故退回到桌面的问题，这还是 CPU 散热不良问题。解决办法如下：

其一，重新涂抹一遍硅脂，再使用弹性好的“卡子”，重装散热器。

其二，更换更大的散热器，请注意主板的安装空间是否允许。

其三，更换风量更大或转速更高的风扇。

图 2-17　INTEL P4 506 CPU

2.4　散热相关故障排除

问 2-12　用了半年的组装电脑只要打开 Photoshop 或玩游戏就“死机”且按 Reset 按钮还不能重启，是何原因，如何解决

故障现象：一台组装时间不长的电脑只要打开 Photoshop 或是玩游戏就“死机”，“死机”后按 Reset 按钮还不能重启。

解决过程：拆开机箱，接着开机进入 Windows XP 系统，按照用户所说的打开了 Photoshop，果然电脑“死机”了。伸手去触摸 CPU 散热风扇时感觉热度很高，又摸了一下内存条及主板上的几个主要芯片，没再发现有过热情况，看来故障与 CPU 散热风扇有关。至于硬盘是否中了病毒那只有先排除 CPU 散热风扇相关故障后才涉及到。将风扇卸下来，直观上看这还是一个名牌（如图 2-18 所示）产品，可是卸下上面的防护网，用手拨动一下扇叶却发现只转了 2-3 圈就停下来了，再看电机的主轴满是油泥，显然转速已经明显减慢。

按照以往的经验，一个好的风扇至少可以用 2 年，而这个名牌风扇仅用了半年多点怎么就“坏”了？正好笔者的几台试验机中有一台也是同一个牌子的风扇，经过比对，发现用户的风扇为仿冒产品，做工之精细足以以假乱真，如果不是经验丰富的专业人员经过严格的比对，一般很难分辨出来。问题找到，更换一个新风扇后，重新开机，再触摸 CPU 散热器已恢复正常，进入 CMOS 的“PC Health Status（PC 健康状态）”中看到 CPU 温度也只有 37℃（如图 2-19 所示），连续玩了 2 个小时的游戏也没有出现“死机”情况，由此故障排除。

故障点评：CPU 散热风扇假冒伪劣产品市场上屡禁不止，而且品种之多令人心有余悸，一些假冒伪劣产品更是达到了以假乱真的地步。这里提醒各位用户，选购 CPU 散热器风扇时，切记不要被“花里胡哨”的外观造型所迷惑，散热器的假冒伪劣还能将就着使用，但是风扇一定要仔细审查，切不可掉以轻心，万一因风扇问题导致 CPU 烧毁，那损失可就惨重了。

图 2-18　CPU 散热风扇

CMOS Setup Utility - Copyright (C) 1984-2002 Award Software
PC Health Status

			Item Help
Shutdown Temperature		[65°C/149°F]	Menu Level ▶
CPU Core Vlotage		1.66V	
Vcc	2.5V	2.49V	
Vcc	3.3V	3.29V	
Vcc	5.0V	4.73V	
	+12V	12.40V	
StandBy	3.3V	3.37V	
	-12V	(-)11.62V	
StandBy	5.0V	4.97V	
Voltage	Battery	3.36V	
CPU	Temperature	37°C	
System	Temperature	41°C	
CPU	Fan Speed	4821 RPM	
Case	Fan Speed	0 RPM	

↑↓→←:Move　Enter:Select　+/-/PU/PD:Value　F10:Save　ESC:Exit　F1:General Help
F5:Previous Values　F6:Fail-Safe Defaults　F7:Optimized Defaults

图 2-19　PC Health Status 菜单

问 2-13　一台老配置电脑不明原因“死机”，按 Reset 按钮后可重启，是何原因

故障现象：一台老配置电脑总是不明原因“死机”，似乎还很有规律，每次“死机”后只有按 Reset 按钮重启。

解决过程：先拆开机箱，检查电脑配置：Celeron/1.7GHz CPU、杂牌主板、2 条内存、60GB 硬盘，一块网卡。开机后直观检查了 CPU、内存以及电源接口周围的十几个大电容，也没有发现“起鼓”、“漏液”等异常情况，目测了一下 CPU 风扇、电源风扇也都在转，也能进入 Windows XP 系统，但不出 20 分钟，电脑“死机”。关机后，找出一块 De 漏洞卡插上，随后又一次启动了电脑，没有发现错误代码，这说明硬件检测通过了，硬件没有问题。随后又用手逐一触摸主板上的主要芯片，没有发现过热现象，但是触摸到 CPU 散热风扇时，手感觉被烫了一下，进入 CMOS 中查看 CPU 温度与风扇转速是否正常，“PC Health Status（PC 健康状态）”中显示 CPU 风扇转速只有不到 3000 转（如图 2-20 所示），再看 CPU 温度已达到 54℃，按照以往的经验，这块 CPU 正常情况下不超过 42℃，但不到 3000 转+54℃+CPU 散热器烫手三方面情况综合，足以断定问题出在 CPU 散热风扇上。关机，取下风扇，扫去上面的尘土后，对着扇叶猛吹了一口气，也就转了 3~4 圈就停下来了，再看电机主轴，布满了油泥，由此可以得出这样的结论：尽管风扇还在转，但转速已经达不到要求了。更换了一个风扇（如图 2-21 所示）后，30 分钟之后再次触摸，感觉温度已恢复正常，进入“PC Health Status”中查看，显示 CPU 风扇转速为“4821”（如图 2-22 所示）。电脑也没有再出现“死机”。

故障点评：本例为典型的因 CPU 风扇质量下降，使得 CPU 过热而导致电脑“死机”故障。当然也不排除 CPU 风扇本身就是“假冒伪劣”产品的可能性。这里也提醒各位用户再遇到类似情况时，不妨采用直接用手触摸，配合 CMOS 查看的方法，这样能够更快速准确的进行判断。

提示：触摸检查时一定要确保自身安全，释放身上的静电。

```
CMOS Setup Utility - Copyright (C) 1984-2004 Award Software
PC Health Status

Shutdown Temperature        [65°C/149°F]        Item Help
CPU Core Vlotage                1.76V
Vcc      2.5V                   2.49V           Menu Level  ▶
Vcc      3.3V                   3.29V
Vcc      5.0V                   4.73V
         +12V                  12.18V
StandBy  3.3V                   3.37V
         -12V               (-)11.62V
StandBy  5.0V                   4.97V
Voltage  Battery                3.36V
CPU      Temperature             54°C
System   Temperature             51°C
CPU      Fan Speed           2929 RPM
Case     Fan Speed              0 RPM

↑↓→←:Move  Enter:Select  +/-/PU/PD:Value  F10:Save  ESC:Exit  F1:General Help
F5:Previous Values    F6:Fail-Safe Defaults    F7:Optimized Defaults
```

图 2-20　PC Health Status 菜单

图 2-21　散热风扇

```
CMOS Setup Utility - Copyright (C) 1984-2004 Award Software
PC Health Status

Shutdown Temperature    [65°C/149°F]     Item Help
CPU Core Vlotage         1.76V
Vcc     2.5V             2.49V           Menu Level ▶
Vcc     3.3V             3.29V
Vcc     5.0V             4.73V
        +12V            12.48V
StandBy 3.3V             3.37V
        -12V           (-)11.62V
StandBy 5.0V             4.97V
Voltage Battery          3.36V
CPU     Temperature      36°C
System  Temperature      40°C
CPU     Fan Speed        4821 RPM
Case    Fan Speed        0 RPM

↑↓→←:Move  Enter:Select  +/-/PU/PD:Value  F10:Save  ESC:Exit  F1:General Help
F5:Previous Values    F6:Fail-Safe Defaults    F7:Optimized Defaults
```

图 2-22　PC Health Status 菜单

问 2-14　兼容机近来总是连续莫名其妙的“死机”是何原因

故障现象：一台兼容机，近来总是莫名其妙的“死机”，重启后连续运行不超过 1 小时故障重新出现，关机半小时后再开机，又能坚持 2 个小时不“死机”。

解决过程：首先拆开机箱，按照以往的经验伸手去触摸主板上的几个主要芯片以及 CPU 散热器，感觉除了 CPU 散热器温度过高外，其他芯片基本正常，看来“死机”故障与 CPU 散热风扇有关。关机后将机箱拿到台灯下仔细观察发现 CPU 散热器安装的有点不正（如图 2-23 所示），用手拨动一下居然能活动，扫去覆盖的尘土后，准备卸下散热器时，竟然发现卡子已经没有弹性了。卸下散热器仔细观察发现这个卡子中间有一个裂纹（如图 2-24 所示），试着掰了一下，从裂纹处已有就要断裂的感觉。看来问题出在这里。找了一个新“卡子”（如图 2-25 所示）重新装上散热器，再次开机进入 CMOS 的“PC Health Status（PC 健康状态）”中查看 CPU 温度只有 38℃，再用手去触摸散热器，感觉温度降了下来。

估计故障已经排除，就让该用户自己“拷机”，3 个小时后用户告知“死机”没再出现，到此问题得到解决。

故障点评：本例故障特殊之处在于，由于卡子失去了弹性，导致散热器没有紧密与 CPU 接触，因而出现过热“死机”。应该说这位用户是幸运的，也只是“死机”而没有烧毁 CPU，好危险呀！但问题的关键是，这个卡子怎么会出现裂纹？这里也要给用户们提个醒，天气炎热时，CPU 散热方面隐患会越来越严重。建议大家赶紧检查一下自己的散热系统，将可能出现的隐患彻底排除。

图 2-23　CPU 散热器的安装

图 2-24　卡子中间有一个裂纹

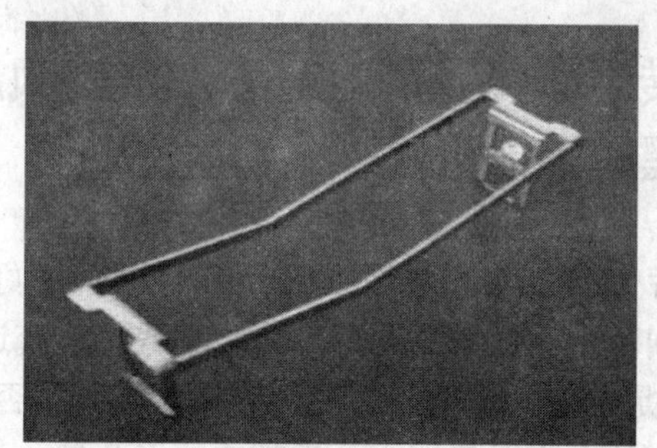

图 2-25　散热器“卡子”

问 2-15　进入 7 月份以来电脑间隔大约 3 个小时就“死机”，是何原因

故障现象：一位用户送来一台“博达”品牌电脑，介绍情况说进入 7 月份以来总是“死机”，从进入 Windows XP 系统到“死机”时间间隔大约是 3 个小时。

解决过程：笔者拆开机箱，直观检查了主板、内存、显卡等主要部件，没有看出什么异常现象，随手启动了电脑，大约 30 分钟后，采用屡试不爽的直接“触摸法”，将手伸进机箱触摸主板上的几个主要芯片及 CPU 散热器，当触及 CPU 散热器时感觉被烫了一下（估计有 70~80°），而其他芯片基本正常，看来“死机”故障肯定与 CPU 散热风扇有关。再仔细观察发现风扇与散热器之间好像有个不小的缝隙，风扇似乎还有点歪斜（如图 2-26 所示）。

为了不出现“误诊”，将笔者工作室的几台电脑与其进行了对比，结论是确实有问题。关机并断开电源，卸下散热器和风扇，发现风扇与散热器好像不是一套，经询问该用户得知，半个月前送去修理过一次，那次的原因是开机不过 10 分钟就“死机”，而且听不到了风扇响声了。据说给换了一个风扇。到此相比用户已经明白了真正的故障原因了。更换一个合适的风扇，故障彻底解决。

故障点评：原本一直运行好好的电脑，经过“庸医”的诊断，当时看似毛病治好了，但留下了无穷的隐患。实际上，看到风扇上仅拧上了2个螺丝就应该知道风扇与散热器不是一套。由于新风扇比原装风扇略大一圈，这就导致螺丝孔位置对不上，因此勉强拧上2个螺丝算是应付了事，但就此埋下了潜在的隐患。

图2-26 风扇与散热器

问2-16 用安装高档高转速大功率风扇替换下原来的普通风扇后，显示器突然“黑屏”，是何原因

故障现象：一位初学者为了让自己的老 Celeron II/1GB 能更好的适应超频，特意购买了一个高档高转速大功率风扇替换下原来的普通风扇，不曾想系统运行了不到10分钟，显示器突然“黑屏”。起初以为是安装操作上有疏漏，后来又怀疑是否不小心碰到了什么地方，但检查了半天也没有发现有什么不对的地方。重新启动了几遍，显示器就再也没亮过。

解决过程：拆开机箱，直观目测了一下主板和内存条，尽管主板做工很一般，用料上是能省就省的杂牌产品，但似乎也没看出有什么异常情况。采用“排除法”将硬盘、光驱电源线拔下，并取下网卡，只保留内存和显示卡，接上显示器，按下POWER按钮后，电脑没有任何反映，也没有报警声，于是断开电源，将内存条和显卡装到笔者的试验机上，结果证明并无问题。那么故障只局限在CPU和主板上了，卸下散热器，取出CPU放到笔者的试验机上，结果证明也没有问题。就在要将CPU装回去时，忽然想到电源还没有验证，于是取下电源接到笔者的试验机上，结果证明并不是电源的问题。这下就将故障点集中到主板上。

考虑到主板存在短路的可能性，这次没有装CPU就直接开机了，然后用“万用表”测量了一下电源输出的几组电压，基本正常，看来只有用最后一招了——BIOS芯片替换法来做最后结论了。就在将所有拆下的设备复原时，笔者不经意的问道：“新换上的风扇使用什么接口？”初学者答道：就是普通三针接口（如图2-27所示），这下笔者似乎意识了什么，于是再开机试试，怎么风扇没转，这下笔者已是心中有数了，拔下CPU风扇插针再开机，随着清脆的“嘟”的一声，显示器出现了电脑“自检”画面。

至此故障原因真正大白于天下。这个新风扇的参数为电压 12V、电流 0.53A（如图 2-28 所示），功率达到了 6.36W，而以前使用的普通风扇电压 12V，电流只有 0.19A（如图 2-29 所示），功率一般不超过 2.5W。想想都是采用三针电源插头从主板上直接获取电压，这就导致了主板的 12V 供电系统不堪重负，而引起了内置的保护电路触发。

故障点评：初学者和笔者两人都犯了一个低级错误，前者没有再次检查风扇，后者没有仔细观察故障现象就急急忙忙采用了“排除法”，结果走了一大段弯路。在此也提醒用户，更换大功率风扇也要考虑到主板的带负载能力如何，切忌“好心办坏事”。

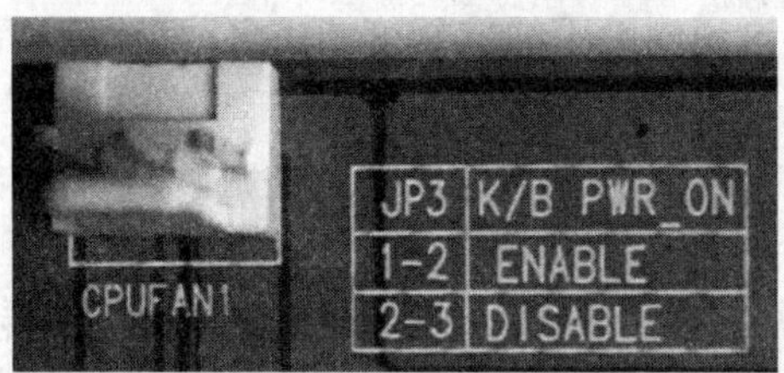

图 2-27　主板三针接口

图 2-28　新风扇

图 2-29　普通风扇

问 2-17　更换大功率豪华型散热风扇后电脑开机后无法启动，是何原因

故障现象：酷暑将至，用户考虑到电脑风扇已经用了 2 年，于是到电脑城买了一个大功率豪华型散热风扇，不曾想电脑开机却无法启动。明明购买时看着风扇是转的，怎么到了自己手里不但不转，反而连电脑都起不来。

解决过程：老办法拆开机箱，先首先查看了一下新买的这个风扇及 CPU，这时用户说，以前只要使用不超过 3 个小时一般没问题，一旦连续运行超过 3 个小时会出现自动重启或“死机”。再看这么一个 250W 小电源（如图 2-30 所示）居然带了这么多东西（电脑配置：闪龙 2500+ CPU、512MB 内存、40GB +80GB 双硬盘、GeForce4 MX440 显卡、16X DVD 与 52X CD-ROM 各一台）及新换上的大功率散热风扇。想到这笔者怀疑可能是电源功率不够而引起保护电路触发，于是采用惯用的“最小排除法”，只保留主板、CPU、内存、显卡，接上显示器，然后按下 POWER 按钮，故障依然。难道是新换上的风扇，把电脑弄坏了？正在准备实施“替换法”将 CPU、内存、显卡取出装到笔者的试验机上时，忽然想到 CPU 风扇不转是否与主板不能支持大功率风扇有关。

找来一个老式的风扇换了上去，再次启动电脑，随着“嘀”的一声，屏幕上出现了“自检”画面，看来问题还是出在这个大功率风扇上。将风扇卸下来装到笔者的一台试验机上，感觉尽管转速不是很高，但风量确实不小，比笔者的“去热高手 1.5G”高转速风扇（如图 2-31 所示）风量还大。既然风扇是好的，那只能怀疑是主板提供的驱动功率不足以带动这个大功率风扇而启动了自动保护功能。就在笔者做出结论准备填写维修单时，笔者的助手接过了这个新风扇，端详了一会说道，这是一款高功率低转速风扇，不一定是主板驱动功率不足的问题，还可能是主板不支持低转速风扇的问题。闻听此言，笔者打开了我们的资料库，发现只有 2600RPM 左右，这说明助手的推断可能成立，为了最后确认，找来一款功率大致相同的豪华风扇替换上去，然后再次启动电脑，随着“嘀”的一声，屏幕上出现了系统引导画面，由此得出结论，该主板不支持低转速风扇，等调换了一款同价位的风扇后，问题得以真正解决。

故障点评：本例应该说带有一定的普遍性，老主板不支持低转速风扇是由于主板 CMOS 中设有风扇转速过低的启动保护功能。估计当时设计主板时，这种大功率低转速风扇（突出特点是噪音小，风量大）还不是很普遍，因而无法支持的问题。据说个别主板通过升级 BIOS 可以支持某些品牌的大功率低转速风扇，遗憾的是笔者没有试过。

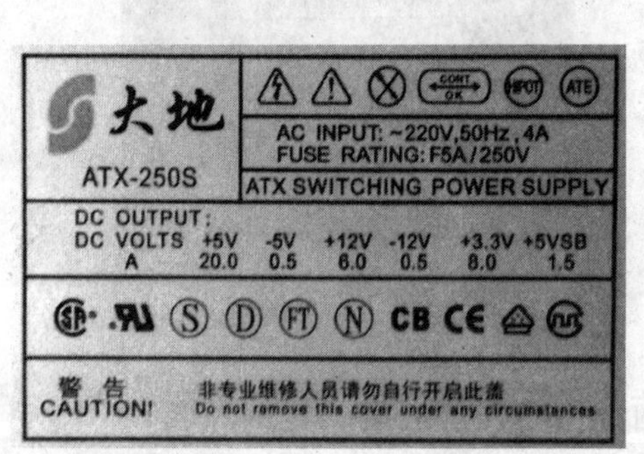

图 2-30 电源（“大地”）标识

图 2-31 高转速风扇

问 2-18 买来的二手电脑用了不到 3 个月，频繁出现“死机”是何原因

故障现象：一位学生买了一台二手电脑，用了不到 3 个月，发现“死机”现象越来越严重，开始是长时间使用后“死机”，慢慢的发展为 3 个小时左右，而现在则是不到 2 个小时准“死机”，拆开机箱观察 CPU 风扇及机箱都在转，用手试着触摸一下扇叶感觉转动力量也不小，与同学的电脑比较差不多。于是怀疑 CPU 本身有问题，可是又无法确定。

解决过程：按照常规先查看了一下 CPU、内存以及电源接口周围的大电容，接着看了一下 CPU 风扇，没有发现可疑之处后，开机进入了 Windows XP 系统，调用了几个检测软件进行测试后发现 CPU 的温度不太正常，重启后进入 CMOS 的“PC Health Status（PC 健康状态）”中查看 CPU 温度竟高达 71℃，显然对于 Celeron II 级别处理器来说是高了不少，看来故障与 CPU 散热系统有关。就在准备卸下散热器做进一步分析时，忽然发现散热器底部

好像压在了 CPU 插槽的宽边（如图 2-32 所示）上，并没有紧贴在 CPU 的核心，将散热器卸下来后再仔细观察证实，确实是散热器装反了，这就导致散热器与 CPU 的核心没有能完全吻合。正确的安装方法应该是将散热器底部主平面右边的凹进去的小面（如图 2-33 所示）对准 CPU 插座的高台宽边（如图 2-34 所示），这样才能确保散热器紧贴在 CPU 的核心上。等到重新安装上散热器后，"死机"现象彻底消除。

故障点评：幸好问题发现的及时，要不随着气温的升高，很可能 CPU 过早的"寿终正寝"。不知道这是安装时的粗心大意，还是有意的"恶作剧"，但不可回避的事实是，这为日后使用埋下了危险的隐患。另外，这里也提醒读者，凡是在重新安装散热器时，有条件的话一定别忘了在 CPU 核心上涂上硅脂。

图 2-32　CPU 散热器的安装局部图

图 2-33　散热器底部

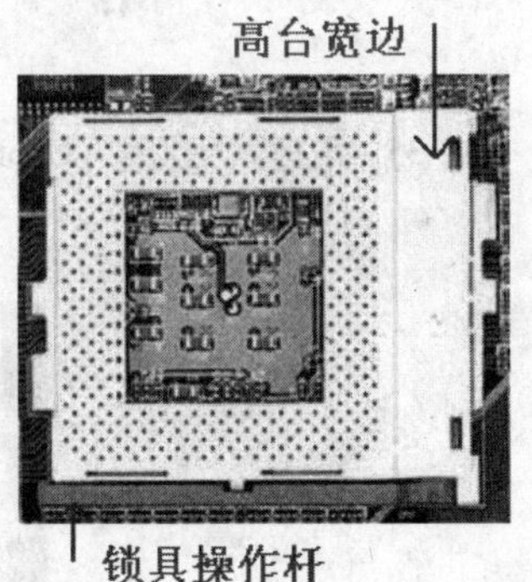

图 2-34　CPU 插座的高台宽边

2.5　CPU 自身故障排除

问 2–19　新买来大号的名牌散热器及风扇，装了几次都没能装上，最后一使劲装上了，但听到了一声轻微的"咔嚓"声，是何原因

故障现象：一位用户在为女朋友清理机箱内的灰尘后，发觉 CPU 散热器有点热，于是自告奋勇的买来一个大号的名牌散热器及风扇（如图 2-35 所示），准备换上，不知是"扣具"

过紧，还是操作不够熟练，装了几次都没能装上，最后还是一使劲给装上了，但同时也听到了一声轻微的"咔嚓"声。

解决过程：先通电试试再说，插上一条内存，接上显示器，然后按下启动按钮，等了大约 1 分钟，屏幕没有任何反应，用户立刻切断了主机电源，怀疑 CPU 报废。随后卸下散热器时凑近一看，闪龙 2800+ CPU 的一个边已经被压坏了，粉红色介质以及下面的黑色介质都隐约可见。原来是散热器装反了，没有将散热器底部主平面右边的凹进去的小面（如图 2-36 所示）对准 CPU 插座的高台宽边（如图 2-37 所示），而新买的散热器"扣具"过紧，加上安装不得要领，再猛一使劲，就导致了 CPU 报废。

故障点评：这又是粗暴操作带来故障的典型示例。CPU 散热器的安装没有什么技术，但需要一点技巧，在安装新购买的散热器之前最好能反复演练一下，对于有安装说明（图示）的，一定要看明白了再操作也不迟。另外，如果扣具（"卡子"）很紧，可以将它扳开一些，然后用点力垂直往下按，听到"咔"的一声即可。

图 2-35　散热器及风扇（CoolER MASTER）

图 2-36　散热器底部图

图 2-37　CPU 插座

问 2-20　电脑最近运行速度越来越慢且经常"死机"，如何解决

故障现象：一台 Athlon XP 级别的电脑，最近运行速度越来越慢，而且经常"死机"。试着将 Windows XP 换成了 Windows 2000，又增加了一条 128MB 内存，并将硬盘的缓存加大了一倍也没能解决问题。

解决过程：笔者拆开机箱，没有发现任何可疑之处后，电脑启动后 4 分钟才进行操作系统，从用户介绍的情况分析可以归纳为 2 个问题，一个是速度慢；再一个是“死机”。先看速度慢的问题，按理说 Athlon XP、KT133 主板、64MB+128MB 内存、30GB 硬盘这样的组合绝对不会慢到这个地步，至于“死机”也只有排除了其他问题后再想办法解决。由于启动 Windows 就慢，因此将注意力集中到 CPU、主板、内存上来。先将内存条插到笔者的试验机上，没有问题，随后卸下散热器、取出 CPU 插到笔者的试验机上，问题立即显现出来，由此可见故障还是在 CPU 上，由于遇到过类似故障，因而解决起来也就有了经验可借鉴。具体方法：进入 CMOS 的 Advanced BIOS Features 将 External Cache 关闭（如图 2-38），保存退出后，“拷机”了多半天，没再出现“死机”，看来故障得到了解决。后来该用户感觉虽然运行速度慢了不少，但是还可以忍受，暂时就不换 CPU 了，过段时间直接升级系统。

故障点评：由于将 L2 缓存关闭后使得 CPU 的性能降低了不少，不过还能将就着用。换一块同档次的 CPU 也是“鸡肋”，如果想换成更高档次的 CPU 就要留意主板是否能支持。

```
CMOS Setup Utility - Copyright (C) 1984-2001 Award Software
Advanced BIOS Features

Anti-Virus Protection        [Enabled]     Item Help
CPU Internal Cache           [Enabled]
External Cache               [Disabled]    Menu Level  ▸
Processor Number Feature     [Enabled]
Quick Power On Self Test     [Enabled]     Allows you to choose
First Boot Device            [CDROM]       the VIRUS warning
Second Boot Device           [Disabled]    feature for IDE Hard
Third Boot Device            [Disabled]    Disk boot sector
Boot Other Device            [Enabled]     protection. If this
Swap Floppy Drive            [Disabled]    function is enabled
Boot Up Floppy Seek          [Enabled]     and someone attempt to
Boot Up NumLock Status       [On]          write data into this
Gate A20 Option              [Fast]        area , BIOS will show
Typematic Rate Setting       [Disabled]    a warning message on
x Typematic Rate (Chars/Sec)  6            screen and alarm beep
x Typematic Delay (Msec)      250
Security Option              [Setup]
HDD S.M.A.R.T. Capability    [Disabled]

↑↓→←:Move  Enter:Select  +/-/PU/PD:Value  F10:Save  ESC:Exit  F1:General Help
F5:Previous Values     F6:Fail-Safe Defaults     F7:Optimized Defaults
```

图 2-38 Advanced BIOS Features 菜单

2.6 其他方面故障排除

问 2-21 购买了一个超大型豪华散热风扇，使用了半个小时就出现问题，是何原因

故障现象：一位玩家为了使 CPU 更好的适应超频运行和安全度过盛夏，特意购买了一个超大型豪华散热风扇（如图 2-39 所示），并使用赠送的含银硅脂重新涂抹了一遍，当再次启动电脑，进入 CMOS 的 PC Health Status 中查看，发现 CPU 温度竟然比以前降了 3℃，不禁心花怒放，可是的光景，忽然闻到一股浓浓的焦糊味，顿时感觉不妙，动作麻利地立即切断了电源。

解决过程：先打开侧面板，焦糊味依然没有散去，拔下所有的插卡和连线，取出主板，一眼就发现了 CPU 风扇插针旁边的一颗 MOS 管有烧毁的迹象，再看板子正反两面，好像受其影响并不大。接着扩大范围继续搜索，20 分钟以后，直观判定只是这颗 MOS 管被烧毁，其他问题不大。笔者分析这颗 MOS 管是用来对 CPU 风扇接口提供电源的，它被烧毁不会影响其他，基于这样的考虑就直接用钳子将其挟碎，然后吩咐助手检查一下是否有短路，如果没有就可以试机了。一切准备就绪，按下了 POWER，只听得“嘟”的一声，显示器出现了“自检”画面，之后玩家就势“激战”了近 4 个小时，确认一点问题也没有了。

故障点评：资深维修人员都知道，绝大多数的主板中都是直接引出电源线（3 根插针中有 1 根是风扇测速用的）接散热风扇，而这块主板的生产厂家本意为的是使提供的风扇电压更稳定，这也是从关爱用户角度出发，而且这种设计原本没有问题，但具体到本例，厂家的多此一举反而成了画蛇添足，给用户带来了麻烦。可能是推出该主板时，市场上还没有这种超大功率的豪华风扇，而如今，已上市的大功率豪华风扇多如牛毛，这才导致了一系列问题的出现。

图 2-39　散热风扇

问 2–22　意外得来的昂达 865PEN 主板，却点不亮，是何原因

故障现象：用户意外的得到一块抽奖得来的昂达 865PEN 主板（如图 2-40 所示），满心欢喜的到二手市场准备配个廉价的 CPU 圆升级梦。商家配了个 Pentium 4/1.6GHz，插上内存，接上电源和显示器，居然没有“点亮”，老板重新检查了跳线也无济于事，换了块 Pentium 4/1.8GHz（如图 2-41 所示）还是不亮，结论是主板坏了。用户于是将主板送到笔者工作室来希望给鉴定一下。

解决过程：该主板虽然是国产品牌，但做工与用料都很不错，包装也很讲究，特别是说明书写得相当详细。考虑到二手老板上过 CPU，而且有结论，因此没有贸然插 CPU 通电测试，于是将该主板说明书拿出来快速浏览，当看到“第二章　系统主板介绍”发现了一段文字（如图 2-42 所示）。将该主板接到笔者试验台上，插上一颗 Pentium 4/2.2GHz 和一条内存，再接上电源和显示器，随后启动了电脑，随着“嘀”得一声，屏幕出现了“自检”画面，用户疑惑地问：“难道小老板的 CPU 有问题？”笔者答道：“小老板的 CPU 也没有问题，只是 865PE 的主板不支持 Willamette 核心的 Pentium 4。虽然都是 Socket 478 架构的 Pentium 4，但是 Intel 先后共有 Willamette，Northwood，Prescott 几种不同的核心，而且外频也不尽相同

（具体请参照本书“Intel 名词解释”一章中的有关说明）。到此，用户才恍然大悟。

故障点评：本例属于对硬件知识不够精通而又“自以为是”的典型事例。如果用户能够事先阅读一下主板说明书，就不会出现这种低级失误。而二手小老板通常卖的都是滞后的产品，对新技术的了解不够透彻，因而才出现了本例开头的那一幕。这里也提醒用户，在新老搭配时，一定要多留意所用的主板到底能支持什么 CPU。

图 2-40　昂达 865PEN 主板

图 2-41　Pentium 4/1.8GHz 处理器

├─ *中央处理器*

支持 478 Socket Intel Pentium 4 处理器

支持 400/533/800MHz FSB Intel P4 478 结构 CPU

仅支持 Northwood 核心的 P4 和 Celeron4，Prescott CPU 及 Hyper-threading Pentium 4 CPU

图 2-42　主板说明书中的一段文字

第3章 内存的使用技巧与故障排除

内存是电脑最主要的部件之一，是号称“电脑三大件”里的一员，随着技术的不断进步，目前主流内存已经发展到DDR2，作为CPU调用数据的第一“后台”，内存肩负了极大的任务，随之出现问题的几率也增大到不可忽视的程度，在实际使用中，内存故障千奇百怪，只有在实践中摸索锻炼，才能真正掌握和运用内存，本章主要从混合使用及兼容性等方面来讲述内存的使用技巧与故障排除，读完本章用户将会对内存有一个新的认识，在以后的设置与使用中将受益匪浅。

3.1 内存混合使用技巧

问3–1 不同内存混合使用，是否会出现问题

答：增加内存容量，是升级系统的一个主要方面；不少人在购买了新内存的同时，又舍不得将原来的旧内存扔掉，这样就会出现新旧内存同时安装（混用）的现象。从表面上来看，新旧内存同时安装不但有效地节约了升级费用，而且还能将旧内存的使用价值继续“发挥”出来；不过从实际使用效果来看，新旧内存同时安装在一起，往往是系统不稳定的因素之一。

由于新、旧内存在品牌、型号、质量方面存在不小差异（如图3-1~图3-10所示），而且这些内存对插槽、针脚、电压等要求也不尽相同，这样就算是将旧内存插入到电脑中，说不定也不能发挥其应有的作用，相反还会对新内存的工作造成一定的影响，从而导致系统运行不稳定，或者在启动时出错，甚至出现系统死机的严重现象。为此，笔者建议最好不要将新旧内存同时安装在插槽中，如果实在要安装的话，也要确保新旧内存必须是同一规格、同一品牌。

此外，要是在安装好内存后，发现系统不能正常显示开机画面的话，应该及时将内存从插槽中拔出来，然后用橡皮擦对准内存条的“金手指”反复擦拭，以确保将内存“金手指”表面的氧化层清除干净，然后再按正确的方法将内存安装好，这样就能消除无法显示开机画面的故障。

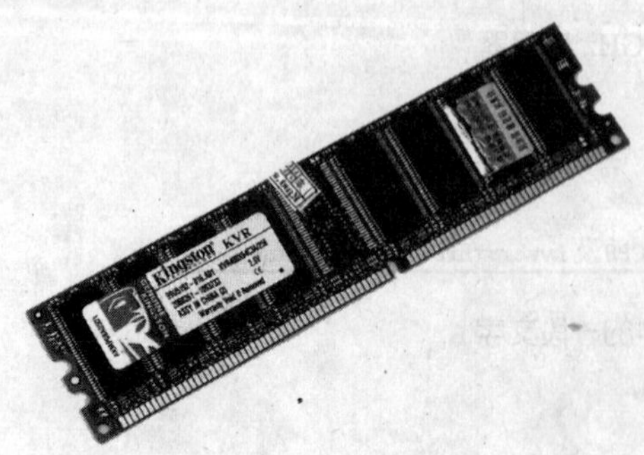

图3-1　金士顿DDR400 256MB内存

图3-2　威刚DDR400 256MB内存

图 3-3　宇瞻 DDR2 533 1GB 内存

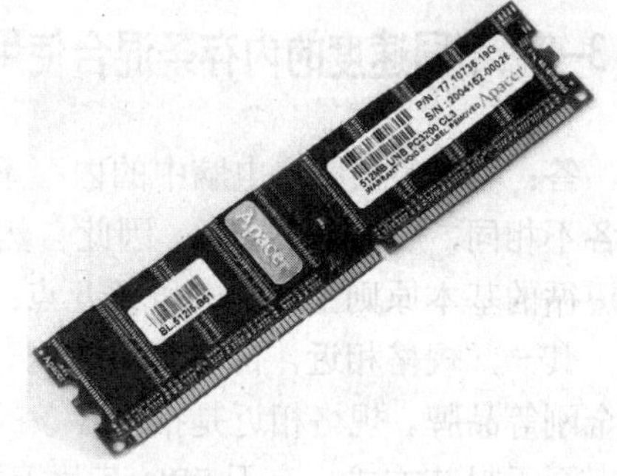

图 3-4　宇瞻 DDR 400 512MB 内存

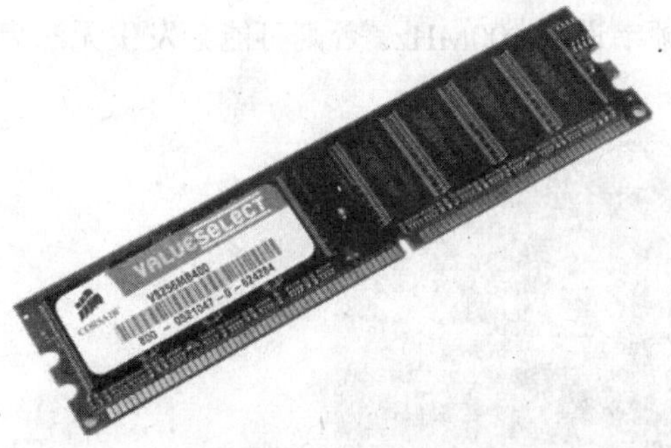

图 3-5　海盗船　DDR400 256MB 内存

图 3-6　海盗船　DDR2 533 256MB 内存

图 3-7　海盗船　DDR2 667 512MB 内存

图 3-8　金邦 DDR400 512MB 内存

图 3-9　威刚 DDR2 667 512MB 内存

图 3-10　KingMax DDR2 533 512MB 内存标识

问 3-2 不同速度的内存条混合使用有何基本原则

答：现在各位用户电脑中的内存条可能不只一根，由于这些内存条购买时间有先后，品牌各不相同，规格也不一样，因此自然就涉及到了混合使用的问题。要在使用中不出现问题应遵循的基本原则主要包含以下几点：

其一，规格相近，品牌各不相同。比如：都是 SDRAM 类型，有胜创、金士顿、现代、黑金刚等品牌。规格相近是指内存条的工作频率，如 PC133 与 PC150；DDR400 与 DDR533 等。至于封装方式、有无 SPD 芯片等关系不大。

其二，参数设置上应“就低不就高”。在主板 CMOS 设置中尽量以参数低的取齐标准，如将 CAS 由 2 该为 3（如图 3-11 所示），工作频率设为 100MHz。否则可能会发生无法启动、系统运行不稳定或经常性“死机”等故障。

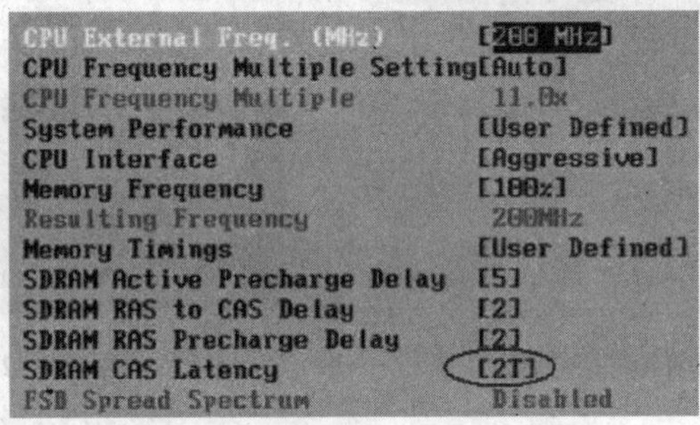

图 3-11 CMOS 中有关内存设置

其三，调整内存条插入主板插槽的顺序。将技术指标最低的插在 DIMM 1 上，技术指标次高的插在 DIMM 2 上，而将技术指标最高的插在 DIMM 3（如图 3-12、3-13 所示），这样不仅可以保证有更好的成功率，而且一定程度上也提高了兼容性。

图 3-12 创见 TS-AKR4 主板的内存插槽

其四，不同类型的内存条禁止混合使用。即使主板上提供了两种不同类型的内存插槽，比如既有 SDRAM 插槽，也有 DDR 插槽，除非主板有特殊设置项，否则不可以混合使用。因为不同类型的内存由于电压等因素，可能会缩短内存的寿命，甚至烧毁内存。

其五，不同电压的内存禁止混合使用。即使都是 SDRAM，也有个别厂商的产品电压为 3.5V，如果将这种内存与其他标准的 3.3V 内存条混合使用，不仅会出现运行不稳定现象，而且会导致电压低的内存加速老化，甚至被烧毁。

其六，应注意主板的驱动能力。尽量不要将主板的所有插槽都插满，也不能都用双面的内存条。因为很多主板都存在驱动能力限制问题。

图 3-13　映泰 M7VIK 主板的内存插槽

问 3–3　不同速度的内存条混合使用后出现无法开机，如何解决

答：以笔者的经验，主要有 2 个解决方案：

其一，调整内存条插入主板插槽的顺序，这是最常用的一种方法，遵循的原则是将“低速”内存插在编号靠前的 DIMM 位置（如图 3-14 所示）上。

其二，先插上一条有把握能启动电脑的内存条，然后进入 CMOS 的相关设置中，将与内存有关的设置项选择低速规格，比如：在 Advanced Chipset Features 中将 SDRAM CAS Latency Time 设成 3，在 Frequency/Voltage Control 中将 CPU HOST/SDRAM/PCI Clock 为 100/100/33MHz 等，保存退出后关机，最后再插入另外一根内存。再次进入 CMOS 进行高设置尝试，以稳定运行为准。这种方法也就是 DIY 玩家常说内存“异步”工作方式。

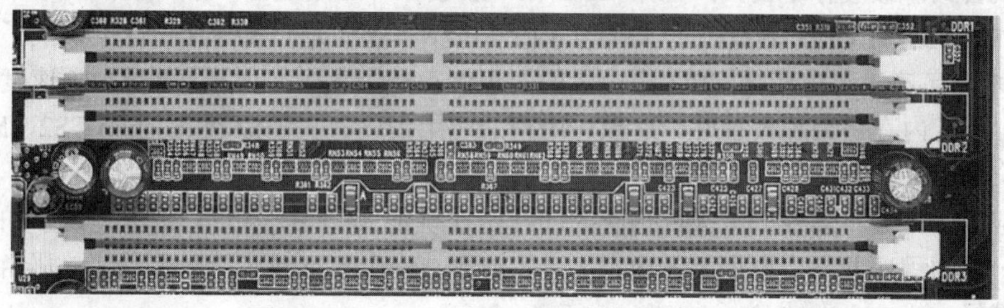

图 3-14　主板局部图

问 3–4　不同速度的内存条混合使用后出现运行不稳定，如何解决

答：这是内存与主板兼容性不好最常见的表现形式，解决的基本思路除了前面介绍的方法外，可以在 CMOS 中关闭内存有关的“自动”配置选项（如图 3-15 所示），改为手动配置。在各种“低值化”设置都尝试过了依然没有解决问题时，可以考虑适当调高电压（如果主板带有 I/O 电压调节功能），这样可以增强内存运行的稳定性。

```
CMOS Setup Utility - Copyright (C) 1984-2004 Award Software
Advanced DRAM Control 1

Auto Configuration          [Auto]        Item Help
SDRAM RAS Active Time        6T
SDRAM RAS Active Time        3T           Menu Level  ▶▶
RAS to CAS Delay             3T
Write Recovery Time          2T
Early CKE Delay 1T Cntrl     Normal
Early CKE Delay Adjust       0ns
Dram Background Command     [Delay 1T]
LD-Off Dram RD/WR Cycles    [Delay 1T]

↑↓→←:Move  Enter:Select  +/-/PU/PD:Value  F10:Save  ESC:Exit  F1:General Help
   F5:Previous Values    F6:Fail-Safe Defaults    F7:Optimized Defaults
```

图 3-15　Advanced Chipset Features 中的下一级菜单

3.2　其他使用技巧

问 3–5　电脑配置多大的内存才能发挥它的最高性能，是不是越大越好

答：这个问题，必须先从 CPU 谈起，CPU 尽可能地尝试保留最近使用的指令，这样它才会运行得更快。当 CPU 需要指令时，它首先从一级缓存中去找，当 CPU 在一级缓存中没有命中就会到二级缓存中去找，如果 CPU 在二级缓存中还是没有命中，就会到系统内存中去找。如果上述的 CPU 寻找指令工作仍未成功的话，那 CPU 就得到硬盘上去找了。由于 CPU 技术的高速发展，使得 CPU 中内置的两级缓存相当大了，所以影响 CPU 速度的就是内存了。那么内存是否越大越好，这也与用户的应用程序有关。像 Photoshop CS2、MAYA、“会声会影”这样的吞噬了大部分系统内存的应用程序，就必须用大内存来对付它，而其他的一般应用程序并不需要非常大的内存，即使是在玩很大的 3D 游戏。也就是说，如果你只是运行一般的程序并不需要很大的内存，但如果你是一个图形或多媒体制作者，那当然是内存越大越好。

现在，大多数 PC 装的都是 Windows XP 操作系统，要求至少是 256MB 内存，但要想流畅运行应大于 512MB。如果是图形或多媒体制作者，建议电脑的内存应不少于 512MB。

问 3–6　新内存条 KingMax 品牌的 DDR，颗粒为长条型，而原来电脑中的一根内存条也是 Kingmax 品牌的则是方块型，新买的内存条是否为假货？两种不同封装类型的内存可否混用

答：KingMax（如图 3-16 所示）一直以其独具匠心的 TinyBGA 封装（如图 3-17 所示）

形式，而在整个内存市场中鹤立鸡群。不过，近来 KingMax 厂商为了降低内存条的制造成本，也将部分产品由原来的方块型封装改成了长条型（TSOP-II）封装（如图 3-18 所示），这种 DDR 内存并非就一定是假冒产品。内存条的混合使用是有一个基本原则，本章中也进行过归纳总结。简而言之，内存条的混合使用与颗粒封装类型关系不大。最好在 CMOS 中将内存参数设置成最低标准，最多就是出现不兼容问题，不会因混合使用导致内存条被烧毁。

图 3-16 Kingmax 的 DDR-333 内存条

图 3-17 Kingmax 的内存封装颗粒

图 3-18 KingMax 的 TSOP-II 封装内存条

问 3-7 电脑使用的是 128MB 内存而开机“自检”时却只有 120MB，是何原因

答：如果电脑运行正常，没有不稳定现象，那么这多半是因为电脑使用的是整合型主板（整合了显示卡功能）之缘故。如：INTEL 的 845G，865G，915G（如图 3-19 所示）、945G 等系列芯片(如图 3-20 所示)主板；VIA 的 P4M800，P4M890，K8M890 等系列芯片(如图 3-21、~图 3-23 所示)主板等，这些整合型主板需要将一部分的主内存划为显存使用（这就是常说的“共享”主内存技术），所以用户看到的现象是部分电脑开机自检时主存只有 120MB（显

存划去了 8MB）。这不是电脑硬件故障，因而没有必要解决。如果一定要解决这个问题，可以将原来集成的显示卡"屏蔽"，再买一块 AGP 显示卡插到 AGP 插槽中便可解决（取决于主板是否提供额外的 AGP 插槽）。

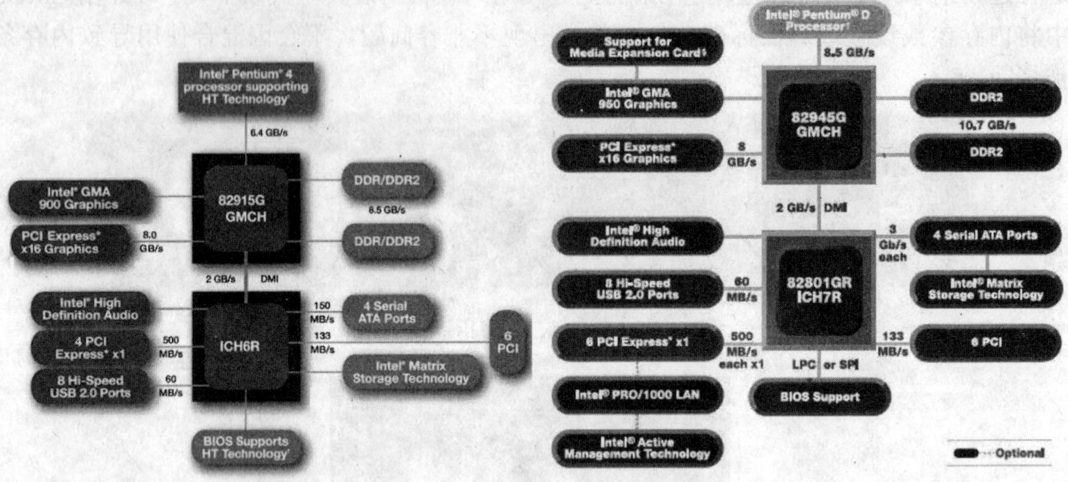

图 3-19　915G 芯片组结构图　　　　图 3-20　945G 芯片组结构图

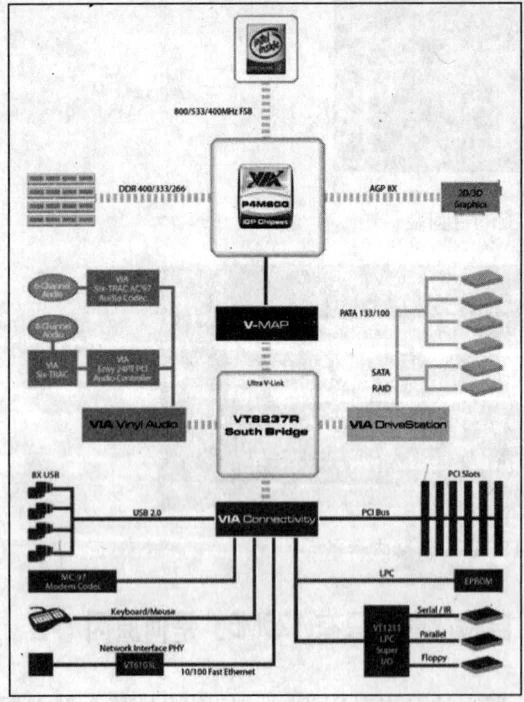

图 3-21　P4M800 芯片组结构图

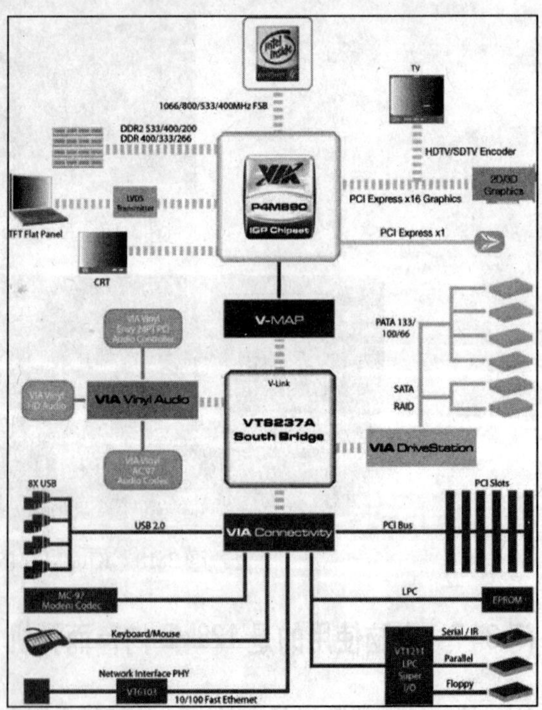

图 3-22　P4M890 芯片组结构图

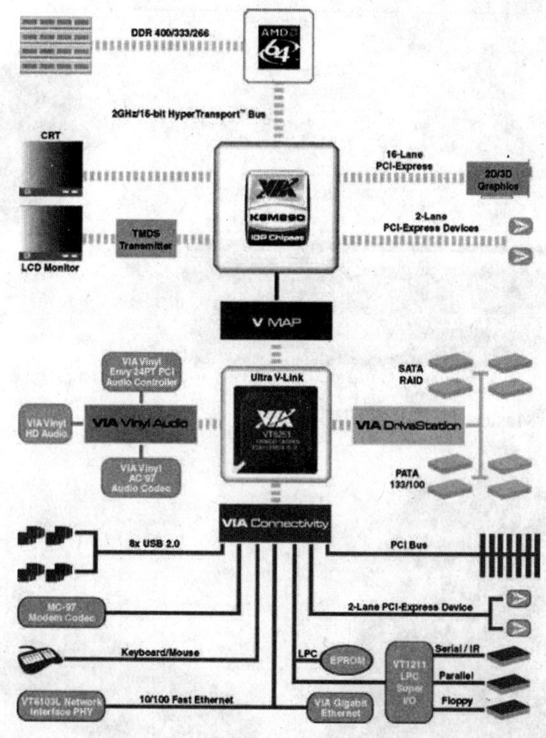

图 3-23　K8M890 芯片组结构图

问 3-8　病毒是否会引起内存方面的故障

答：如果病毒程序驻留在内存中或是将 CMOS 参数中内存值的设置改变了，同样会导致内存工作异常。解决方法是用 A 盘（应急启动盘）引导系统后在 DOS 环境下用杀毒软件杀毒，即可去除驻留在内存中的病毒程序。如果 CMOS 设置中的内存参数已被病毒修改，而且 CMOS 已被密码锁住，那么需要将 CMOS 中的设置清除，具体方法是找到与 CMOS 相关的跳线，短接进行放电，或直接取下电池进行放电，然后重新启动电脑再进入 CMOS 中填写正确的内存参数值即可。

问 3-9　内存是否也有散热问题

答：内存的超频运行或者打开了内存的加速功能，肯定都将加大其发热量，这是毫无疑问的。做好内存散热工作可以提高"超频"运行的稳定性。特别是对于速度越来越快的 DDR-II 内存，散热问题已越发突出。为此，一些散热器专业厂商 CoolerMaster（如图 3-24 所示）、九州风神、Tt（如图 3-25 所示）等已开始向市场推出了专用内存散热片，从材质上看，以铝合金为主，铜金属（如图 3-26 所示）次之。CoolerMaster 的产品，采用导热胶粘贴方式，从外形上可以看出它的散热片适用于 TSOP 封装的颗粒。

九州风神的产品采用扣具（卡子）形式进行安装。Tt 的产品采用的是挂钩设计进行安装。从售价上看，铜制散热片大约为 35~70 元，铝制为大约 20~45 元。而高速 DDR2 内存条（比如 DDR 800）自身普遍都带有散热片（如图 3-27 所示）。

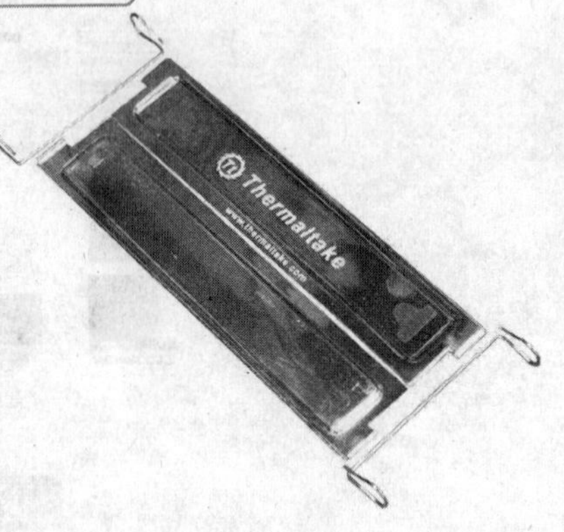

图 3-24　CoolerMaster 纯铜内存散热片

图 3-25　Tt　A1989 纯铜内存散热片

图 3-26　带散热片的内存

图 3-27　威刚 DDR2 800 内存条

3.3　兼容性故障排除

问 3–10　电脑出现“嘀……嘀……”报警声，取下内存条重新插一次电脑可以恢复正常，但用不了半个月故障重新出现，是何原因

故障现象：昨天电脑还一切正常，可是今天再开机，即出现“嘀……嘀……”响个不停的报警声，屏幕没有任何显示；听到报警声后，也知道是内存问题，有时将内存条取下来重新插一次电脑可以恢复正常，但用不了十天半个月，又会重新出现。

解决过程：可用橡皮试着擦拭内存的“金手指”(如图 3-28 所示)，然后重新插入主板内存插槽，在插入的时候可以调换一下位置（相对于上次的位置），情况基本可以解决，如果依旧点不亮电脑，可以替换内存。

故障点评：造成这种故障的原因，大致有以下几种：

其一，内存条自身不够规范，如：内存条的印刷电路板略薄一些，时间长了之后就容易导致与内存槽中的触点出现接触不良。

其二，内存条的“金手指”部分表面镀金层质量不佳，在长时间的使用过程中，特别是反复插拔过程中，其表面的氧化层逐渐加厚，积累到一定程度后也会与内存槽中的触点出现

接触不良。

其三，纯粹的不兼容，一根知名品牌的内存条，在这块主板上正常，而换到另一块主板上就可能不正常，这并非是内存制造商的问题，也不是主板厂商的问题。但给用户造成的麻烦却不小。

其四，主板的内存插槽不规范，比如簧片与内存条的“金手指”接触吻合度不好，时间一长，隐患问题就会暴露出来。

其五，使用环境太差，导致内存槽中落满灰尘，时间一长，也会出现接触不良。

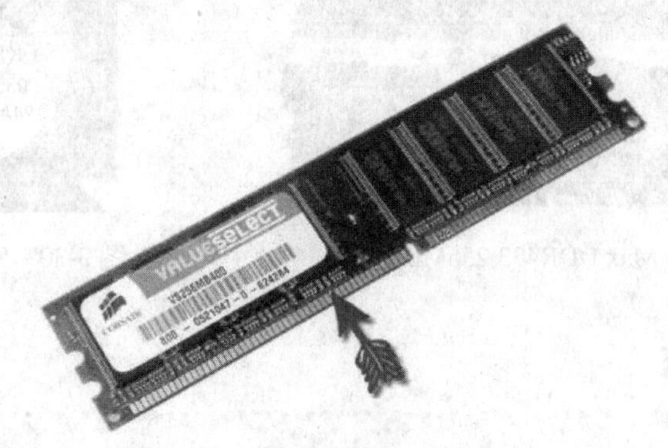

图 3-28　海盗船内存

问 3-11　内存与主板不兼容如何解决

故障现象：升级电脑进行了内存扩充，发现扩充的内存与主板不兼容，一般表现为无法启动电脑。

解决过程：在升级电脑的内存条之前一定要认真查看主板使用说明，如果主板不支持 512MB 以上大容量内存，即使升级后也无法正常使用。如果主板支持，但由于主板的兼容性不好而导致的问题，那么可以升级主板的 BIOS，看看是否能解决兼容问题。

故障点评：对于购买的超过主板默认频率的内存，如主板支持 DDR266 的内存，并不支持 DDR400 的内存，可以通过降低内存的频率来获得更高的兼容性。另外使用双内存条，并不一定是主板兼容所造成的，也可能是两条内存的兼容性不好而导致的电脑故障。如果是这样的话，那么便只能使用一条最大容量的内存。或是直接更换其他型号或品牌的内存条了。

问 3-12　将 KingMax DDR433 内存插到主板上出现“蓝屏”，是何原因

故障现象：将 KingMax DDR433 256MB 内存（如图 3-29 所示）插到映泰 K8VHA PRO（VIA K8T800PRO+8237）（如图 3-30 所示）主板上出现“蓝屏”。

解决过程：虽然 KingMax（胜创）的产品以品质优良而著称，但是仍不能保证它与所有的主板一点冲突也没有。按照某些网站上的说法，KingMax 的 DDR433 256MB 内存与某些 K8 主板存在着兼容性不好的问题。网上也不断有网友发布文章说 KingMax 内存条“挑剔”主板的传闻，笔者的一些朋友也反映 Kingmax 内存条的兼容性不好。具体到本例的问题，可通过使用“替换法”进行验证。最后的结论是 Kingmax 内存条与该主板确实不兼容，解

决方法是换一条其他品牌的内存即可。

故障点评：虽然同是 KingMax 品牌的内存条，不同的品种，不同的容量，兼容性也千差万别。

图 3-29 KingMax DDR433 256MB 内存

图 3-30 K8T800PRO 芯片

3.4 其他故障排除

问 3–13 开机后屏幕出现 Error：Unable to Control A20 Line 提示，如何解决

故障现象：开机后屏幕出现 Error：Unable to Control A20 Line 提示，是什么原因，如何解决？

解决过程：这个问题是由于内存条与主板插槽接触不良或是内存没有完全插好（如图 3-31 所示）而造成的。解决方法是打开机箱将内存条从主板插槽中拔出，如果“金手指”部分有被氧化的迹象，可用橡皮擦除干净，之后再将内存条重新插入主板内存插槽并检查内存条是否与主板的内存插槽接触良好，然后开机再试。

故障点评：笔者就遇到过一次类似情况，原因是劣质机箱的主板安装孔不规范，导致主板有几个地方并没有安装固定螺丝，而恰恰内存条附近缺少固定螺丝，使得在插入内存时主板向下弯曲变形，导致了内存有一部分并没有完全插入内存槽中。

图 3-31 内存没有完全插好

问 3–14 开机后屏幕出现 Ram Parity Error 提示，是何原因

解决过程：这说明内存“奇偶”校验出现错误，该故障的解决方法可将 CMOS 中的奇偶校验设置关掉，或是换一个质量过硬的内存条。

故障点评：导致这种故障的原因主要有两个：

其一，内存条本身不带“奇偶”校验功能，但是在 CMOS 中却设置了此项功能，导致在开机后报错。

其二，内存条本身虽然具备奇偶校验功能，但其性能不稳定，进行奇偶校验也会出现这种提示。

问 3–15 用了 2 年的电脑一直都正常，突然“罢工”，更换了电源也没解决问题，是何原因

解决过程：该电脑配置为：845 主板、Pentium 4 1.8CPU、一根 128MB 内存、一块 440MX 显卡，还有 1 块网卡等。按下 POWER 键，电脑“嘀……嘀……”响个不停，屏幕没有任何显示。根据以往的经验判断，显然这是内存有问题，关机后，取下内存条，再看“金手指”部分有氧化的迹象，正准备用橡皮擦拭“金手指”时，忽然发现该内存条另一面“金手指”左侧定位槽右边其中一根脱落了，再仔细观察，还有烧毁的迹象（如图 3-32 所示）。既然有一根“金手指”有烧毁脱落的迹象，那主板的内存槽中肯定还残留的痕迹，将机箱搬到聚光灯下，果然在内存槽中找到了一小节残留物，用“镊子”将其挟出后，又发现内存槽中的对应位置接触点有烧黑迹象（如图 3-33 所示）。估计这正是故障所在，为了稳妥起见，先找了一根 256MB 的内存条插到另外一个插槽上，然后启动了电脑，随着“嘟”的一声，屏幕出现了“自检”画面。由此得出结论：128MB 内存被烧毁。

图 3-32 被烧毁内存条的“金手指”部分

图 3-33 主板内存槽局部图

故障点评：内存条被烧毁的故障，这在笔者多年维修实践中并不在少数，至于原因，既有内存条自身的原因，也有主板方面的原因，还有使用者超频不当导致的，比如提升内存电压等。

问 3–16　买的二手电脑，使用过程中发现一直不太稳定，是何原因

故障现象：用户买了一台二手电脑，使用过程中发现一直不太稳定，有时工作一天也未必出现问题，有时 20 分钟就显示器就突然不亮了，无意中碰一下有时又能工作了，有时电脑中连续发出“嘀……嘀……”的声音，请人打开机箱按一下内存、显示卡及主板上的几个插头后又能工作了。

解决过程：拆开机箱查看了一下电脑配置，845 主板、Pentium 4/1.7 CPU、一根内存、一块显卡。机箱内比较干净，考虑到有时电脑中连续发出“嘀……嘀……”的声音，按一下内存，又能工作了，因此估计还是与某个部件的接触不良有关。按下 POWER 按钮，电脑“嘀……嘀……”响个不停，显然这是内存方面的问题，关机取下内存，用橡皮擦拭“金手指”时，忽然发现将“金手指”的一个触点给弄下来了（如图 3-34 所示）。

故障点评：内存条“金手指”某个触点的脱落，这在笔者维修实例中所占比例也不小，脱落的原因，既有内存条自身的原因（印刷电路板工艺质量差），也有主板方面的原因（内存插槽接触簧片工艺质量差），还有就是安装内存条时操作粗暴引起的。这里笔者也再次提醒用户在购买二手电脑时，最好能请一位熟悉硬件的朋友进行质量把关，以避免商家以次充好。

图 3-34　故障内存条“金手指”部分

问 3–17　电脑无法正常启动是何原因，如何解决

故障现象：电脑无法正常启动，打开电脑主机电源后，机箱报警喇叭出现长时间的“短声”鸣叫，或是打开主机电源后电脑可以启动但无法正常进入操作系统。

解决过程：以上故障多数是由于内存与主板的插槽接触不良引起，处理方法是打开机箱后拔出内存，用酒精和干净的纸巾擦试内存的“金手指”和内存插槽，并检查内存插槽是否有损坏的迹象，擦试检查结束后将内存重新插入，一般情况下问题都可以解决，如果还是无法开机则将内存拔出插入另外一条内存插槽中测试，如果此时问题仍存在，则说明内存已经损坏，此时只能更换新的内存条。

故障点评：内存条与主板插槽接触不良、内存控制器出现故障。

问 3-18　电脑出现"嘀……嘀……"的内存报警声，是何原因

解决过程：以笔者的经验，出现这种情况大概有以下几点原因：

其一，主板内存槽的问题。

其二，内存"金手指"氧化。

其三，内存条质量不佳（如图 3-35 所示）。

其四，内存条的某块颗粒（芯片）有缺陷。

其五，内存与主板不兼容。

针对以上 5 点原因，分别可以采用以下方法修复：

其一，这种情况比较常见，现象有内部触点变形、外部开裂等，导致内存插入槽中出现部分接触不良的情况，对于内部触点变形的解决方法是，取下内存，用镊子耐心调整，尽量使之恢复原状；对于外部开裂的解决方法是，可以在插入内存后通过使用尼龙扎捆砸紧固或是直接使用强力胶粘接等。对于因内存烧毁导致的内存槽个别触点烧坏的情况，而根本不可能恢复原状的，就只能放弃这个内存槽了。

其二，取下内存，橡皮擦拭"金手指"部分直至"光亮如新"为止。

其三，彻底的解决方法只有更换。

其四，此类故障最难发现，现象是运行总是不太稳定，经常不明原因的自动重启，或是 Windows 系统运行中经常产生非法错误，还有就是安装 Windows 进行到系统配置时产生非法错误。缺陷严重时，甚至不能够通过"自检"，并发出"嘀……嘀……"的报警声，除非专业厂商有精密设备可以更换颗粒，否则一般用户彻底的解决方法只有更换内存条。

其五，这种不兼容的表现形式多种多样，具体请参见本章中的内存与主板不兼容问题解答。

故障点评：关于内存的报警声，华擎主板不是平常熟悉的"嘀……嘀……"的断续长音，而是以 8 声短的"嘀"为一组，这也算是一个例外吧。

图 3-35　内存条焊点粗糙局部图

问 3-19　Windows 运行速度明显变慢，系统出现许多有关内存出错的提示，如何解决

解决过程：这种故障的解决必须采用清除内存驻留程序、减少活动窗口、调整配置文件（INI），如果在运行某一程序时出现速度明显变慢，那么可以通过重装应用程序的方法来解

决，如果在运行任何应用软件或程序时都出现系统变慢的情况，那么最好的方法便是重新安装操作系统。

故障点评：这类故障一般是由于在 windows 下运行的应用程序非法访问内存、内存中驻留了太多应用程序、活动窗口打开太多、应用程序相关配置文件不合理等原因均可以使系统的速度变慢，更严重的甚至出现死机。

问 3-20 开机运行 3D 游戏不久便会死机，重启之后又可以用，是何原因

故障现象：每次开机只要运行 3D 游戏，不久便会死机，死机时屏幕无“蓝屏”等情况，只是游戏画面静止，无论按鼠标还是键盘均没有反应，只能重启，重启之后再次进入 3D 游戏便不会死机了。但是如果将电源关闭后再开机，故障又会重新出现，电脑平时运行情况良好，玩《仙剑 2》等 2D 游戏也没有问题。

解决过程：因为是在运行 3D 游戏时死机，笔者首先怀疑是显卡驱动问题。先找来最新的显卡驱动，安装完毕后关掉电源，再次开机运行游戏，不料这次更是出现了蓝屏。仔细看了看蓝屏信息，似乎是主板驱动有冲突，想到自己使用的是 VIA 芯片组的主板，又急忙找来最新的 VIA 4in1 驱动装上，这次不再蓝屏，却恢复到以前的那种死机状况。笔者借来一块好的显卡插上，不幸的是故障依然出现，看来不是显卡的原因。考虑到每次启动两次便不会死机，又怀疑是电源有毛病，结果换了一个 300W 的电源故障依然存在。因为平时电脑运行情况稳定，即时是在长时间使用 Photoshop 等大型软件的时候也没有异常情况，所以笔者开始并没有动内存，把内存取了下来仔细观察。

用户使用的是现代 DDR333 256MB 的内存，而现代内存的假货很多，想到这里，笔者就仔细打量起这根内存，边缘有一点点厚，字迹也不是十分清晰，安装了 SiSoft Sandra MAX 进行检测，在主板信息中竟然看到这根内存是三星 DDR266 的，现代 DDR333 内存的 SPD 芯片怎么会是三星 DDR266 内存的？笔者立即让助手将内存拿到经销商那里进行调换，经过一番商议之后，加钱换得一根金士顿的 DDR333 256MB 内存，将内存插好开机进入“魔兽争霸 3”，玩了半天没有出现故障，至此问题解决。

故障点评：打磨内存这个名词很早就有了，一般都出现在早期的电脑硬件市场，当前内存价格一路走低导致打磨内存利润所剩无几，所以市场基本上很少看到 DDR2 的打磨内存了，没想到居然还是有这样的情况，在这里提醒用户，购买内存最好还是到正规商家，而打算购买二手内存的时候，一定要在商家面前当场通过软件检测，以确定内存品质，捍卫消费者自己的权利。

第 4 章　硬盘的使用技巧与故障排除

作为电脑最主要的数据"仓库"，硬盘的发展和其他配件相比算是比较缓慢的，虽然如此，但硬盘的容量却在猛增，从以前的几 MB"疯长"至现在的几百 GB，硬盘容量的提升也是用户的需要，随着互联网的不断发展，电脑用户的收藏数据越来越大，从以前比较单一的文本数据增加到当前复杂多样的多媒体数据，硬盘本身是憔悴的，碰撞、温度、电压都可能在顷刻间结束一个硬盘的"生命"，所以学会硬盘的使用技巧及遇到故障的排除能力早已经刻不容缓，本章就从磁盘整理与优化、杀毒与系统恢复、维护、系统启动、"坏道"诊断及修复、硬件自身等各方面来讲述硬盘的使用技巧与故障排除，阅读完本章用户将会系统地了解硬盘，学会使用和设置硬盘，向 DIY 的台阶迈了更加扎实的一步。

4.1　磁盘整理与优化使用技巧

问 4-1　磁盘的数据结构由哪几部分组成

答：直观上看，目前硬盘主要由盘体、控制电路板、IDE 接口/Serial ATA 接口、电源端口和跳线组成，而内部则由磁头-盘片组件、主轴电机、步进电机、驱动悬臂等组成。这其中以磁头-盘片组件（Head Disk Assembly）最为重要，它位于盘体内，是硬盘最精密的部分，盘片的数据结构由以下 5 部分组成：

（1）主引导区记录（MBR：Master Boot Record）。MBR 位于硬盘的 0 柱面、0 磁头、1 扇区的位置，俗称为"零磁道"位置。它是由分区命令 Fdisk 产生的。MBR 的结束标志为 55AA。

（2）DOS 启动记录（DBR：DOS Boot Record）。DBR 位于硬盘的 0 柱面、1 磁头、1 扇区的位置。它是由格式化命令 Format（高级格式化）产生的。DBR 结束标志为 55AA。

（3）文件分配表（FAT：File Allocation Table）。FAT 位于硬盘的 0 柱面、1 磁头、2 扇区的位置。FAT 的大小由硬盘容量决定，硬盘容量越大，FAT 相应自然越大。

（4）根目录区（Directory）。在 DOS 提示符下键入 DIR 并按 Enter 键，屏幕上显示的即为该区内容。

（5）数据区。DATA 区负责硬盘中数据的保存。

问 4-2　硬盘的启动过程分为哪几步

答：无论哪家厂商生产的硬盘，也无论其容量多大，它的启动过程一般都遵循这样几个步骤：

STEP 1 主板的 CMOS（BIOS）测试硬盘。

STEP 2 加载硬盘启动程序，确认硬盘分配表。

STEP 3 加载 DOS 启动程序，确认 BIOS 参数区。

STEP 4 加载 IO.SYS，MSDOS.SYS 启动文件及 COMMAND.COM 系统文件。

STEP 5 加载 AUTOEXEC.BAT 批处理文件及 CONFIG.SYS 文件。

STEP 6 启动 Windows 系统。

问 4-3 为什么硬盘使用一段时间后需要进行磁盘整理

答：电脑正常使用一段时间后，硬盘存储的文件肯定会发生紊乱，特别是频繁地建立、删除文件会产生许多碎片（大文件在硬盘上占用的扇区不连续，看起来就像一个个碎块），碎片积累多了，不仅在访问某个文件时可能会花费很长时间，降低访问效率，而且还会因为长时间的查找损坏某一磁道。而经常性的运行杀毒软件等更会使硬盘文件变得杂乱无章，这时就需要对硬盘定期整理，同时也避免了软件的重复放置及“垃圾文件”占用硬盘空间，影响运行速度。这时可以使用系统中（Windows 2000/XP）的“系统工具”（如图 4-1 所示）下的“磁盘碎片整理程序”（如图 4-2、图 4-3 所示）工具进行整理工作。

图 4-1 系统工具

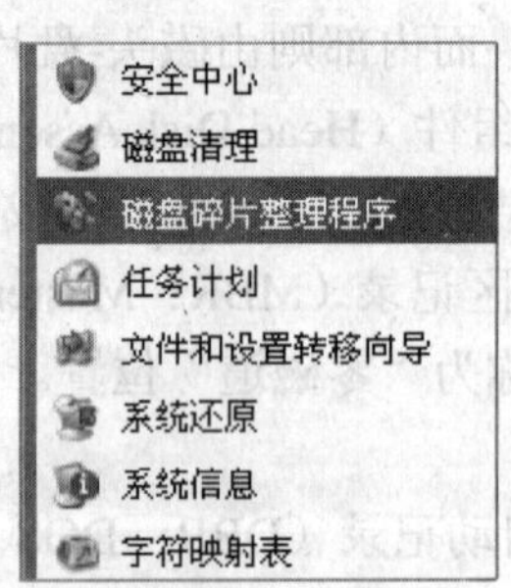

图 4-2 磁盘碎片整理程序

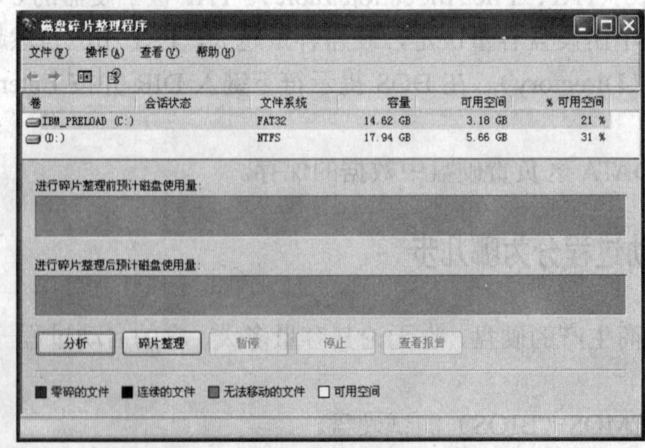

图 4-3 磁盘碎片整理程序窗□

问 4-4 电脑经常优化硬盘有什么好处

答：定期整理和优化硬盘，可以使电脑系统性能达到最佳状态。优化具体步骤如下：

STEP 1 删除一些无用文件，同时对“鸡肋”文件或资料、数据等区别对待，确实用不着的尽量删除。根目录一般存放系统文件和必备的文件夹，系统文件包括 DOS 引导文件和 COMMAND.COM，CONFIG.SYS，AUTOEXEC.BAT 等文件，尽量不要存放其他无关文件。

STEP 2 将硬盘文件分门别类进行存放，比如：将文字处理软件、邮件收发软件、语音处理及其他常用的应用软件分别建立一个文件夹进行存放。这样既直观，又方便查找。一个清晰、整洁的目录结构会为你的工作带来很多方便。

STEP3 定期使用 Windows 系统自带的系统工具“磁盘扫描程序”对磁盘进行扫描（如图 4-4~图 4-7 所示），磁盘扫描是 Windows 和工具软件提供的一个检查硬盘状态及数据储存情况的重要工具。一般情况下，磁盘扫描能检测出硬盘上的坏道、文件交叉链接、文件分配表错误等故障，从而及时提示用户或自动地进行修复。

磁盘扫描后如果有问题，可以再使用硬盘修复程序对有问题的磁道进行修复。当然，如果能借助第三方的工具软件整理磁盘效果更好。只有这样才能提高工作速度。

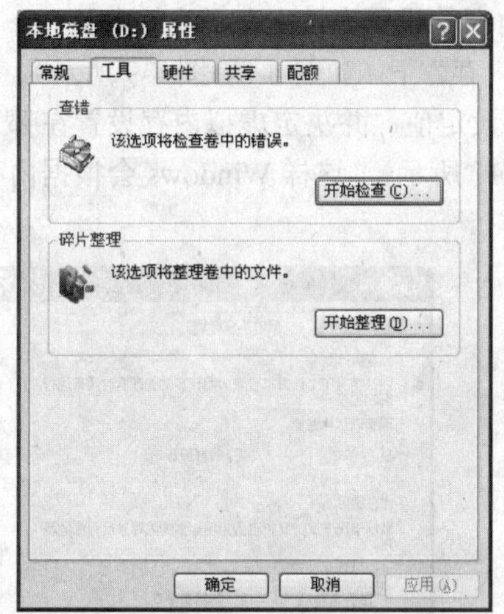

图 4-4 工具选项卡

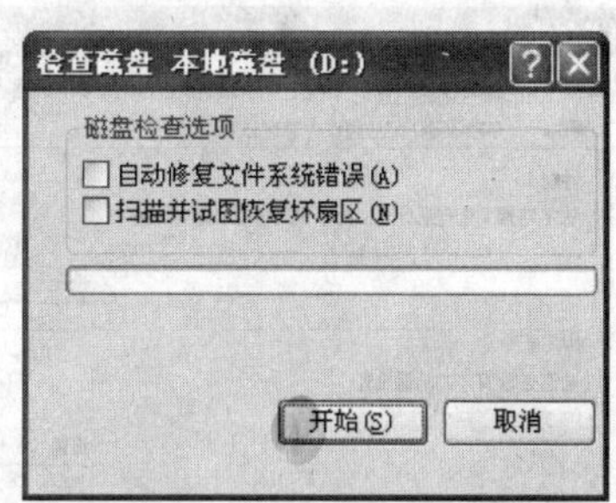

图 4-5 磁盘扫描程序

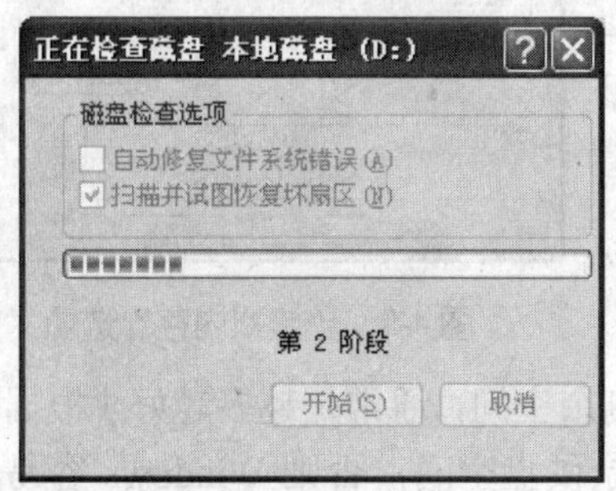

图 4-6 扫描过程

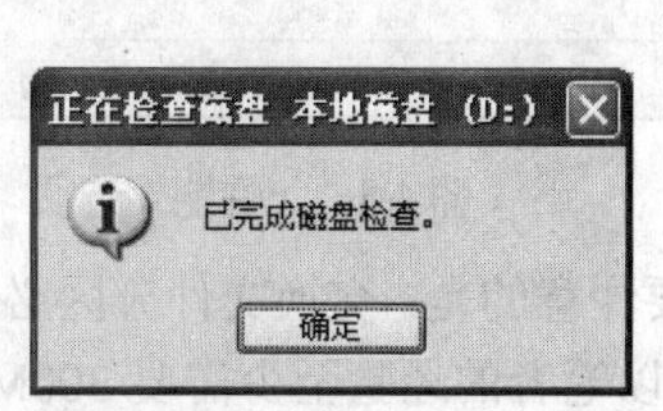

图 4-7 扫描完毕

问 4–5 硬盘设置“虚拟内存”有什么好处

答：大家知道，内存的读取速度比硬盘快得多，但是由于每台电脑的实际（物理）内存有限，如果 Windows 系统执行的进程越多，势必使得物理内存的消耗就越大，以至于大到一定程度时物理内存就会消耗殆尽，此时的电脑也就别想干工作了。为了解决这类问题，Windows 使用了虚拟内存（交换文件），利用硬盘来充当“内存”使用。换句话说，虚拟内存是 Windows 系统所特有的一种解决系统资源不足的方法，它要求硬盘必须保留一定的自由空间以保证程序的正常运行。一般而言，要求主引导硬盘剩余空间是物理内存的 2~3 倍，最低也要保证有 100MB 的空间。

有一些用户为了充分利用硬盘空间，而将硬盘装满了各种软件、程序、图片等，却忽略了 Windows 至少有一个最低下限要求，结果导致虚拟内存因硬盘空间不足而出现运算错误，最常见的就是出现“蓝屏”。为避免这个问题出现，一定要保证硬盘应留有起码的空间，并要经常删除一些系统产生的临时文件、交换文件，从而可以释放空间。需要解释的是，“虚拟内存”带来的负面影响是运行速度降低了很多，因为硬盘的存取速度毕竟比内存要低得多，因此合理的设置虚拟内存至关重要。

这里以 Windows XP 系统为例来介绍虚拟内存的设置方法：在“我的电脑”→“控制面板”→“系统”→“高级”→“性能”→“虚拟内存”下（如图 4-8、图 4-9 所示），通过“自定义大小”（如图 4-10 所示），调整虚拟内存的设定值，并决定虚拟内存设置在哪一个分区上。当然也要选择“系统管理的大小”（如图 4-11 所示），这样 Windows 会根据内存的使用情况自动改变交换文件的大小。

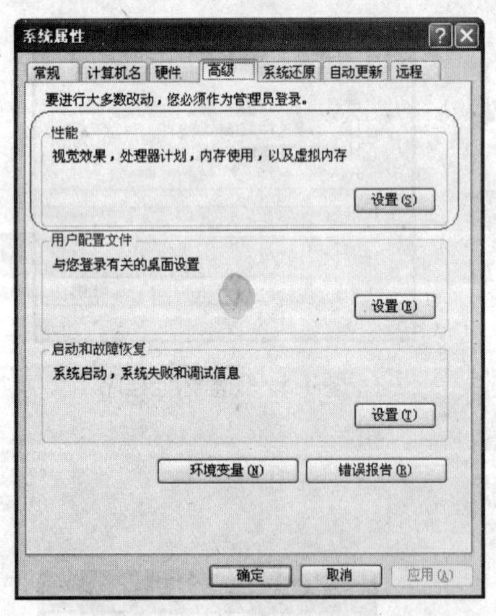

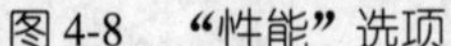
图 4-8 .“性能”选项

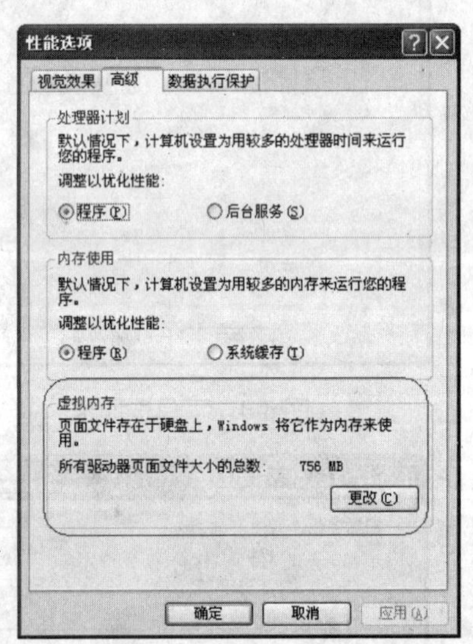

图 4-9 “虚拟内存”选项

需要注意的是：交换文件分区必须有足够的剩余空间，通常是越多越好（根据硬盘大小决定），以笔者的经验至少需要 300MB 以上的剩余硬盘空间，否则 Windows 容易出现内存不足的错误。另外，如果有两块以上的硬盘，交换文件要设置在速度较快的硬盘上（例如 7200 转的硬盘），这样可以提高虚拟内存的存取速度。还要经常整理虚拟内存所在的分区，

如果该分区碎片过多，也会影响虚拟内存的速度。

图 4-10　“自定义大小”选项

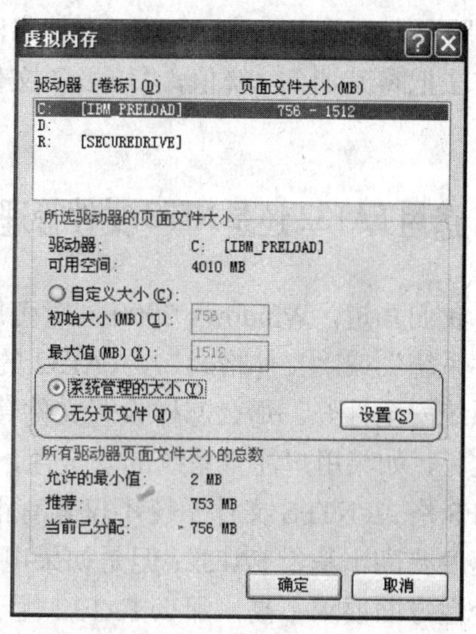

图 4-11　“系统管理的大小”选项

问 4-6　调整“回收站”大小对于优化硬盘是否有帮助

答：当然有帮助。一般而言，Windows 系统对硬盘“回收站”大小的默认设置是 Windows 可管理的硬盘空间的 10%，如果系统区删除文件操作的几率很小时，就完全没有必要留那么大的空间，这样可以节省硬盘容量。此外，由于当今用户使用的硬盘很大，因此“回收站”大小也可以根据自己的实际需求进行调整，否则预留几个 GB 的容量实在是一种浪费。这里以 Windows XP 系统为例介绍“回收站”所占空间大小的调整操作步骤：右击桌面上的“回收站”图标（如图 4-12 所示），在弹出的快捷菜单中单击“属性”，就可调整其大小了（如图 4-13 所示）。需要指出的是：调整“回收站”大小可以彻底删除某些不能被删除的顽固“垃圾”文件。

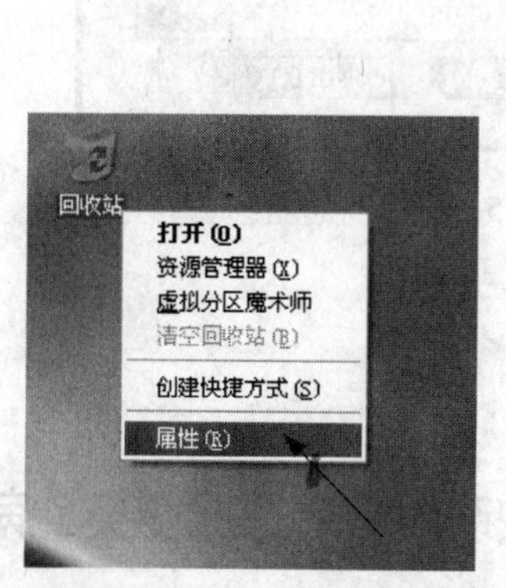

图 4-12　“属性”选项

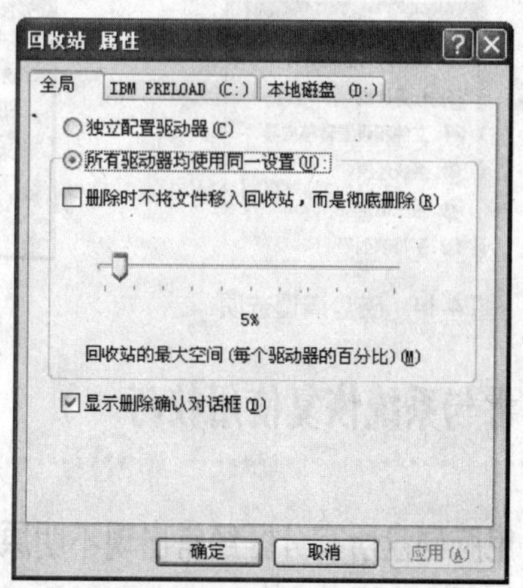

图 4-13　回收站“全局”选项卡

比如有时你将“垃圾”文件放进了“回收站”，但却无法彻底删除它们，而进行删除操作时，电脑会有“系统被破坏”或“文件未注册”之类的提示，这时只要再用调整“回收站”大小的方法把将其调到 0%值，“垃圾”文件就自动清除，之后可以再将“回收站”调回到原值即可。

问 4-7 选用 FAT32 还是 NTFS 文件管理方式

答：我们知道，Windows 2000 同时可以支持 FAT32 和 NTFS 两种文件管理方式（也称为“文件系统”或“文件格式”），FAT32 的特点是能够与 Windows 9X 兼容性；而 NTFS 的特点是系统安全性好。那么怎样设置文件管理格式才能最佳发挥 Windows 2000 的特性呢？以笔者之见，如果用户注重系统的安全性，而且必须使用大于 32GB 的分区的话，那么只能选择 NTFS 格式。NTFS 文件系统不仅具有很多 FAT32 文件系统所不具备的特点，而且 NTFS 的运行速度要高于基于 FAT32；但是如果电脑单机使用，更多注重与 Windows 9X 的兼容性，而对安全性方面要求不高，那么 FAT32 优于 NTFS。如果必须要考虑兼容以前的应用软件，需要安装 Windows 9X 或其他的操作系统，建议做成多启动系统，这就需要两个以上的分区，一个分区采用 NTFS 格式，另一个分区采用 FAT32 格式，同时为了获得最快的运行速度建议将 Windows 2000 的系统文件放置在 NTFS 分区上，其他文件放置在 FAT32 分区中。所以在决定 Windows 2000 中采用什么样的文件系统时应主要考虑用户自己的需求。

问 4-8 如何快速释放磁盘空间

答：使用磁盘清理程序帮助释放硬盘空间。磁盘清理程序搜索用户的驱动器，然后列出临时文件、Internet 缓存文件和可以安全删除的不需要的程序文件。可以使用磁盘清理程序删除部分或全部这些文件。这里以 Windows XP 为例来介绍一下操作步骤：单击“开始”→“程序”→“附件”→“系统工具”命令，然后单击“磁盘清理”（如图 4-14、图 4-15 所示）。

图 4-14 磁盘清理选项

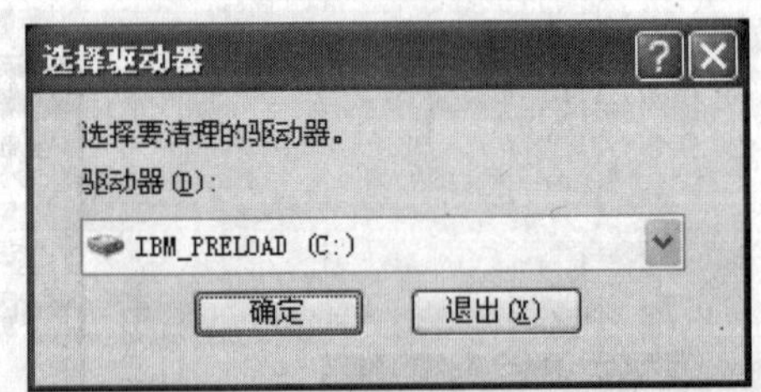

图 4-15 选择驱动器选项

4.2 杀毒与系统恢复使用技巧

问 4-9 电脑硬盘所有分区经常出现不明原因自动被改为共享，是否感染了病毒

答：关于这个问题，由于笔者没能当面检查，因此只能根据现象进行推断，这多半是感

染了“尼姆达”病毒。解决方法是，先调用最新版本的杀毒软件（推荐的是“瑞星”）查杀病毒（如图 4-16 所示），杀毒之后在 IE 中执行“工具”→“Internet 选项”命令（如图 4-17 所示），再选择“安全”选项卡（如图 4-18 所示）并单击正下方的“自定义级别”按钮。这时会弹出“安全设置”对话框（如图 4-19 所示），把其中所有的 ActiveX 控件、JAVA 等相关的全部内容选择“禁用”即可（如图 4-20 所示）。这样设置后所带来的负面影响是以后浏览网页时，无法打开使用这些“脚本”和“控件”的网页。

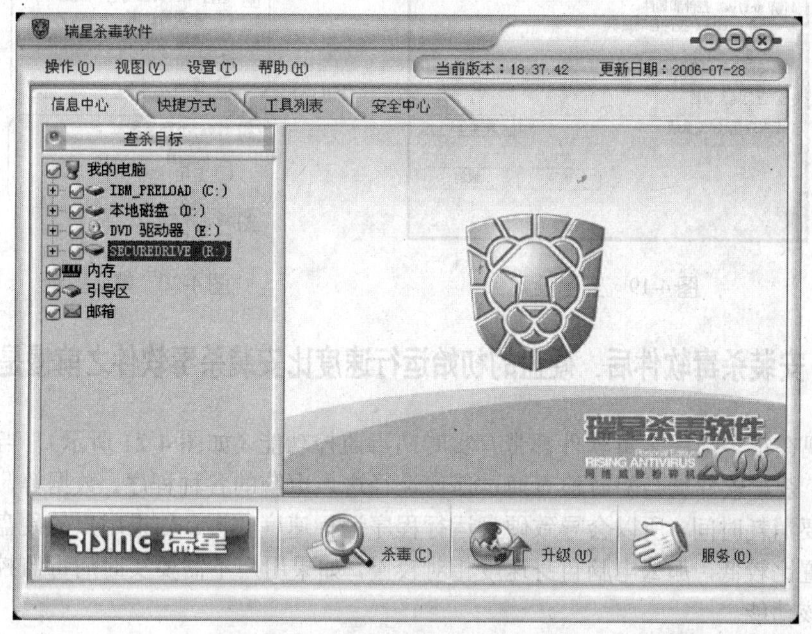

图 4-16　2006 版瑞星杀毒程序主界面

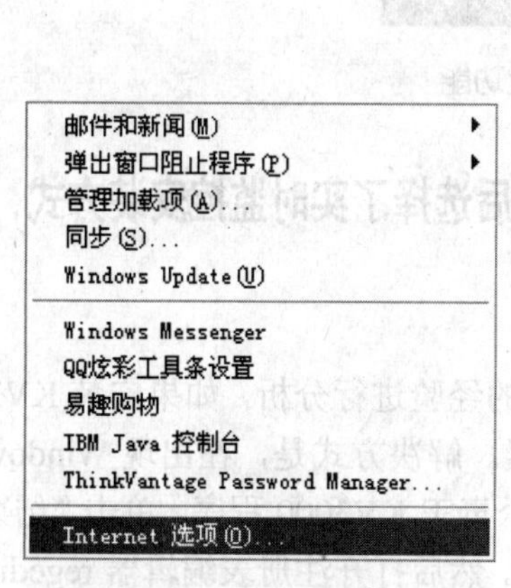

图 4-17　Internet 选项

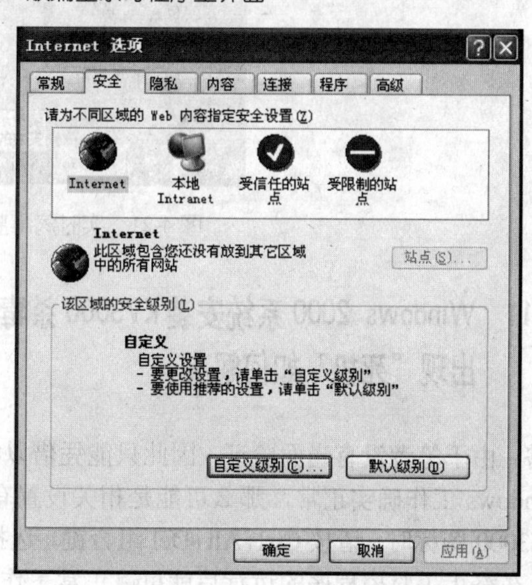

图 4-18　安全选项

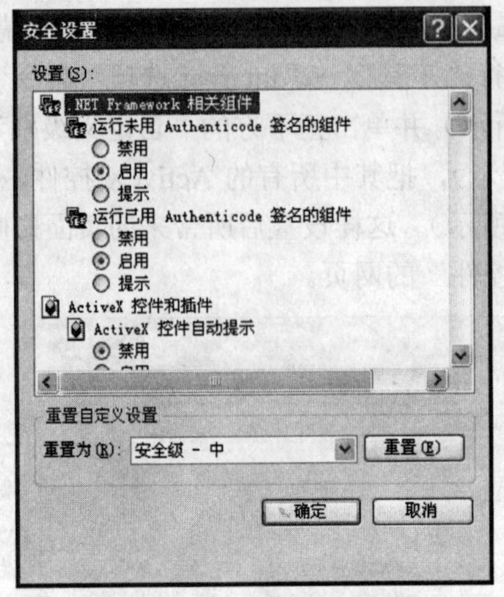

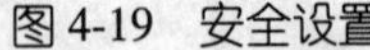

图 4-19　安全设置

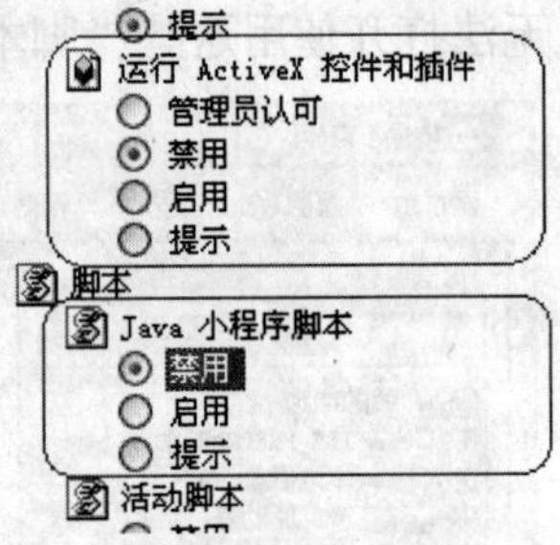

图 4-20　禁运图示

问 4-10　安装杀毒软件后，硬盘的初始运行速度比安装杀毒软件之前慢是何原因

答：现在很多新版杀毒软件都带有实时病毒监控功能（如图 4-21 所示），当用户启动实时监控后，杀毒软件就会随时检查通过任何途径进入电脑的各种程序、数据等，而这种实时检查肯定要消耗时间，所以会导致硬盘运行程序运行速度变慢。如果用户的硬盘比较老，而且电脑配置比较低，那么电脑自身速度相对较慢，如果用户不需要实时病毒监控功能，可以考虑关闭该功能。

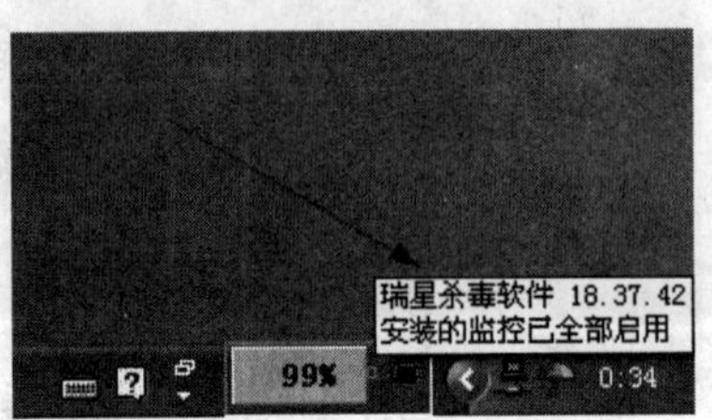

图 4-21　实时病毒监控功能

问 4-11　Windows 2000 系统安装 KV3000 杀毒王后选择了实时监控安装方式，出现“死机”如何解决

答：由于笔者没有当面验证，因此只能凭借以往的经验进行分析，如果安装 KV3000 之前 Windows 工作确实正常，那么可能是相关设置有误。解决方式是，在出现 Windows 桌面及 KV3000 图标时，请按 Ctrl+Alt+Del 组合键，选择杀毒王 KV3000 程序，单击“结束任务”按钮。在终止了监控程序的运行后就可以正常工作了。然后打开注册表编辑器 regedit（如图 4-22、图 4-23 所示），使用查找功能（如图 4-24 所示）将与 KV3000 实时监控程序相关的“键”值全部删除。

需要注意的是，修改注册表最好能请一位有经验的朋友帮忙，避免出现人为的操作失误造成不必要的麻烦。

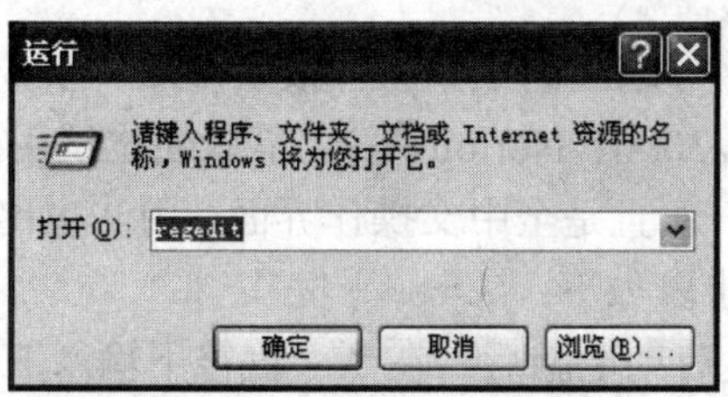

图 4-22　打开注册表编辑器

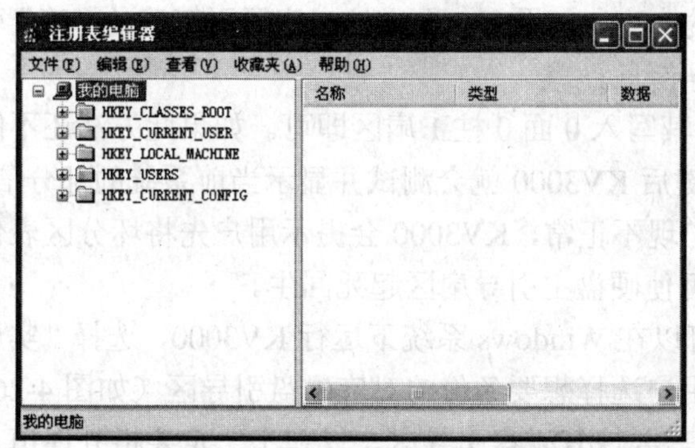

图 4-23　注册表编辑器主界面

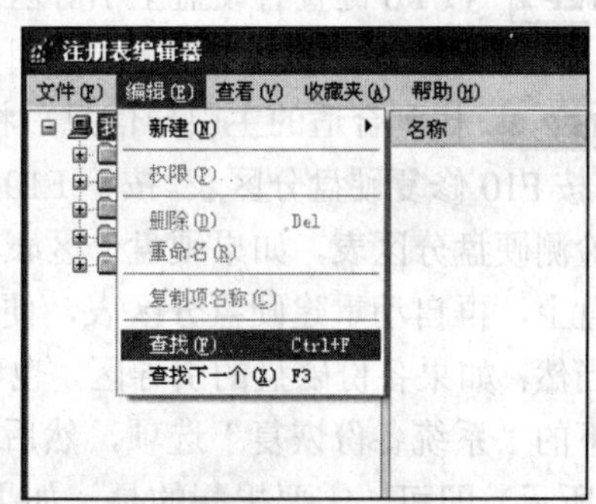

图 4-24　查找功能

问 4–12　使用 KV3000 的智能升级功能时，屏幕提示“拒绝访问”如何解决

答：使用 KV3000 升级时屏幕出现拒绝访问、复制文件错误等升级错误信息的原因可能是 KV3000 安装目录下的可执行文件造成的属性影响。解决方法是，打开 KV3000 的安装目录，找到 KVUp.EXE 文件，鼠标右击选择属性，然后在选单属性栏上的“只读”前面“打勾”（如图 4-25 所示）就可以顺利升级了。如果还不行的话，可以去病毒相关网站（或是知名的软件网站）下载最新的智能升级程序的安装文件即可。

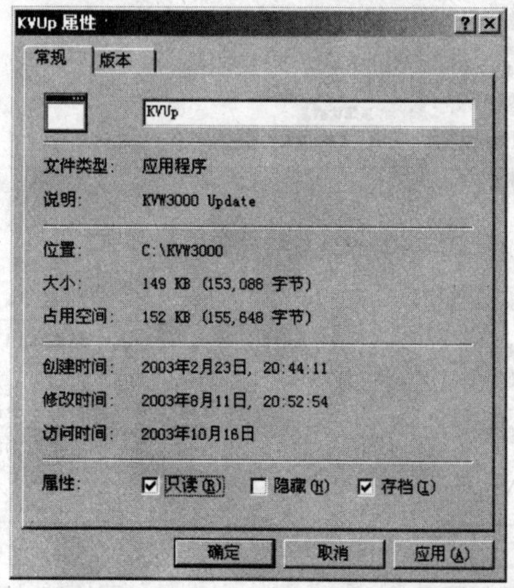

图 4-25　“只读”前面“打勾”

问 4-13 是否有简单的恢复硬盘主引导扇区的方法？

答：目前可恢复硬盘主引导扇区的工具软件很多，其中有部分杀毒软件也带有恢复硬盘主引导扇区的功能（比如 KV3000、Norton 等），笔者通过试用感觉 KV3000 具有不错的可恢复硬盘主引导扇区的功能，而且是全中文操作界面，用法也比较简单。这里以 KV3000 软件为例进行说明，具体操作步骤如下：

STEP 1 用 KV3000 软盘启动电脑后，在 A：盘符下输入 KV3000 按“回车”键，便出现了 KV3000 的主菜单。

STEP 2 按 F6 键查看硬盘主引导区的内容，如果在 0 面 0 柱 1 扇区无正确的“簇”引导信息，可用 PageDown 键找合适的主引导信息。

STEP 3 找到合适的主引导信息后将其写入 0 面 0 柱 1 扇区即可。如果此方法还不能奏效。可按 F10 修复硬盘分区表。按下 F10 键后 KV3000 就会测试并显示当前系统的部分信息，最后检测硬盘分区表，如果硬盘分区表出现不正常，KV3000 会提示用户先将坏分区表保存到软盘上，再自动重建硬盘分区表，便可使硬盘主引导扇区起死回生。

当然，如果备份磁盘的引导区，也可以在 Windows 系统下运行 KV3000，选择“实用工具”下的“系统备份恢复”选项，然后用户选择想要备份的对应磁盘引导区（如图 4-26~图 4-28 所示）即可。需要提醒的是，如果需要恢复磁盘引导区，操作上一定要格外谨慎，否则可能会导致难以预料的灾难性后果。

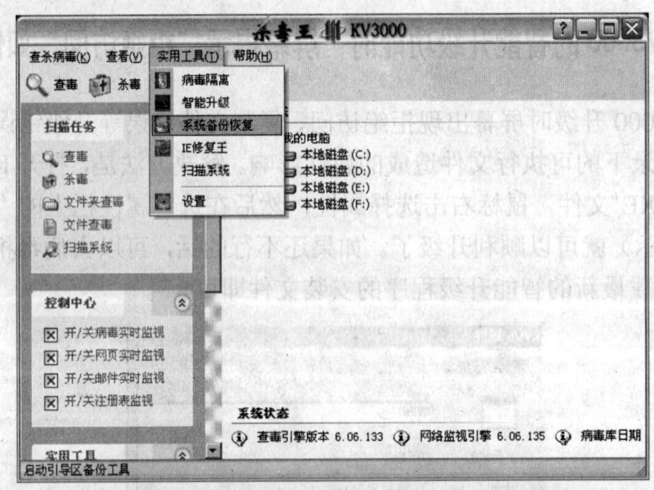

图 4-26 系统备份恢复选项

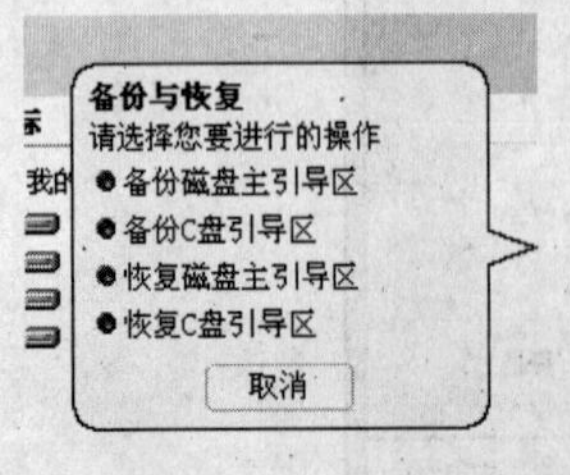

图 4-27 选择操作图示

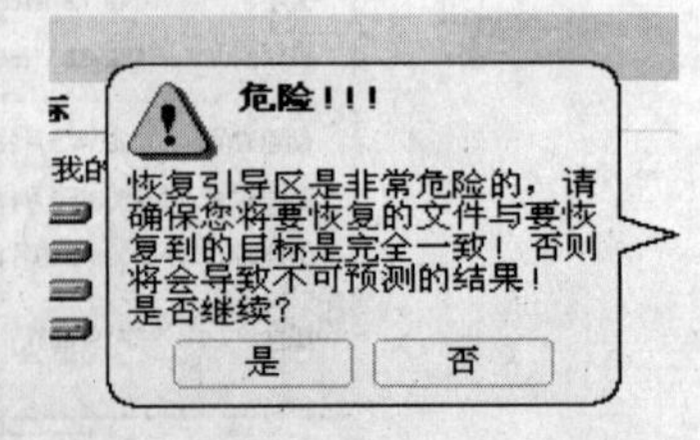

图 4-28 警告窗口

问 4-14　能否利用 KV3000 引导软盘中的“系统测试和灾难修复”功能解决硬盘分区表故障？

答：KV3000 杀毒软件可谓大名鼎鼎，很多朋友都使用它来检查病毒，其实在正版配套的软盘中，“系统测试和灾难修复”（如图 4-29、图 4-30 所示）功能则是一个相当不错的硬盘实用工具，利用该工具解决硬盘分区表故障。如，笔者的一位邻居他的电脑硬盘划分为 C、D、E、F 四个区，前一段时间多次练习 GHOST 的使用后，出现了 E 盘和 F 盘无法访问的故障。笔者估计是硬盘分区表出现问题，于是借助 KV3000 中的“系统测试和灾难修复”功能来检查硬盘分区表。具体操作步骤如下：

STEP 1 进入 CMOS 设置菜单，将硬盘启动改为软盘优先启动，存盘退出。

图 4-29　KV3000 杀毒软件

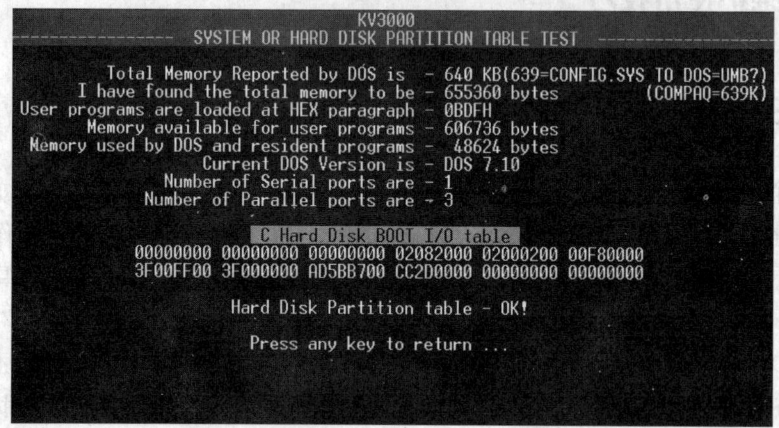

图 4-30　系统测试和灾难修复功能

STEP 2 使用 KV3000 软盘引导系统，出现 KV3000 主菜单画面后，按 F10 键进入“系统测试和灾难修复”功能，此时程序马上提示分区表有错误，询问是否扫描硬盘，选择“YES”。经过 10 多分钟后，程序提示插入一张空白软盘以备份目前的硬盘分区表（注意这一步无法跳过），插入软盘后，程序将分区表备份到软盘以后便开始自动修复分区表，大约一分钟之后完成。

STEP 3 重新启动电脑，检查可以正常访问E盘和F盘。

通过以上例子不难看出，KV3000中的“系统测试和灾难修复”功能是一个很好用的硬盘修复工具，对使用者也没有什么特殊的使用经验方面要求，只需要按照软件的提示一步步操作即可，而且成功率相当高，希望各位朋友能够尝试使用。

问 4-15 从网站上下载了一个游戏，安装后发现硬盘上只剩下C盘，而D、E、F、G盘都找不到，E盘上有很重要的资料，有没有办法挽救

答：如果在DOS下也不能看到其他的盘符，那么多半是分区表被病毒破坏了。我们知道，分区表位于硬盘的主引导扇区中，如果因为人为的误操作或受到病毒攻击，就可能遭到损毁，导致硬盘的部分分区或是所有分区及其数据丢失。当然，如果只是分区表损坏，通常可以借用相关的工具软件来修复。比如我们可以使用KV3000杀毒软件的手动重建主引导扇区和分区表。具体操作步骤如下：

STEP 1 先用软盘启动电脑，然后运行KV3000。

STEP 2 进入KV3000主画面后，按下F6功能键启动搜索硬盘分区的功能，再按F2功能键可以搜索出硬盘各分区。

STEP 3 接着按F2键查看C盘BOOT区，如果C盘BOOT扇区正常，则可以用KV3000的F10功能键自动重建C盘主引导扇区和分区表。

经过KV3000修复后，一般的分区表被破坏都可以恢复完好如初。

4.3 硬盘维护使用技巧

问 4-16 在Windows2000系统下如何对硬盘数据进行备份

答：这个问题很简单，我们可以使用Windows 2000自带的备份程序。该实用程序可以帮助用户创建硬盘信息的副本。万一硬盘上的原始文件（数据）被人为的误操作意外删除或覆盖，或由于硬盘故障而无法打开，可以使用副本恢复丢失的或损坏的文件。具体操作步骤为：单击“开始”→“程序”→“附件”→“系统工具”命令，然后单击“备份”（如图4-31~图4-34所示）（必须启动可移动存储服务，“备份”才能正常工作）。此外我们还可以使用备份实用程序中的“自动系统恢复精灵”来帮助用户修复系统。当然，如果能借助第三方开发的专用工具软件效果更出色。

另外，某些杀毒软件中集成的功能模块也具有使用简便的特点，比如“瑞星”的“硬盘数据备份”（如图4-35~图4-37所示）功能效果也不错。

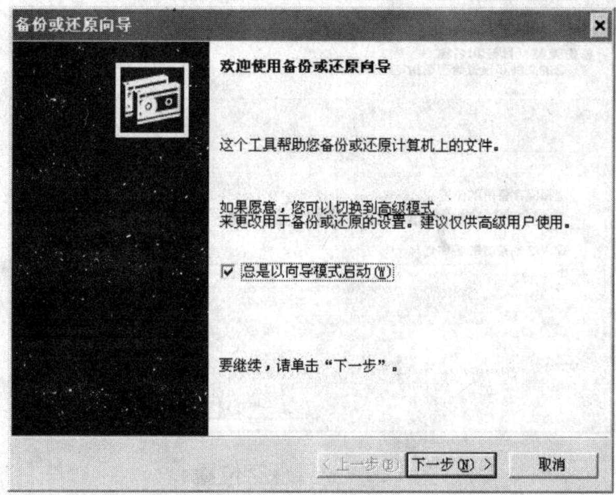

图 4-31 Windows 2000 自带的备份程序

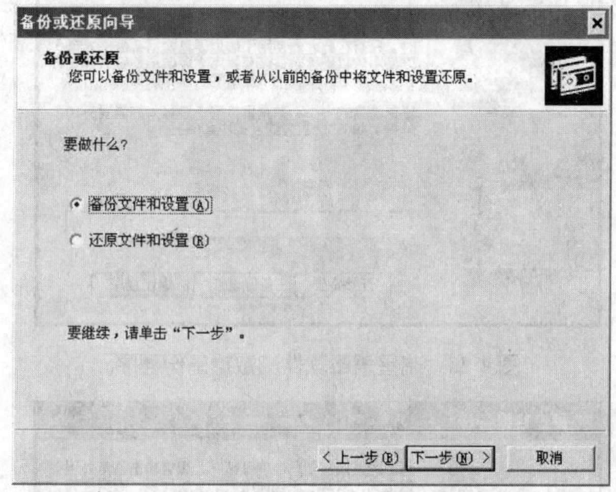

图 4-32 选择备份文件和设置

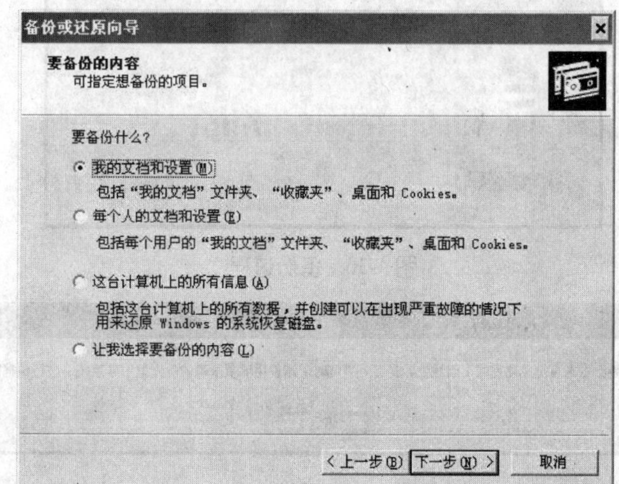

图 4-33 选择备份内容

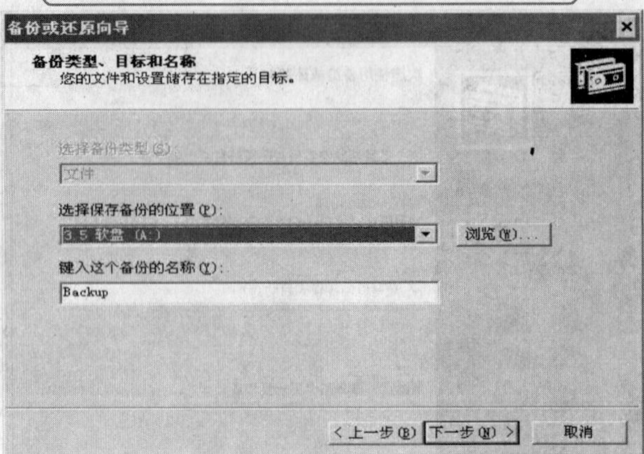

图 4-34　选择保存位置

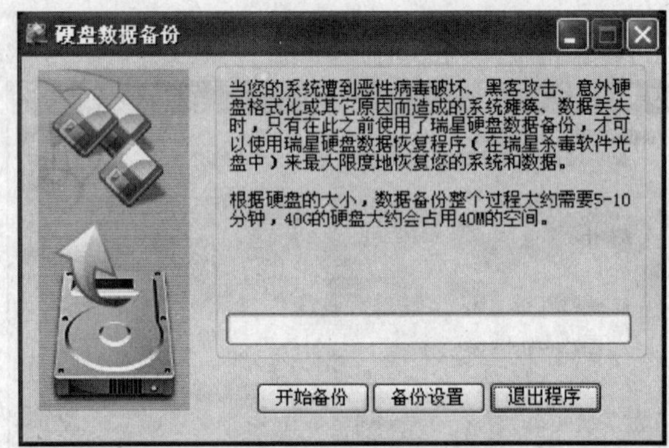

图 4-35　瑞星杀毒软件的数据备份程序

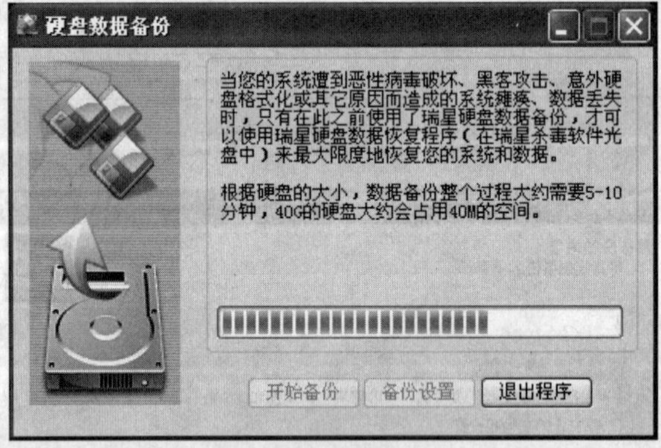

图 4-36　备份过程

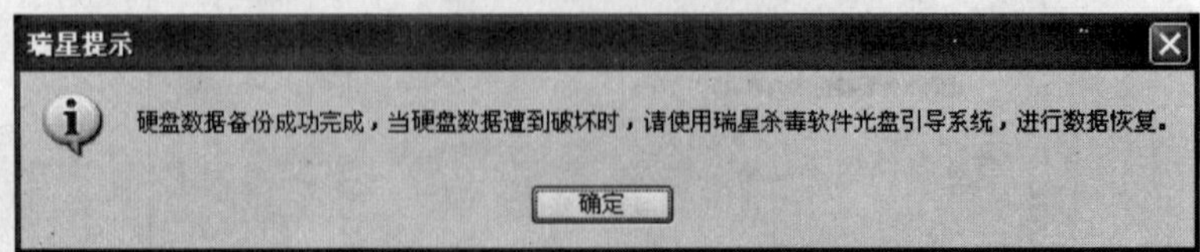

图 4-37　备份结束

问 4-17 硬盘的保护性设置是否起作用

答：当然起作用，特别是在烈日炎炎的夏季，对于像 CPU、显示卡、高速硬盘这样的发热大户更应该做好保护性设置。由于 CPU、显示卡自身都有很好的散热装置，因而硬盘自然成为了必须关注的重点。有关硬盘的保护性设置主要体现在两个方面：

其一，在主板 CMOS 中设置相关的选项。

其二，在 Windows 系统“电源管理”中设置“关闭硬盘”时间（如图 4-38 所示）。

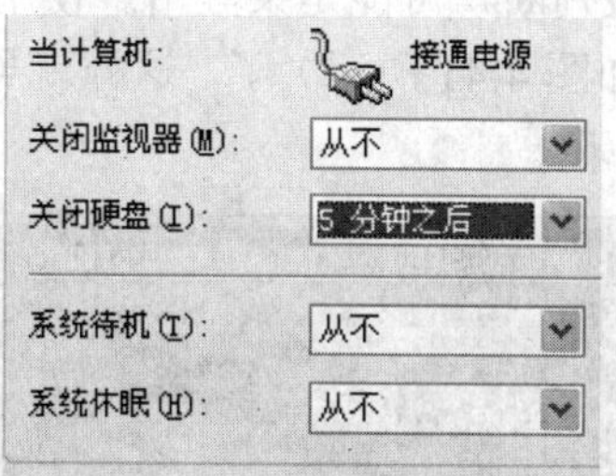

图 4-38 关闭硬盘设置

问 4-18 使用“快速格式化”硬盘存在哪些弊端

答：很多朋友在长期使用某个版本的操作系统后，为了图省事多半会使用“快速格式化”（如图 4-39、图 4-40 所示）清空硬盘对应分区所有文件，这样虽然可以节省时间，但是却没有注意到“快速格式化”其实只是一种删除文件和重新标记分区卷名和容量的操作，并不检查分区的文件结构，也不能整理磁盘出现的“碎片”，因此有些文件碎片和交叉链接的错误可能会依然潜藏在相应的分区中。当重新安装操作系统时，这些错误可能会导致安装过程中出现自动跳出或是安装后使用过程中出现异常错误，而且磁盘扫描也会把某些文件自动修复为 CHK 后缀的文件。

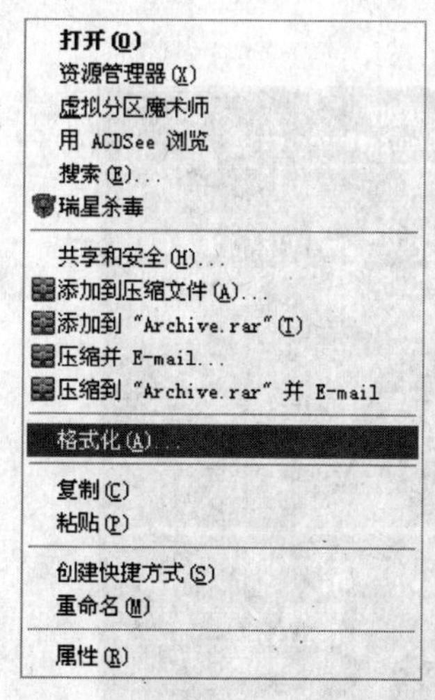

图 4-39 格式化选项

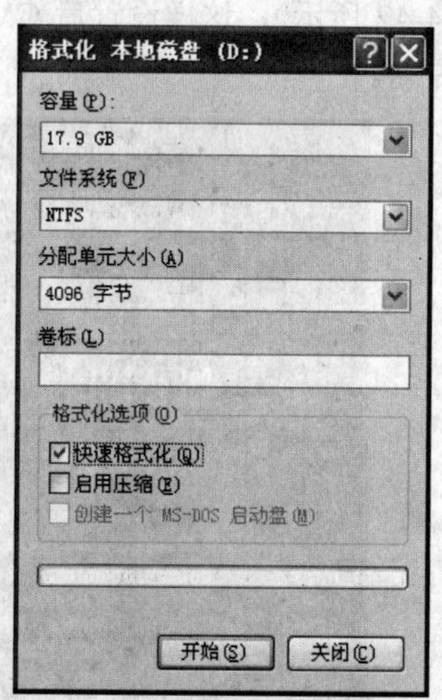

图 4-40 选中快速格式化

建议如果遇到反复安装失败或是出现重复性的磁盘扫描错误，不妨使用格式化命令（不加 Q 参数）重新做一次，然后再安装系统。

问 4-19　一台电脑启动自检硬盘时所花费的时间明显比其他同类电脑长，是何原因

答：这个问题一般与硬盘的大小及传输模式没有多大关系，而且由于还没有涉及到引导操作系统，因而与 Windows 系统和受到病毒攻击等也没有多大关系，更谈不上硬盘自身存在问题的可能性。以笔者的经验判断，可能是某些用户使用的主板（采用 AMI BIOS 程序）中将硬盘类型都设置为 Auto（如图 4-41 所示）了，这样就导致每次开机时 CMOS 都需要重新检测硬盘，自然速度会有所下降。

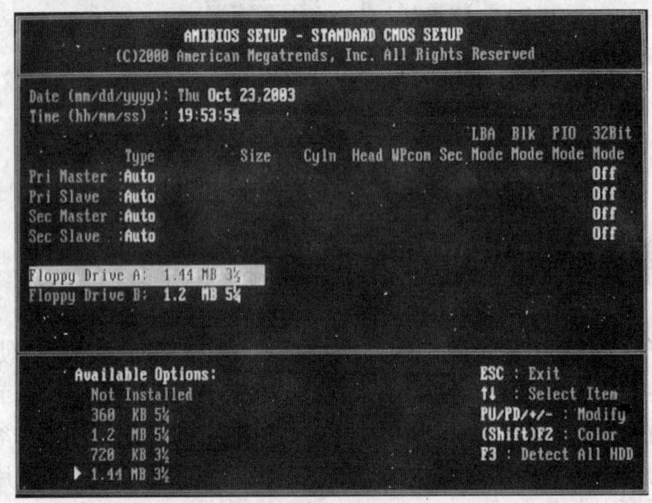

图 4-41　设置 Auto 菜单

解决方法：在主板 CMOS 正确检测出硬盘型号后，将其他没有连接的硬盘类型更改为 None（如图 4-42 所示），这样设置后 CMOS 就可以跳过无关硬盘检测这一过程，从而使启动速度得以提高。

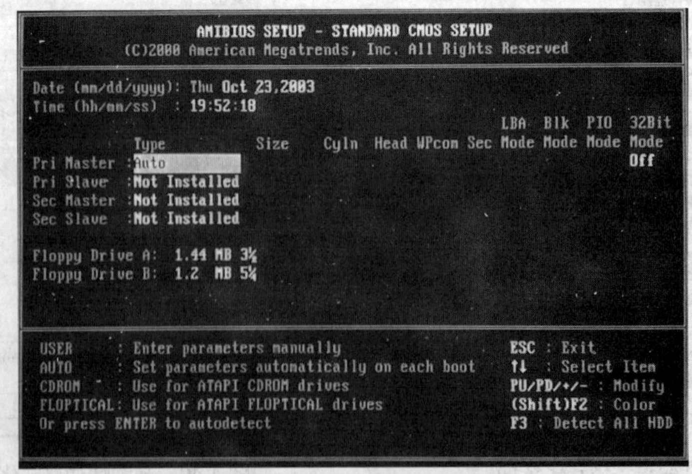

图 4-42　设置 None 菜单

问 4-20 为何要禁止硬盘工作时强行关机或重新启动

答：在硬盘读写操作过程中切忌出现断电事故，同时还要避免硬盘读写操作过程中强行关机或重新启动。因为当硬盘进行读写时会处于高速旋转状态（一般都在 7200rpm，高档已达到 10000rpm），突然断电会导致磁头与盘片剧烈磨擦，无疑会加速硬盘的物理损坏。关机时一定要注意面板上的硬盘指示灯（如图 4-43 所示），指示灯正常熄灭后才能关机，如果在软关机时出现死机，正确的做法应该是按 RESET 键，让系统重新进入 Windows 后，再正式完成关机操作，这样可能会繁琐一点，但是能保证硬盘磁头安全地复位，对近千元的硬盘来说，还是安全第一为妙。还有就是当出现显示卡或是内存没插好、显示器没有接上等导致电脑开机无显示时，有些朋友为了快速验证问题，插拔显示卡、更换内存等，不断的频繁开机、关机，而根本没有在意硬盘在一次次电源的开关下备受煎熬，尽管只有几秒钟的时间，但是硬盘的初始化动作正在进行（还没有完成），此时磁头正处于敏感位置，突然被切断电源停机，然后在不到 30 秒钟时又受到电流冲击，如此反复，这使得硬盘发生故障的几率大大增加。

正确做法：先将硬盘的电源线拔掉，然后随你怎么折腾都可以。等到故障排除后，再接上硬盘电源，这对硬盘绝对是一种保护。

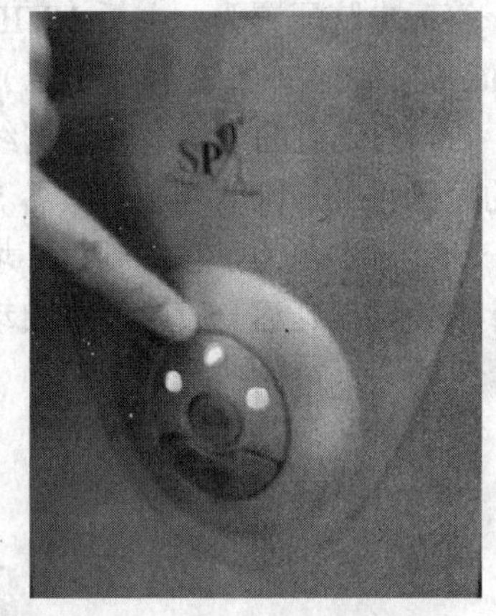

图 4-43 机箱上的硬盘指示灯

问 4-21 为何硬盘使用过程中绝对禁止出现震动

答：硬盘是精密的存储设备，当进行读写操作时，如果发生较大震动，就可能造成磁头与盘片的数据区相撞击，轻者是出现“划盘”，部分数据被破坏，重者可能导致盘片的数据区损坏，严重时甚至使硬盘出现不可修复性故障。所以在硬盘工作时请一定不要移动机箱，而且在硬盘的安装、拆御过程中也要非常小心，千万不要磕碰。另外，需要拆卸硬盘时，应在关机断电 50 秒钟后再进行，这是因为硬盘内的盘片在关机瞬间仍将在惯性作用下继续旋转，而此时拆卸硬盘会造成盘面和磁头发生碰撞，导致硬故障出现。

4.4 其他使用技巧

问 4-22 购买一块希捷酷鱼 SATA II 硬盘，回家后发现主板是采用 nForce3 芯片组，并不支持 SATA II 硬盘。请问可以在 nForce3 的主板上使用 SATA II 的硬盘吗？会不会出现兼容性的问题

答：这其实并不是什么问题，如果仔细阅读希捷硬盘的使用说明，便知道希捷的 SATA II 硬盘可以通过设置“跳线”的方法来将 300MB/s 的传输速度降低至 150MB/s 来使用。这

是目前几大硬盘厂商为了照顾部分用户，特地设计了可强制设置为150MB/s速率的“跳线”。目前推出拥有此功能硬盘的厂商除了“希捷”以外，还有“西部数据”、“三星”也都提供了这样的功能，而“日立”是利用软件来实现强制设置的。

设置的方法很简单，用户只需要按照使用硬盘的使用说明将“跳线”重新进行一下设置即可放心的使用。

问 4-23 新购买的 SATA II (SATARev.2.5) 硬盘，连接后在冷启动时检测不到，需要多次热启动才能找到，而且有时候启动过程很慢，是何原因

答：电脑配置为：主板 NVIDIA NF4 芯片组，支持 SATA II 接口标准，CPU 为 AMD Athlon64 3000+（如图 4-44 所示），使用了“世纪之星”自由战士 III 电源，功率应该没有问题，同时对硬盘的电源线和数据线均做过更换，排除了电源功率不足，数据线等问题后，真正的原因可能是因为新硬盘具备 SATA II（SATARev.2.5）特性中的“交错启动”功能所导致，这一功能原本是为了在多硬盘环境中避免所有的硬盘同时启动，造成电源的瞬间电流过高而设计，使硬盘延迟一段时间再启动的功能，解决办法只有更换硬盘。

图 4-44 AMD Athlon64 3000+处理器

问 4-24 近期想购买一块 SATA II 硬盘，但目前支持 SATA II (SATARev.2.5) 特性的主板和硬盘太多，两者之间该如何搭配才能物尽其用

答：主板的芯片组对存储设备的支持主要取决于南桥芯片（如果是单芯片则就取决与它本身）的功能，就目前而言要实现 NCQ 功能，可以选择以下的南桥芯片或单芯片组。

南桥方面：英特尔主板芯片组方面：Intel ICH6R、ICH7、ICH8R 系列均能够提供对 SATA II 功能很好的支持；威盛主板芯片组方面：VIA VT8251（如图 4-45、图 4-46 所示）能够提供对 SATA II 较好的支持。

单芯片组方面：nVIDIA 的 nForce4 Ultra/SLI/Pro 能够提供对 SATA II 硬盘的很好支持，SIS 966 和 Uli M1573/1575 单芯片（辅助芯片）能够提供对 SATA II 的很好支持，大家可以在购买时认准以上芯片组的主板。

另外，如果要完全发挥NCQ+300MB/S的性能，则只能选择：英特尔的ICH7/ICH7R，ICH8R南桥芯片，nVIDIA的nForce4 Ultra/SLI/Pro单芯片和威盛的VIA VT8251及ULi的M1575（如图4-47所示）南桥芯片。

此外，一些厂商已经推出采用附加芯片（例如SiliconImage 3132和JMicronJMB 360等）支持SATA II特性的主板供选择。

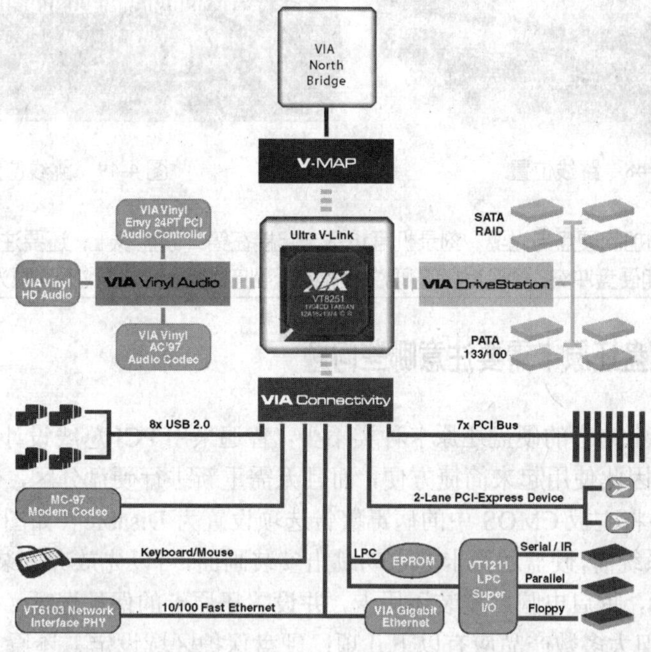

图4-45 VIA VT8251南桥结构

图4-46 VIA VT8251南桥标识

图4-47 ULI M1575南桥标识

问4-25 安装双硬盘是否需要设置跳线

答：使用两块硬盘同时工作既可以充分挖掘系统升级后替换下来的旧硬盘的利用价值，又可以提高系统的数据存放的安全性（对付病毒有特效），可谓一举两得。那么在安装双硬盘之前，除了要确定电源是否有富余的插头、电源功率是否足够大之外，当然还需要设置跳线。通常，在硬盘上背面电源接口与数据接口中间（如图4-48、图4-49所示）标有一组文字：MASTER，SLAVE，SINGLE（有些厂商的硬盘有Cable select跳线选择），早期的产品有些直接设在电路板上。MASTER（主盘）表示两个硬盘同时工作时做主盘（启动盘）使用；

SLAVE（从盘）表示两个硬盘同时工作时只能作从盘（辅助盘）使用；SINGLE（单个盘）表示只能作单硬盘使用。知道了硬盘标志的意义后，再安装双硬盘时就可以游刃有余了。通过跳线（短接）分别设定为 MASTER、SLAVE 方式（至于选哪个做主盘，哪个做从盘，可根据实际情况自己决定）。

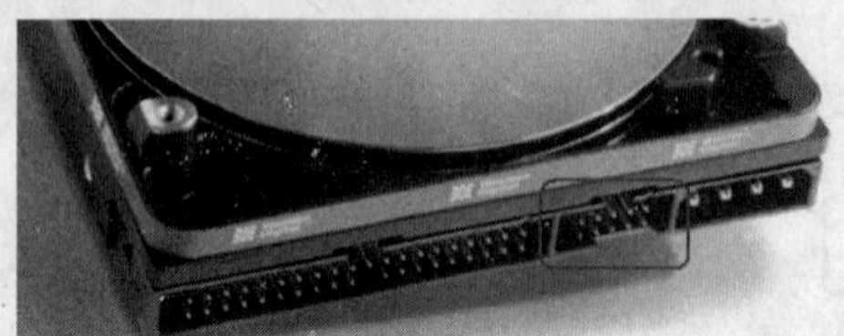

图 4-48　跳线位置

图 4-49　跳线位置

提示：如果新增加的硬盘与光驱、刻录机等设备一起接在第二硬盘线上，还要注意光驱等设备的主、从盘设置是否与新加硬盘冲突，否则也会出现主板检测不到新增硬盘或者找不到原光驱的问题。

问 4–26　安装硬盘还原卡需要注意哪些问题

答：现在市场上销售的硬盘还原卡种类不少，普遍采用 PCI 总线设计，由于符合“即插即用”技术标准，因此使用起来简捷方便，而且无需重新进行硬盘分区，也不用安装驱动程序，只是安装时要将主板 CMOS 中的病毒警告选项设置为 Disable（如图 4-50 所示）。在进入 Windows 操作系统前，硬盘还原卡会自动跳出安装画面，可以先放弃安装而进入 Windows，在确保电脑无病毒，重启电脑后安装还原卡，并设置还原卡的保护选项（具体设置时，各还原卡略有差异）。但大多数产品应有以下几项：硬盘保护区域设定、还原方式设定、选择恢复和定时恢复、密码设定等。设置完毕，整个硬盘就在还原卡的保护之下了。

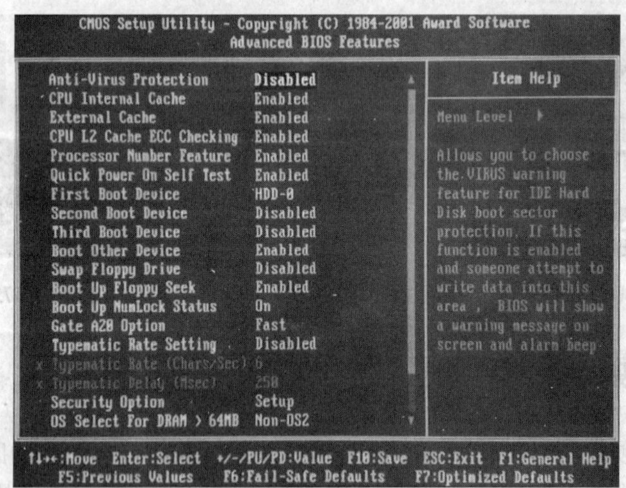

图 4-50　主板 CMOS 设置中的 Anti-Virus Protection 选项

提示：在安装之前，最好先对硬盘数据作一个碎片整理工作，同时将杀毒软件的实时防毒功能、各种基于 Windows 系统的恢复软件卸载，以避免相互干扰。

问 4-27 如何更改“我的文档”默认的保存路径

答：Windows 系统中“我的文档”文件夹默认对应于 C:\My Documents。通常 Windows 的 Office 文档默认是存放在“我的文档”文件夹，如要将“我的文档”文件夹移到 F 盘，需先创建 F:\ My Documents 文件夹；再将 C:\My Documents 文件夹的全部文件移动过来；然后修改“我的文档”属性，右键单击桌面上的“我的文档”图标，打开“属性”对话框，在“目标文件夹”中删除原内容后填入 F:\ My Documents（如图 4-51 所示）即可。

通过修改设置后，不仅可以减少 C 盘文件数量和文件碎片量，而且还可以减少对 C 盘的磁盘碎片整理频度，有利于延长硬盘的使用寿命。

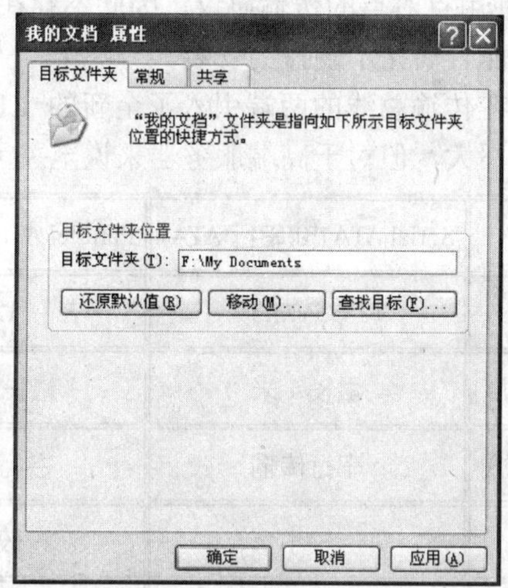

图 4-51 目标文件夹选项卡

问 4-28 硬盘的使用寿命有多长

答：硬盘是一种集电子、精密机械传动、磁存储三位一体的产品，而且只要开机基本上就一直处于运转状态，虽然可以通过节能设置使它在一定条件下进入休眠状态，但是毕竟始终运转对硬盘的寿命会有影响。因此硬盘比主板、显示卡等单纯由电子元件构成的产品更容易因磨损导致损坏。一般情况下，硬盘的安全使用寿命约为 5 年。尽管实际上有许多硬盘连续运转 5 年以上依旧没出现故障，但硬盘毕竟是一种“消耗品”，一旦各种传动轴承部分的磨损严重时，或是磁介质脱落时都随时可能导致资料丢失等事故，即使表面上看平安无事也不能掉以轻心。

笔者建议：最好的办法是借助各种测试（监测）软件，定期进行检查，一旦发现情况异常或是处于正常工作状态的临界点时，应及时采取应对措施，比如备份重要文件、程序等。

问 4-29 选用 Serial ATA 接口的硬盘能获得哪些好处

答：Serial ATA 又叫做串行 ATA 接口，是一种新的硬盘传输模式。Serial ATA 接口的数据连接线和传统的硬盘数据连接线有天壤之别（如图 4-52 所示），这种数据线只有 7 根线（包括：供电、数据发送端、数据接收端和 4 根地线），比传统的数据排线要薄很多，而且长度可达一米。Serial ATA 接口的明显优势包括：

其一，Serial ATA 接口具有很高的数据传输速度。Serial ATA 的第一代硬盘产品的最大数据传输速度为 150MB/s，第二代产品可达到 300MB/s，第三代产品将达到 600MB/s，而目前 Ultra ATA/133 接口的最大数据传输速度只有 133MB/s。加之现在的 Ultra ATA/133 硬盘很少会用尽数据线的所有带宽，因此不会真正达到 133MB/S 的速率，这正是我们日常使用中感觉 Ultra ATA/133 并不比 Ultra ATA/66 速度快多少的原因所在。

其二，Serial ATA 接口允许同时连接多个硬盘，每个硬盘都可独享数据带宽，同时还可以支持 DVD、CD-R/W 等光电存储设备。

其三，Serial ATA 接口使用点对点的传输协议，因此不存在主、从盘的问题了，这样每个驱动器不仅能独享带宽，而且简化了硬盘的安装。

其四，内置数据校验。在传输总线的两端引入了全新的 CRC（循环冗余校验）保护系统，这对一般个人用户用处不大，但对于高端服务器来说至关重要。

技术特征	Serial ATA1.0(串行 ATA)	Parallel ATA(并行 ATA)
工作电压	12V/5V/3.3V	12V
连接电缆长度	最长 1 米	最长 40cm
数据传输模式	串行传输	并行传输
信号干扰	较小	较大
热插拔功能	支持	不支持
多设备应用	独享数据带宽	共享数据带宽
实现成本	较低	较高

图 4-52 Serial ATA 与 Ultra ATA/133 技术性能比较

问 4–30 选用圆形硬盘数据线有何好处

答：为了克服机箱内横七竖八的连线问题，一些厂商推出了一种圆形设计的硬盘数据线（如图 4-53、图 4-54 所示）。实际上，以笔者看来，这种圆形硬盘数据线其实就是普通 80 芯标准硬盘数据“排线”一根根撕开，再用塑料管套起来，可别小看这么一个改进，它能使得整根数据线显得简洁、美观，它的最大好处是可以使得机箱内部整齐规范，而且可以左右旋转自如。这种数据线由于截面积小而更有利于机箱内气流的流动，对内部“散热”更有好处。由于每根数据传输线之间的距离很近，而用于屏蔽的地线也将不再起作用，那么是否会引发不良影响呢？相关测试表明，这种硬盘线与传统的“排线”在数据传输率上没有明显区别，实际使用中也不会感觉到有什么差异。

提示：当前市场上两种价位的产品，一种是廉价的；另一种价格略高一些。它们的差别是，廉价产品有些就是将 80 芯的“排线”上撕开后，在外面套上热缩套管，这种圆形硬盘线的各个数据线之间没有形成良好的屏蔽，因此一定程度上存在干扰的可能性；而后者则是按照“排线”的对应关系将相邻的两条线相互缠绕在一起后再捆扎起来，因此形成一定的屏蔽作用，当然这只是理论证明而已。

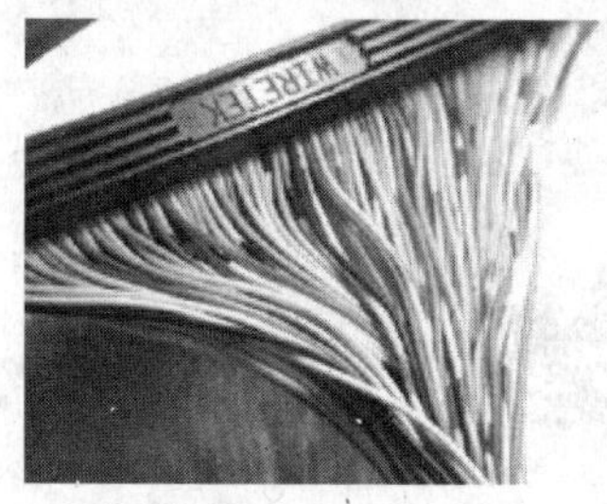

图 4-53　圆形线的内部结构

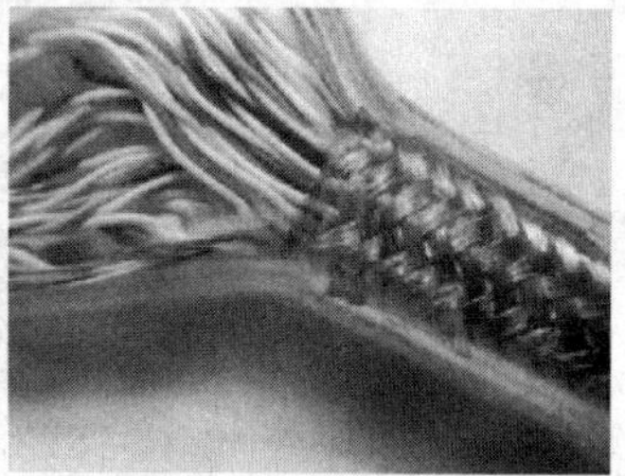

图 4-54　圆形线的内部结构

4.5　系统启动故障排除

问 4-31　电脑自检后硬盘指示灯闪亮，屏幕出现“Operation system not found”提示信息，如何解决

故障现象：一台电脑开机自检后硬盘指示灯闪亮，屏幕出现“Operation system not found”提示信息，硬盘不再引导，但使用软盘启动系统后可以识别出 C 盘。

解决过程：这种问题通常是由于主引导程序在检查活动分区时没有找到活动分区造成的。解决方法是用软盘启动电脑，然后使用 Fdisk 程序，在主菜单上选“2”来选择活动分区（Set active partition），在接下来的选择活动分区窗口中，用户可以选择自己想要启动的分区，笔者这里选择的是“1”Primary DOS（主 DOS 分区），对应于 C 盘。具体操作步骤用户实践几次即可应用自如。

故障点评：Fdisk 作为最常用的工具软件，早已是家喻户晓，只是近来有被功能更为强大、操作界面更为直观的硬盘专用软件取而代之的势头。但用惯了 Fdisk 的玩家恐怕还不愿意让 Fdisk 过早的退出历史舞台。

问 4-32　电脑无论“冷”启动或“热”启动都检测不到硬盘，是何原因

故障现象：电脑启动时检测不到硬盘，无论是“冷”启动还是“热”启动，都是如此。

解决过程：这种情况多是由于 IDE 接口接触不良引起的。当出现 CMOS 无法检测到硬盘的情况时，一定要先检查硬盘的指示灯是否亮，硬盘电机是否转动，如果出现了指示灯不亮或硬盘马达不转，就说明故障与硬盘的电源插头接触不良有关，因为电源线的插头损坏或接触不良都可能出现检测不到硬盘的情况，可以采用更换电源插头（如图 4-55 所示）的方法来解决，如果更换了电源插头后问题依然存在，那就多半是硬盘自身出现了故障，或是主板相关 IDE 接口有问题了。

故障点评：这种情况非常普遍，基本上每位电脑用户都遇见过，其实大多时候都不是硬盘自身的问题，而是由于电源线或数据线松动或者接触不良引起，只要细心观察与实践基本上都能克服。

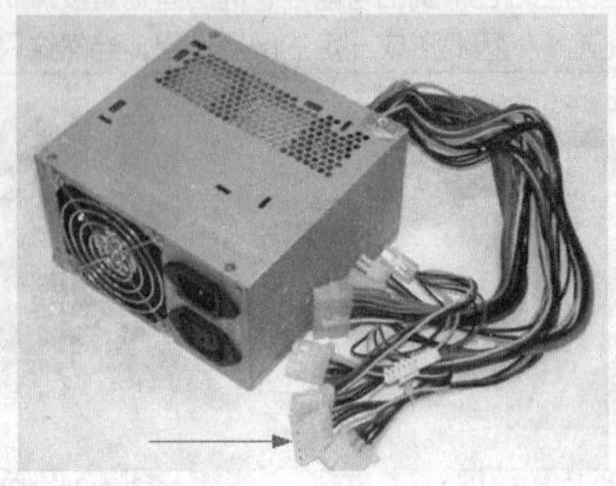

图 4-55　电源插头

问 4-33　电脑开机后出现“Invalid Partition Table”提示信息，如何解决

故障现象：一台电脑开机后出现“Invalid Partition Table”提示信息，硬盘不能自启动，但从软盘引导系统后可以认出 C 盘。

解决过程：造成这种情况的原因一般是硬盘主引导记录中的分区表有错误或分区表被病毒等破坏。我们知道，主引导扇区位于 0 磁头 0 柱面 1 扇区，它是由 Fdisk 程序对硬盘分区时生成的。主引导扇区包括主引导程序（MBR）、分区表（DPT）和结束标志（55AA）三部分，共占一个扇区。主引导程序中含有检查硬盘分区表的程序代码、出错信息以及出错处理等内容。当硬盘启动时，主引导程序将检查分区表中的活动标志，若为可活动分区(Active)，则有分区标志 80H（如图 4-56 所示），否则为 00H（其他分区标志）。按照常规操作，一块硬盘允许建立多个 DOS 分区，但只能有一个是活动分区，所以当主引导记录找不到引导标志、出现了多个引导标志，或是病毒攻击了分区表时，系统就会有该故障提示。出现这种故障后可以用软盘先引导系统，然后使用工具软件来修复。也可以直接用 Fdisk 程序将硬盘的分区全部清除，再重新分区、格式化，一般就能解决该问题。

```
Hard Disk  Head=0255  Cyls=3736  Sector=63  30.735G
Total Sector=0060030431 0-0000000000 F1=HDPT,F2=BOOT,F3=Input,F4=Search
33C08ED0 BC007CFB 5007501F FCBE1B7C BF1B0650 57B9E501
F3A4CBBE BE07B104 382C7C09 751583C6 10E2F5CD 188B148B
EE83C610 49741638 2C74F6BE 10074EAC 3C0074FA BB0700B4
0ECD10EB F2894625 968A4604 B4063C0E 7411B40B 3C0C7405
3AC4752B 40C64625 067524BB AA5550B4 41CD1358 721681FB
55AA7510 F6C10174 0B8AE088 5624C706 A106EB1E 886604BF
0A00B801 028BDC33 C983FF05 7F038B4E 25034E02 CD137229
BE590781 3EFE7D55 AA745A83 EF057FDA 85F67583 BE2E07EB
8A989152 99034608 13560AE8 12005AEB D54F74E4 33C0CD13
EBB80000 80582714 5633F656 56525006 5351BE10 00568BF4
5052B800 428A5624 CD135A58 8D641072 0A407501 4280C702
E2F7F85E C3EB74B7 D6C7F8B1 EDCEDED0 A7A1A3B0 B2D7B0B3  分区表无效。安装
CCD0F2CE DEB7A8BC CCD0F8A1 A300BCD3 D4D8B2D9 D7F7CFB5  加载操作系
CDB3CAB1 B3F6CFD6 B4EDCEF3 A1A3B0B2 D7B0B3CC D0F2CEDE  统时出现错误。安装程序无
B7A8BCCC D0F8A1A3 00C8B1C9 D9B2D9D7 F7CFB5CD B3000000  法继续。.缺少操作系统...
00000000 00000000 00000000 00000000 00000000 00000000
0000008B FC1E578B F5CB0000 00000000 00000000 00000000
00000000 00000000 00000000 00000000 00000000 00000000
00000000 00000000 321D331D 00008001 01000BFE BFEB3F00
0000AD5B B7000000 81EC0FFE BF97EC5B B700AC74 DC020000
00000000 00000000 00000000 00000000 00000000 00000000
00000000 000055AA
F5=Edit,F6=Test HD Tab,F7=DEC HEX,Ctrl+F10=Write,Ctrl+O=Clean,W=Copy,Dn=↑ Up=↓,
```

图 4-56　分区标志 80H

故障点评：对于这类故障，首先要使用杀毒软件进行检查，在确定无病毒感染后再进行修复工作。关于恢复分区表，很多工具都能胜任，而一些杀毒软件，也具有此功能，且操作简单。

问 4-34　电脑启动时出现"Non System disk or disk error, Replace and strike any key when ready"提示，系统不能识别硬盘是何原因

故障现象：一台旧电脑启动时出现"Non System disk or disk error, Replace and strike any key when ready"提示，用软盘引导后，在 A：\>下键入 C："回车"后屏幕出现"Invalid drive specification"提示信息，系统不能识别硬盘。

解决过程：造成这个故障的原因一般是 CMOS 中的硬盘设置参数丢失或硬盘类型设置错误造成的。如果主板的电池（如图 4-57 所示）电压不足或是失效都可能导致主板的 CMOS 从菜单中的设置丢失。解决方法是先检查主板电池，确定无误后进入 CMOS 菜单，检查硬盘设置参数，如果确实是该问题，只需将硬盘设置参数恢复或修改过来即可。当然，也可以在 CMOS 菜单中选择"HDD AUTO DETECTION"（硬盘自动检测）选项，自动检测出硬盘类型参数。若无此选项，那么打开机箱，查看硬盘参数表上的标识，然后重新设置即可。

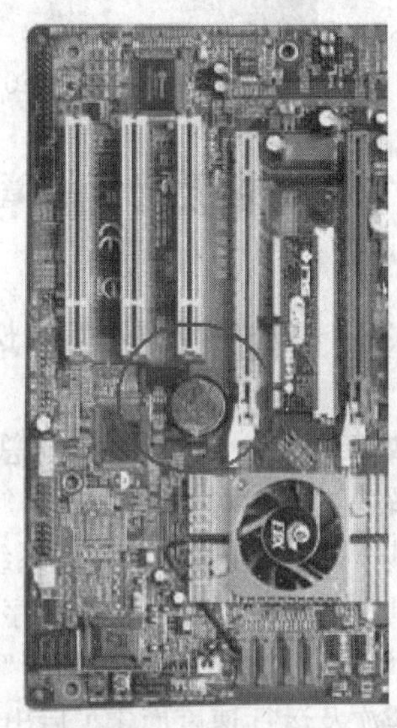

图 4-57　主板的电池

故障点评：对于老式主板，一旦出现硬盘类型设置参数丢失问题，最快捷的方法就是打开机箱依照硬盘参数表上的标识重新设置。而对于 1999 年以后生产的主板则不存在这类问题，硬盘参数设置也很简单，只需在硬盘相关设置选项中设成 Auto 即可正确识别出来。

问 4-35　电脑启动时屏幕出现"Disk I/O Error Replace the disk，and then press any key"提示，如何解决

解决过程：这种故障可能由以下原因造成：

（1）受到了病毒攻击，导致硬盘分区表被破坏。

（2）数据线（如图 4-58、图 4-59 所示）有问题。

（3）CMOS 中的设置有误。

（4）硬盘没有设置活动分区或活动分区有问题。

相对应的解决方法为：

（1）用杀毒软件杀毒后重建分区表，再安装操作系统即可。

（2）换一条再试。

（3）CMOS 中的设置有误，进入主板的 CMOS 菜单中重新设置。

（4）用 Fdisk 重新设定 C 盘为活动分区。

故障点评：如果以上方法都不能解决问题，很可能是硬盘出现了严重的“软”故障，这时只能借助第三方工具软件进行修复，如果还不行那只有进行低级格式化了。

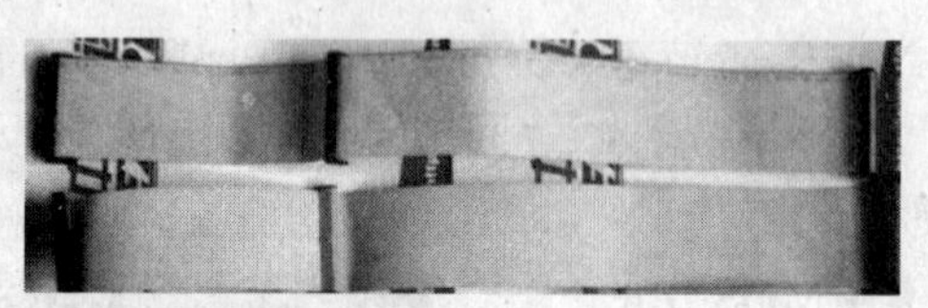

图 4-58 并口 80 芯硬盘数据线

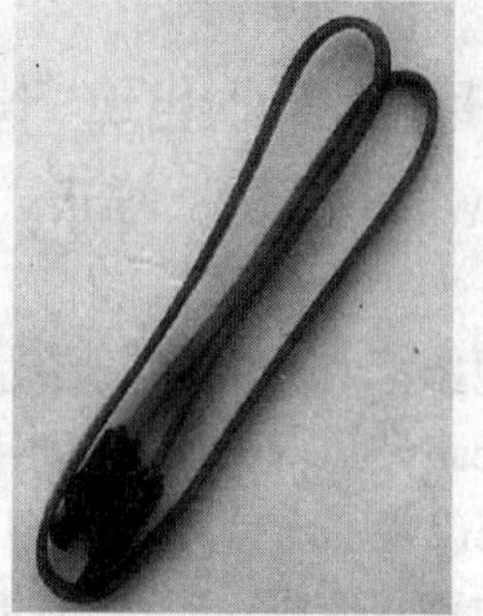

图 4-59 串口硬盘数据线

4.6 坏道诊断及修复故障排除

问 4–36 硬盘出现“逻辑”坏道如何解决

故障现象：一台自装电脑总是问题，经过检查，硬盘出现“逻辑”坏道。

解决过程：对于硬盘出现“逻辑”坏道的解决，具体操作起来又分为两种情况：

其一，以 Windows 2000 系统为例，进入系统，在“开始”→“程序”→“附件”→“系统工具”中选择“磁盘扫描程序”对硬盘进行扫描，选定盘符后在“扫描类型”选项中鼠标单击“完全”按钮，然后单击“开始”按钮，程序开始进行磁盘扫描，大约 30 分钟（根据电脑档次及运行速度而定）后出现磁盘扫描结果提示，如果没有问题则会给出“磁盘扫描程序”在此驱动器没有找到任何错误的提示。如果真有问题则会给出“磁盘扫描程序”在 D: 找到错误提示，并停下来等待处理，鼠标单击“确定”按钮，程序进行修复错误工作，并且对可能出现的坏“簇”作自动修正，全部工作完成后出现提示“磁盘扫描程序”在此驱动器上找到错误并全部修复（如图 4-60~图 4-64 所示），说明问题已得到解决。

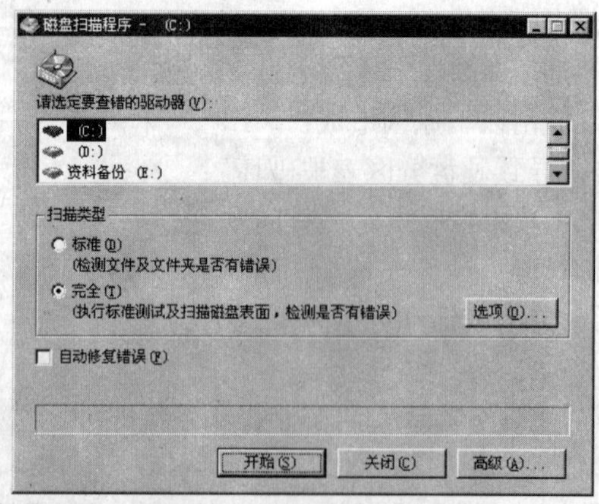

图 4-60 磁盘扫描程序

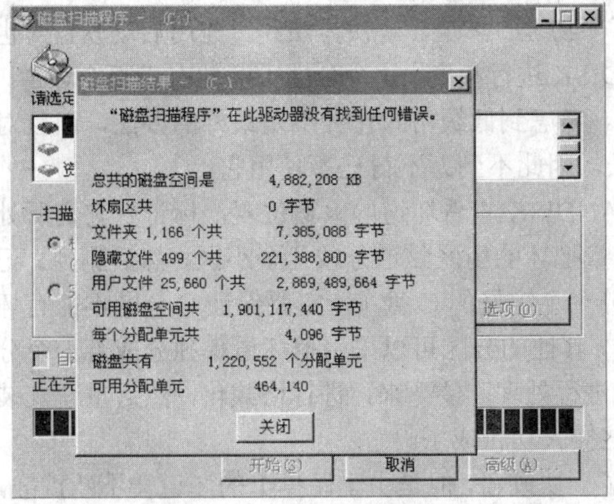

图 4-61 扫描完毕

“磁盘扫描程序”在 (D:) 找到错误

'D:\Documents and Settings\Administrator' 这个文件夹包含有关文件或文件夹的错误信息，它的 MS-DOS 名是 ' 和...~3'。

磁盘保存的文件或文件夹长文件名（「開始」功能表），可能错误或与 和...~3 产生不正确的关联。“磁盘扫描程序”会将名存成正确的格式或删除长文件名。如果“磁盘扫描程序”删除长文件名，您还是可以用 和...~3 这个名访问文件。

修复错误(R)。
删除影响的文件夹(D)
忽略此错误并继续(I)
确定 取消

图 4-62 找到错误提示

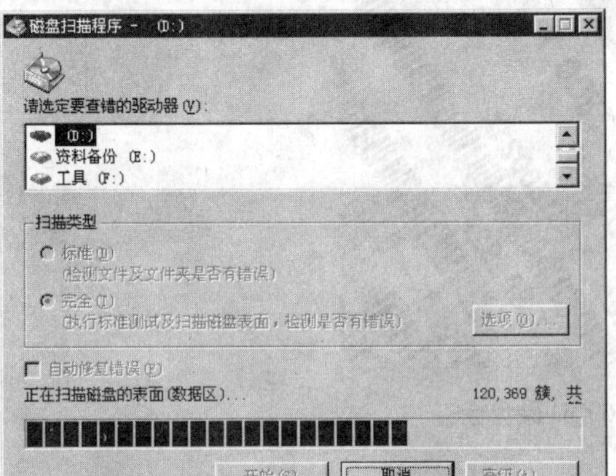

图 4-63 扫描过程

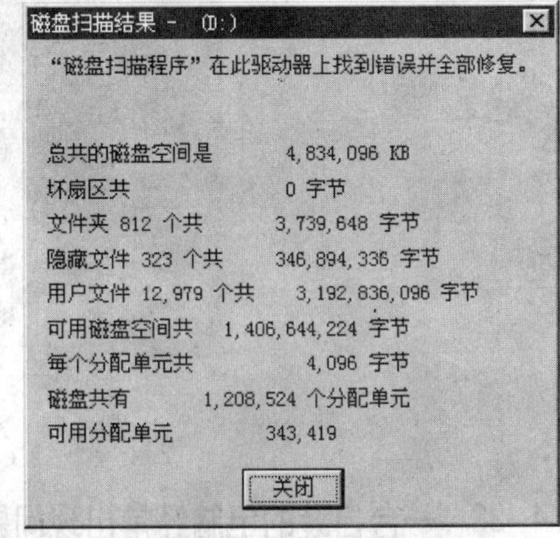

图 4-64 修复完毕提示

其二，如果不能进入 Windows 系统，则可以用 Windows 98 的应急启动软盘引导后，在 A:>提示符后键入 SCANDISK X:(其中 X 是具体硬盘的盘符) 对硬盘进行扫描。对于坏“簇”，程序会以黑底红字的 B（bad）标出。找到坏道，程序会提示使用者是否进行修复（Fix it），选 Yes 便可以解决。

故障点评：硬盘的坏道可分为“逻辑”坏道和“物理”坏道两种。一般的“逻辑”坏道通常是由于软件操作有误或使用不当造成的，可以利用 Windows 自带的系统工具以及借助第三方相关的工具软件来修复。

问 4–37 用了两年多的希捷 160GB 硬盘，最近每次开机硬盘都无法正常启动，是何原因

故障现象：一台组装的电脑，不过用了两年多的光景，一块希捷 160GB（如图 4-65 所示）硬盘居然查出上百个坏道，而且每次开机引导系统时，硬盘都会发出很像金属摩擦的异常声音并伴随有持续“狂读”的声音，无法正常启动系统。

解决过程：这种情况多半是硬盘出现了“物理”坏道。解决方法是，先用启动软盘（也可以用光盘）启动，在 DOS 下使用 SCANDISK 进行检查。4 个分区中竟然有上百个坏道，且大多出现在 C 盘里，难怪无法启动系统。考虑到低级格式化并不是最好的办法，而且对硬盘的损伤比较大，况且耗费时间也会很长，因此不到万不得已不使用它。

鉴于此，还是用最费力的老办法用 SCANDISK 查看坏道的大概位置，标记好它们所处的硬盘位置，找出好的扇区重新分区了，尽量把坏的扇区磁道分成几个小区，然后删掉。记录下来坏道的位置后，再使用 Fdisk，先划分一个完好的 C 盘（一定要保证 C 分区不能有坏道，容量至少要保证前 4MB 绝对没有问题），其他的分区可以采用把坏道单独分成若干个分区，最后“屏蔽”这些有坏道的分区的方法进行处理。接下来，进行格式化，然后重新安装 Windows 系统，将系统目录放到 D 分区就这样大功告成了。

故障点评：经过这样处理后，虽然救活了一块硬盘，但是由于硬盘上的坏道会不断扩散，因此建议用户还是尽早将重要数据备份到另一块硬盘上，以免造成重大损失。

图 4-65　希捷 160GB 硬盘标签

问 4-38　一台自装的电脑经常出现问题，硬盘出现“物理”坏道，如何解决

解决过程：可以采用以下步骤来处理：

其一，对硬盘进行 ScanDisk，发现硬盘上的坏道时，程序会以 B 标出（如图 4-66 所示），记录下坏道所在的位置，退出扫描程序。

其二，调用 Fdisk 命令，将出现坏道的硬盘空间单独划分为一个区，等到对所有区的划分工作后，再将有坏道的那一个区删除。

其三，激活主分区，退出并重新启动电脑。

其四，调用 FORMAT 格式化硬盘，并重新安装操作系统。

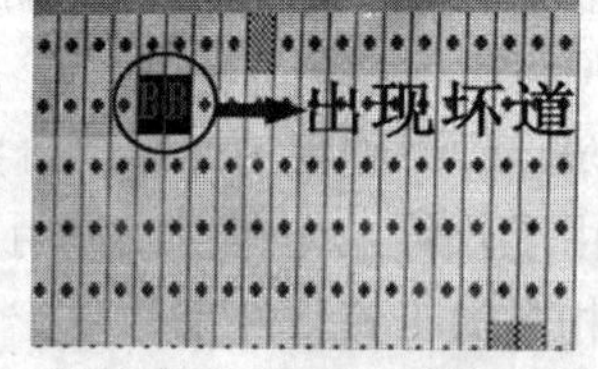

图 4-66　出现坏道标志

故障点评：执行完上述步骤后，用户会发现硬盘坏道所表现出来的异常状况不复存在，这是因为刚才在对硬盘进行分区时，已经将包含坏道的那一部分空间划分在外，系统不再使用那一部分空间，自然就不会再出现问题了。

> **注意**：这种方法并不能真正修复坏道，而只能“屏蔽”坏道。

4.7 硬件故障排除

问 4-39 频繁的“拉闸”断电后，系统无法识别出老硬盘，如何解决

故障现象：一块“迈拓”40GB 的老硬盘（如图 4-67 所示），说是系统无法识别出该硬盘，试着进行格式化都告失败。经过询问得知，该硬盘在出现故障之前，邻居家正在装修房屋，有过一段时间频繁的“拉闸”断电情况，一开始也没有太在意，只是感到突然断电，而后又恢复供电，但有一次电脑在重新启动硬盘引导过程中突然断电，硬盘里出现了“嗒”的一声，以后该硬盘就再也不工作了。

解决过程：根据情况分析，多半是该硬盘损坏。可以使用工具软件尝试进行修复，看是否能进行格式化，或调用 DM 等专用工具进行低级格式化，如果无法进行低级格式化，那么只能尝试更换盘体，方法是到二手市场买一块同型号已损坏的“迈拓”硬盘，然后耐心细致的进行电路板更换操作。

故障点评：有经验的用户都知道，突然断电对硬盘、光驱、刻录机等部件肯定会造成不良影响。对于硬盘而言，这又大致分为 3 种情况：

其一，电脑正在开机（硬盘指示灯闪亮）过程中突然断电。

其二，电脑正在硬盘读写（硬盘指示灯闪亮）过程中突然断电。

其三，硬盘非读写过程中突然断电。

在这几种情况中，以前两种情况对硬盘的危害最严重。因为硬盘读写操作时都处于高速旋转之中，如果中途突然断电，可能会导致磁头与盘片猛烈磨擦而损坏盘片，如果多次出现这样的情况会对硬盘造成巨大的伤害，而且这种伤害甚至要高于不工作状态下强烈震动带来的伤害。对于本例故障而言，关键是能否找到完全一样的损坏硬盘。

图 4-67 迈拓 40GB 硬盘

问 4-40 电脑连续运行了 20 个小时后，突然间屏幕出现“蓝屏”，无数次热启动，总是出现硬盘错误信息，如何解决

故障现象：一台旧电脑连续运行了 20 个小时后，突然间屏幕出现“蓝屏”，之后所有的

工作都无法进行，无数次热启动，总是出现硬盘错误信息，再也不能进入硬盘了。

解决过程：笔者查看该硬盘标识，发现是编号为 5T030H3 的 MAXTOR 30GB 硬盘（如图 4-68~图 4-70 所示）。再仔细观察，发现硬盘电路板上的一块芯片似乎被烧糊了，凑近了闻到了一股焦糊味，因为硬盘的电路板烧毁了，并不代表盘体一定就损坏了。所以通过二手经销商找到了一块相同型号并且因为“物理”坏道而不能正常工作的硬盘，拿过来之后，找出专用螺丝刀拧开电路板上的螺丝，将拆下来的好电路板换到坏硬盘上，检查无误后，接上硬盘连接，启动电脑，顺利通过自检，运行正常。

故障点评：对于本例这种情况，在更换电路板的操作上小心谨慎，一般都能达到目的。

图 4-68　MAXTOR 30GB 硬盘

图 4-69　MAXTOR 30GB 硬盘参数标识

图 4-70　MAXTOR 30GB 硬盘背面

问 4–41　新硬盘在双硬盘工作模式下无法工作，如何解决

故障现象：在主板 IDE 1 接口连接的是一块“西部数据”80GB 硬盘（如图 4-71 所示），设置为主盘，使用一根 80 芯数据线；在 IDE 2 接口连接的是一台 16X DVD 光驱（如图 4-72 所示），同样设为主盘，使用的是一根 40 芯数据线，工作一直正常。近日新添了一块“希捷”160GB 硬盘，准备构成双硬盘工作模式，安装时图省事将新硬盘装在了 CD-ROM 下方，并将新硬盘设为从盘，但不知何故新硬盘无法工作。

解决过程：首先怀疑跳线设置有问题，依据以往经验，连接在同一根数据线接口上的两台 IDE 设备，一般都要以工作模式较高的作为主设备，这样电脑才能够正确给予识别。其次怀疑这根数据线有问题，笔者以前就遇到过因为高价买了一根“精美别致”的数据线（连接插头用颜色区分，而且还标注了 SYSTEM、MASTER、SLAVE 字样），正是这根伪劣的数据线（制造上有问题）导致了笔者白白浪费了三个多小时劳而无功。重点检查硬盘、光驱的跳线设置，并更换一根数据线。经过检查确认是数据线的问题，换数据线后，并重新排列了 IDE 设备的次序，将两块硬盘设好主从后连接到一条数据线上，DVD 作为主设备连接到另外一条数据线上，故障排除。

故障点评：对于这类故障，只要平时多留意观察即可手到病除。需要提醒的是，80 芯的 ATA/100/133 数据线对接口有更为严格的规定，使用时一定要注意主板的 IDE 接口和硬盘的接口不可互换（蓝色的一头接主板 IDE 接口）。

图 4-71　西部数据 80GB 硬盘

图 4-72　太阳花 16X DVD 光驱

问 4-42　电脑开机时，硬盘总是未知原因的无法正常启动或死机，是何原因

故障现象：开机时未知原因的硬盘无法正常启动，有时屏幕提示“零道”错误，硬盘指示灯长亮，系统“死机”，反复热启动有时能恢复正常，有时根本不行。有时挪动一下机箱后再开机又能正常工作，而有时搬动一下机箱后就再也不能工作了。

解决过程：笔者首先查看了一下硬盘，这是两年前所购买的一块 80GB 硬盘，接上电源后，开机无法检测到硬盘，硬盘指示灯长亮，听不到主轴电机转动的声音，移动一下硬盘或是用手轻轻晃动一下硬盘，有时又能恢复正常，只是这种情况随机性很大。将该硬盘接到笔者的电脑上进行验证，故障情况也是如此，这就证明了该硬盘存在问题。更换了一根数据线再将笔者的硬盘接到他的主板上验证，一切正常。这就更进一步证明了该硬盘确实存在问题，而且笔者以经验判断，故障很可能是硬盘某个地方出现接触不良或是有某个芯片工作热稳定性差。为了排除后者，外接上该硬盘，反复热启动，并用手随时轻轻晃动硬盘使其恢复工作，连续 1 个小时后，用手触摸检查电路板上的几个主要芯片，没有发现过热现象，尽管笔者多次遇到过因某个芯片工作一段时间过热导致硬盘出现问题的情况，但该硬盘确实不属于这个情况。

征得用户的同意后，使用专用螺丝刀将该硬盘的电脑板拆下来做进一步检查。先查看了数据接口部分的每个焊接点，没有问题，再接着查看电源接口的焊接点时，令笔者大吃一惊的是，发现有一根针脚与电路板呈现出似连似断的状态（如图 4-73 所示），用手活动一下接脚的小圆柱，确实感觉好像松动了，至少与其他三根不一样。症结找到了，接下来的工作就简单多了。用细砂纸去掉表面氧化，重新焊牢即可（请注意，一定要将电烙铁烧热后断开电源）。

故障点评：由于针脚断裂使硬盘始终处于电源接触不良状态，任何外力、移动等都可能使硬盘得到正常供电或者在正常供电中突然断电，如此反复而又无规律性。该故障类型看似简单，却具有相当的隐蔽性，而且很少会有人会怀疑到这上面来，但事实证明，因频繁插拔电源插头或用力过猛而导致类似故障并非凤毛麟角，希望 DIY 爱好者引以为戒。尽管这个故障属于特例，但通过该例我们从中又学习到了一些知识。

图 4-73　请注意左起第二个接线脚

4.8 其他故障排除

问 4-43 硬盘无法被主板 CMOS 识别，是何原因

解决过程：这种故障可能由以下原因造成：

其一，硬盘连接线（也称为数据线）损坏或解除不良，解决方法是更换连接线。

其二，硬盘连接端口遭到破坏。解决方法是，如果主板的一个端口已经损坏可以换另外一个端口试试，如果主板上已没有端口可用，或是端口控制芯片损坏，可以通过相关设置改变主板上的跳线来屏蔽已坏的端口，另外配接一块硬盘扩展卡。

其三，硬盘相关的控制电路损坏。例如：电源接口损坏或是接触不良，个别情况是发生了脱焊，解决方法是找到脱焊的地方重新焊好。

故障点评：如果不属于上述 3 种情况，那就是硬盘本身的问题。可以尝试着借助专用工具软件对硬盘进行修复。

问 4-44 安装新硬盘时，电脑始终从光驱启动，是何原因

故障现象：用户新买一块 IDE 接口的西部数据 160GB 硬盘，安装时将该硬盘设为主盘，16X DVD 光驱设为从盘，使用 80 芯的连接线将它们接在主板 IDE 1 接口上。而原有的 40GB

老硬盘则接在主板 IDE 2 接口上。由于需要使用光盘安装 Windows XP 操作系统，因此进入 CMOS 将启动顺序第一设备改为 DVD 光驱，将第二设备设为 HDD-0，存盘退出后，重新启动电脑时检测 IDE 设备的时间很长，且出现使用 80 芯连接线有问题的英文提示，由于用户不懂英文也就没有理会，随后进入安装 Windows XP 画面，似乎一切正常，大约十几分钟后 Windows XP 安装程序完成了复制文件的进程，提示要重新启动电脑，由于重新启动后电脑需要从硬盘引导，所以他又进入 CMOS 设置菜单中，将启动顺序第一设备改回 HDD-0，将第二设备改为 DVD 光驱。但意想不到的是，电脑仍然从 DVD 光驱启动，而且无法转换到从硬盘直接启动。他再次进入 CMOS 主菜单，将第二设备设为 Disabled。出乎意料的是，电脑再次启动仍然从 DVD 光驱启动。

解决过程：笔者分析这多半是由于使用 80 芯连接线将 160GB 硬盘和 DVD 光驱串在一起导致兼容性问题，实际上，在首次安装时电脑已经提示，只是用户不懂英文的缘故。首先拔下光驱的连接线及电源，然后将 DVD 光驱设为主盘，与老硬盘一起接在 IDE 2 接口上，并将老硬盘设为从盘，进入 CMOS 主菜单，将启动顺序第一设备设为 HDD-0，存盘退出。重新启动电脑，此后的安装便一切正常了，而且开机检测 IDE 设备时速度也正常，再没有使用 80 芯连接线问题的提示。

故障点评：用一根 80 芯连接线将 160GB 硬盘和 DVD 光驱串在一起接在 IDE 1 插槽上本身就存在问题，只是对于某些主板而言有时没有暴露出来，这对于使用 VIA、SiS 芯片组的主板（如图 4-74、图 4-75 所示）情况发生的几率多一些。建议尽量考虑将光驱设为主盘连接在 IDE 2 接口上这样可以避免系统出现找不到光驱的情况。

图 4-74　VIA KT600 北桥芯片

图 4-75　SIS 655 北桥芯片

问 4-45　Windows 系统下如何快速修复硬盘错误

解决过程：利用 Windows 系统下自带的检查工具，就可以查找到硬盘上的文件系统错误和坏“扇区”。

这里以 Windows XP 版本为例介绍具体操作方法：首先打开“我的电脑”选择需要检查的本地磁盘（这里选的是 D 盘），单击右键选择“属性”（如图 4-76 所示）。然后单击“工具”选项卡；在“开始检查”选项中单击“开始”按钮（如图 4-77 所示），并在“磁盘检查选项”下的“扫描并试图恢复坏扇区”复选框前面“打勾”（如图 4-78 所示），接着单击“开始”按钮，稍后系统进入自动运行，大约十几分钟后，系统给出“已完成磁盘检查”（如图 4-79、

图 4-80 所示）提示。

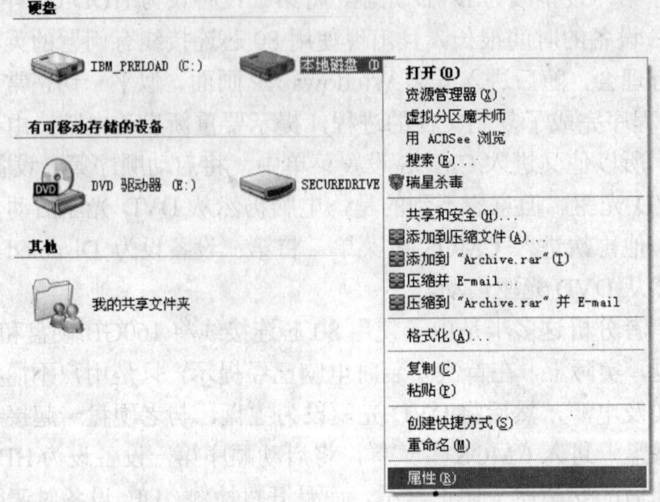

图 4-76 属性选项

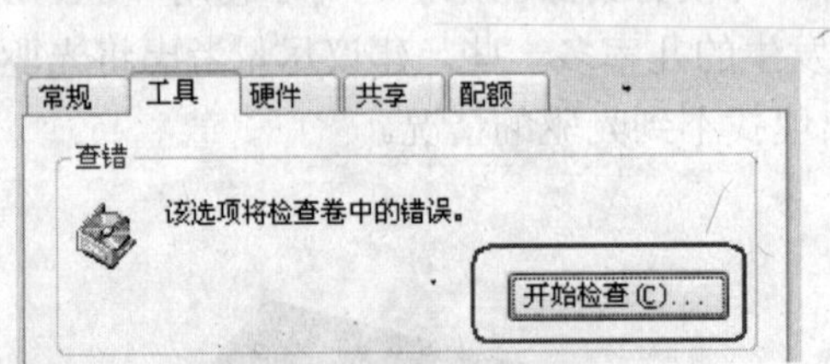

图 4-77 开始检查按钮

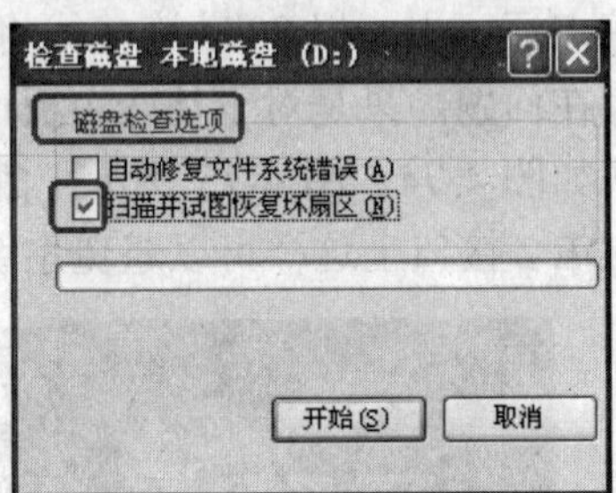

图 4-78 选择操作

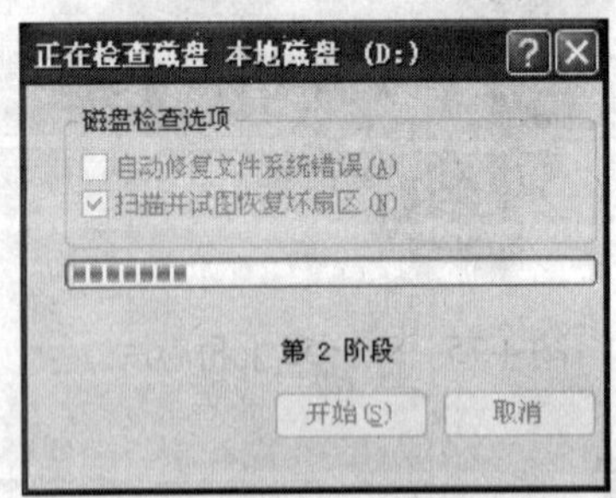

图 4-79 检查过程中

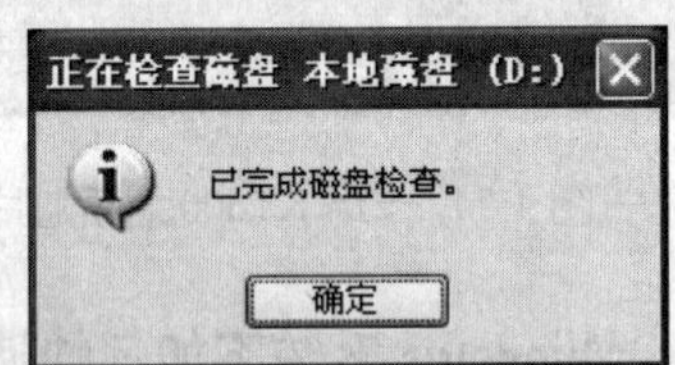

图 4-80 检查完毕

第5章　显卡的使用技巧与故障排除

显卡是用户和电脑直接沟通的基石，有了显卡用户才能在显示器上看到许多美妙的画面，作为电脑的图像处理设备，显卡的重要性不必多言，随着显卡芯片的不断发展，显卡在电脑中扮演的角色也越来越重要，可以毫不夸张的说，当今显卡的优劣足可以衡量一台电脑的档次，有了处理能力超强的显卡，再复杂庞大的游戏也不在话下，处理视频、编辑图片等工作更是得心应手。本章主要从选购鉴别、优化、散热、接触、冲突、电压等几个方面来讲述显卡的使用技巧与故障排除，另外最后一节将讲述显卡的BIOS刷新，通过这些内容用户将会对显卡有一个更加深刻的认识，对以后使用和调试维护显卡会有很大的帮助。

5.1　选购鉴别使用技巧

问5-1　选购显示卡应关注哪些问题

答：以笔者多年的从业经验总结，选择显示卡主要应关注这样几个问题：

其一，绘图（图形）芯片的处理能力。图形芯片（如图5-1~图5-3所示）的档次越高，显示速度就越快，画面质量越出色，相对而言对CPU的依赖也就越小，另外，图形芯片的档次还决定了RAMDAC（数字/类比转换器，用是将数字讯号转换成类比讯号）的速度。内建高速RAMDAC不仅能够使显示卡的运行速度更快，刷新率更高，而且能够产生更稳定、质量更高的图像。再有，可以支持更丰富的3D函数和特效功能。

其二，显存的类型和容量。显存（如图5-4~图5-7所示）的作用是存储处理的图形图像讯息，大容量显存可以加强图形渲染能力、纹理压缩能力和贴图的数量，配合高速RAMDAC可获得更高的显示速度、更高的色彩和更大的Z-buffer等，同时还能够显著降低CPU占用率，提高系统的整体性能。

其三，设计和做工的好坏（如图5-8~图5-10所示）。显示卡的设计和做工对整体性能也有不容忽视的影响，布局合理、走线清晰，避免“飞线”、“走线”，可以最大限度减少各元件之间的杂波干扰。

其四，是否使用了优质元件（如图5-11~图5-16所示）。采用高品质的元件（如多使用贴片式元件，减少直立式元件），这对减少因工艺技术带来的讯号衰减有一定好处，而良好的散热装置对运行稳定性（特别是长时间的运行稳定性）有至关重要的影响。

其五，是否提供了完善的驱动程序。3D显示卡强大的图形处理功能，只有通过驱动程序相配合才能正常发挥，而不断更新及完善驱动程序可以修正显示卡运行过程中存在的漏洞，如对系统设备的兼容性、游戏的图形处理能力缺陷等都有很大帮助。

著名品牌的产品在这方面表现就相当出色，它不仅能根据要求，精心设计，选用优质元件，而且还提供有最佳的驱动程序，以充分发挥显示卡的整体性能，并且修补、更新工作做得相当到位。相比之下，杂牌产品则要逊色得多。

图 5-1　GeForce 6200TC 图形芯片

图 5-2　nVIDIA G73 图形芯片

图 5-3　ATI 9600 图形芯片

图 5-4　TSOP 封装的显存芯片

图 5-5　TSOP 封装显存芯片

图 5-6　BGA 封装显存芯片

图 5-7　BGA 封装显存芯片

图 5-8　优良显卡背面的做工和布线

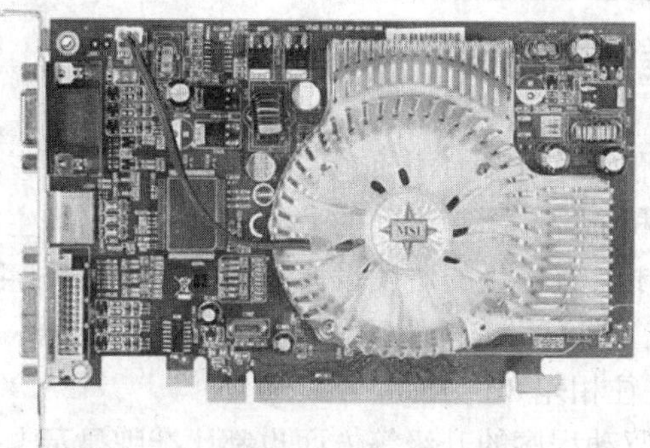
图5-9　微星 PCI-E 显卡

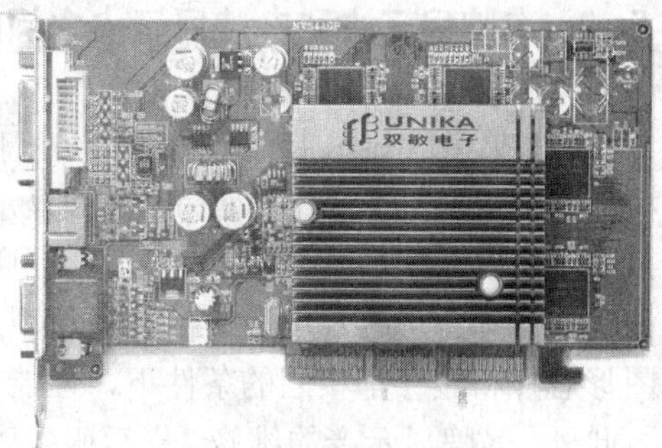

图5-10　双敏 AGP 接口的 FX5200 显卡

图5-11　优质显卡电路板

图5-12　优质显卡电容

图5-13　优质显卡双 DVI 接口

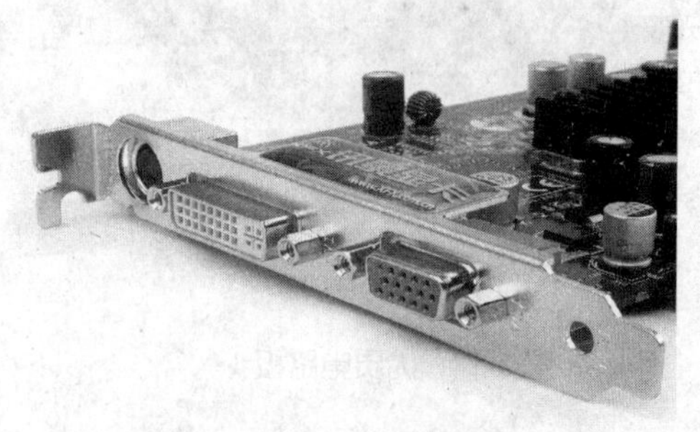
图5-14　优质显卡常用接口

图5-15　优质显卡散热片与风扇

图5-16　显卡热管散热片背面

问 5-2 名牌显示卡和杂牌显示卡之间的差异有多大

答：如果杂牌显示卡只是牌子知名度低，但所用元器件并非假冒伪劣的话，那么在相同的核心芯片情况下，就性能而言，名牌显示卡和杂牌显示卡之间的差异要远大于名牌主机板和杂牌主机板之间的差异。名牌显示卡厂商由于具有出色的研发设计能力，完备的测试手段，并能优先得到图形芯片厂商提供的最新型产品，并有优秀的驱动程序设计人员相配合，因此在图形芯片和显存都相同的条件下，性能上往往相差 8%~12%。

此外，名牌显示卡的维修、售后服务以及驱动程序的升级等方面也都比杂牌显示卡做得到位。除了品牌效应外，应该说名牌显示卡使用上更令人放心。而杂牌显示卡由于具有很高的性能价格比，因此仍然占据着相当的市场份额。由此不难看出，名牌显示卡和杂牌显示卡都有自己的市场需求。

通常可以通过显示卡各个元器件、布线、电路板（如图 5-17~图 5-20 所示）以及“金手指”（如图 5-21、图 5-22 所示）来判断做工的好坏，例如做工质量差的显示卡，使用一段时间后会出现“金手指”脱落或氧化（如图 5-23 所示）的现象。而优质显示卡的“金手指”做工精致平滑，不容易脱落，能经受反复的插拔。

图 5-17 优质电路板 1

图 5-18 优质电路板 2

图 5-19 优质元器件

图 5-20 优质显卡

图 5-21　常见显示卡 PCI-E 16X 接口的“金手指”

图 5-22　常见显示卡 AGP 8X 接口的“金手指”

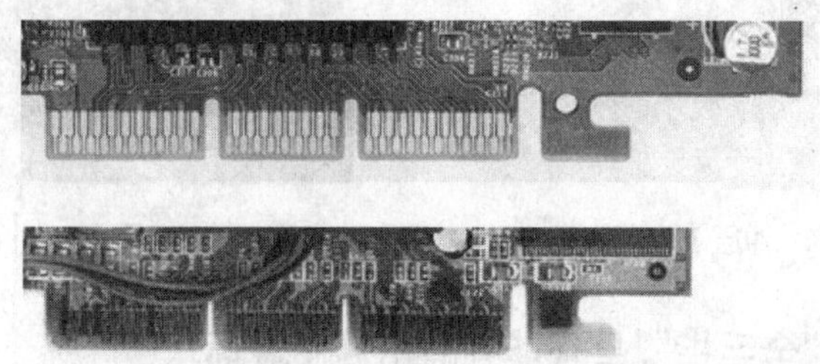

图 5-23　AGP 显示卡“金手指”氧化与否对比图（下面的被氧化）

问 5-3　如何直观判断显示卡 PCB 优劣

答：依笔者经验，通常质量过硬的 PCB（Printed Circuit Board：印制线路板）颜色均匀（如图 5-24、图 5-25 所示），而一些杂牌显示卡 PCB 仔细观察会发现颜色不够均匀，让人看起来不很舒服。PCB 有 4 层板和 6 层板之分（如图 5-26、图 5-27 所示），尽管 4 层板不一定就有缺点，但无论是测试，还是超频爱好者的经验（超频使用时，很容易出现不稳定，或是画面有水波纹，横纹，竖线等现象）都表明，6 层板有更好的稳定性和抗干扰性，笔者分析，这主要是因为印刷板层数增多有利于更合理的布线，而且电磁兼容性和电磁屏蔽问题也易于处理，因此一般名牌厂商的显示卡都是采用 6 层板设计，这正是为什么 6 层板的显示卡通常价格略贵的原因所在。

图 5-24　颜色均匀的电路板 1

图 5-25　颜色均匀的电路板 2

再有，PCB 上的边缘是否光滑也表明生产厂家的制造水准（著名厂商的显示卡边缘十分光滑、美观）。如果一块显示卡的 PCB 做工精细、元件排列整齐、焊点均匀，那么，该显示卡的内在质量也不会差到哪里去。

图 5-26　4 层 PCB 板

图 5-27　6 层 PCB 板

问 5-4　从显示卡“金手指”是否能判断出做工好坏

答：“金手指”（如图 5-28、图 5-29 所示）是显示卡与主机板上插槽连接的部分，它上面有很多接触点。一些做工质量差的显示卡，使用一段时间后会出现“金手指”脱落的现象，一旦显示卡出现这种情况，该显示卡的寿命也就寿终正寝了。优质显示卡的“金手指”从侧面看，镀金部分都有一定的厚度，而且边缘平整、光滑，并能经受反复的插拔。假如它的边缘有锯齿，那在您插入显示卡时就有可能将主机板插槽的针脚损坏（笔者曾经就遇到多次）。

此外，PCB 的厚度也对插槽有一定影响。较厚的 PCB 可以使“金手指”和主板上插槽紧密接触。建议用户在选购显示卡时，应重点关注接触是否良好。

图 5-28　优质显卡的“金手指”1

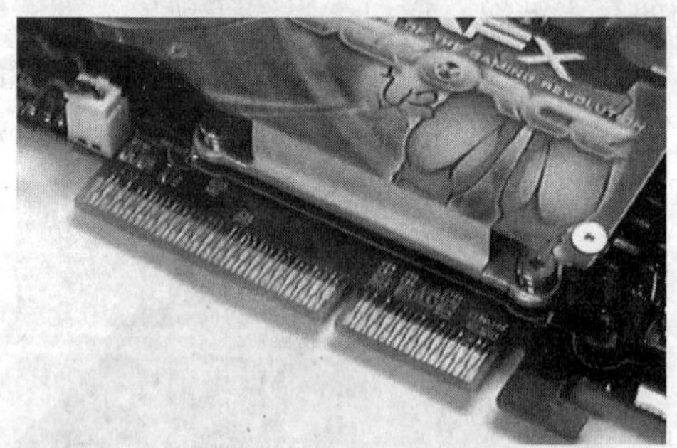

图 5-29　优质显卡的“金手指”2

问 5-5　CPU 与显示卡哪个对最终显示的效果产生的影响更大

答：在 3D 游戏中，每一个场景的构筑都需要显卡极大的工作量，屏幕上每一个景物都是由显示卡根据图形透视原理，通过多个三角形的组合形成的，显示卡既要保证近大远小的

透视效果，还要根据第一视角的位置实现遮挡效果，这里自然对显示卡的性能有着很大的需求。不过，CPU（如图 5-30 所示）作为整个系统的中枢神经也有极为重要的地位。CPU 在 3D 游戏中所起的作用就是对三维场景进行设计，显示卡生成的每一个点都是由 CPU 规定。此外，CPU 还要负责诸如游戏数据处理等工作，负担丝毫不亚于显示卡。

需要注意的是，如今的显示卡 GPU（如图 5-31 所示）已经具备了相当的处理能力，可以有效减轻 CPU 的负担。然而，从另一个角度来看，CPU 又可以模拟 GPU 的操作，使两者之间形成互补。所以其实 CPU 和显卡是互为依托的关系，用户在选择的时候最好购买同一档次上的 CPU 和显卡，这样配合在一起才能发挥出最大的优势，切忌 CPU 和显卡配置不平衡。

图 5-30　AMD Athlon 3800+

图 5-31　显卡的核心部件（NVIDIA G71 显示芯片）

问 5–6　帧速率和刷新率有什么不同

答：帧（Frames）速率很多媒体通俗解释成“帧”速度，作为衡量显示卡档次的一个重要参考标准，帧速率表示电脑在单位时间内连续显示静态图像数量的能力，其计算单位是：帧/s。我们知道应用程序中的 3D 图形演示和动画一样也是由一幅幅（帧帧）不同的静止画面连续显示而形成的，根据人的眼睛视觉特点，电脑只需能在每秒钟连续显示 30 帧以上画面就能使我们看到比较流畅的连续图像，帧速率根据所使用的显示卡性能和应用程序的显示资料量而定，同一块显示卡对不同程序的 3D 演示所能达到的帧速率是不一样的。刷新率（Refresh Rate）（如图 5-32 所示）是显示器对屏幕内容每秒钟重复显示次数的一个量化标准，计算单位用 Hz 表示。显然，帧速率和刷新率并不是一回事。

显示器的刷新率在由驱动程序确定后一般不受应用程序的影响，例如我们将显示器刷新率设置在 85Hz 后，只要各类程序在运行过程中不改变显示驱动程序对刷新率设置，那么显示器刷新率就始终保持在 85Hz，而此时应用程序图形显示的帧速率可能根据具体显示内容的复杂程度在每秒几帧到数十帧间变化。换一个角度论，如果显示影像的帧速率偏低，那么所显示的画面就会变成慢动作；而如果显示器的刷新率偏低，那么就会出现显示闪烁现象。

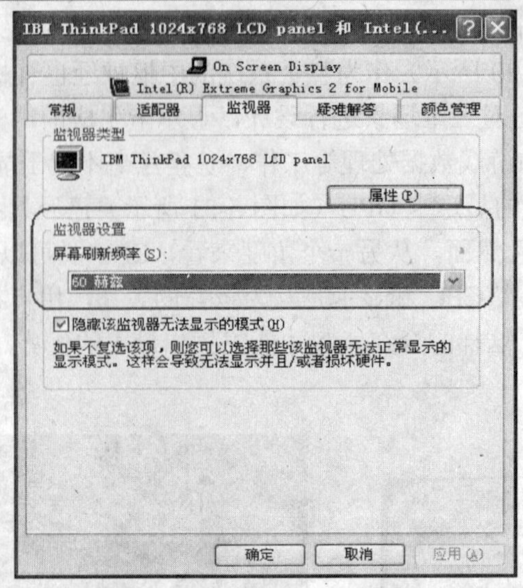

图 5-32　刷新率设置为 60Hz 的 IBM 笔记本电脑

5.2　优化方面

问 5–7　如何优化显示卡驱动程序

答：驱动程序并非只是安装了事，还要对它进行优化设置，才能最终达到提升显示卡性能的目的。方法：在电脑“控制面板”中单击“显示”图标进入相应界面，然后依次单击“设置”|“高级”|“GeForce4 MX 440 选项”按钮，打开显示卡驱动的设置面板（如图 5-33 所示）。单击“附加属性”按钮（如图 5-34 所示），即会弹出显示卡驱动的详细设置窗口。其中显示模式计时、性能和质量设置、彩色校正、视频覆盖设置这几个选项较为重要（如图 5-35 所示）。最后还要注意两点：

其一，升级主板芯片组的驱动程序，尤其是非 Intel 芯片组的驱动对显卡性能的发挥影响重大。

其二，为显示卡安装匹配的 DirectX 驱动程序。DirectX 是微软用于开发 Windows 游戏和多媒体应用的应用程序接口（API）。升级新版本的 DirectX 可以显著提升和优化包括显示卡在内的多媒体应用硬件的性能（如今主流显卡都能支持到 DirectX 9.0 及以上）。

图 5-33　GeForce4 MX 440 选项

图形卡信息
图形处理器：　GeForce4 MX 440 with AGP8X
视频 BIOS 版本：　4.18.20.22
IRQ：　16
总线类型：　AGP 8X
主板上的存储器：　64 MB
ForceWare 版本：　84.12
电视编码器类型：　整合式 (MV)
附加属性(P)...　NVIDIA 信息(I) >>

图 5-34　附加属性按钮

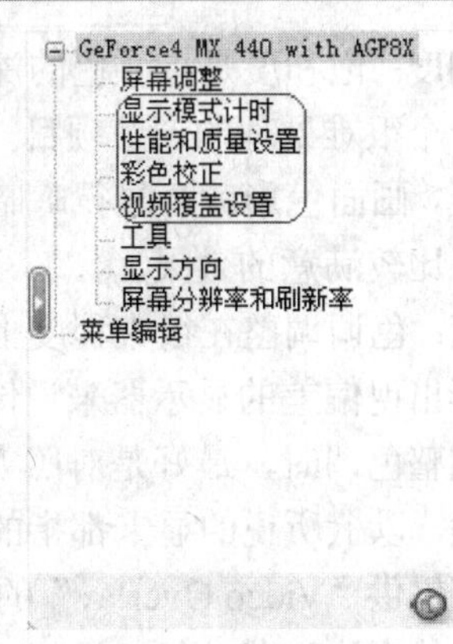

图 5-35　重要设置

问 5-8　如何提高电脑上 DVD 播放的画质效果

答：要提高 DVD 光驱播放画质一般都要通过修改显卡“视频覆盖”选项。方法：在电脑“控制面板”中单击“显示”图标进入设置界面，然后依次单击“设置”|“高级”|“GeForce4 MX 440”选项，找到有关“视频覆盖”的选项。各个显卡厂商对此的翻译也不尽相同，一般称为“覆盖”或者“重叠”。以笔者的 NVIDIA GeForce4 MX440 with AGP 8X 显卡为例，这里叫做“视频重叠”（如图 5-36 所示），通常“视频覆盖”提供 4 个调节项目，分别是亮度（Brightness）、对比度（Contrast）、色调（Hue）和饱和度（Saturation）。调解时先启动 DVD 播放软件，从影片中找出一个画面明亮、色彩比较丰富的场景，并在这个地方暂停播放。然后就可以根据这幅画面进行具体的调节如下：

亮度/对比度：亮度和对比度偏低会损失一些细节，同时画面也会缺乏层次。一般来说，将亮度提高 5%~8%，同时把对比度提高 10~15%可以使画面看起来更加锐利，色彩更加鲜明。

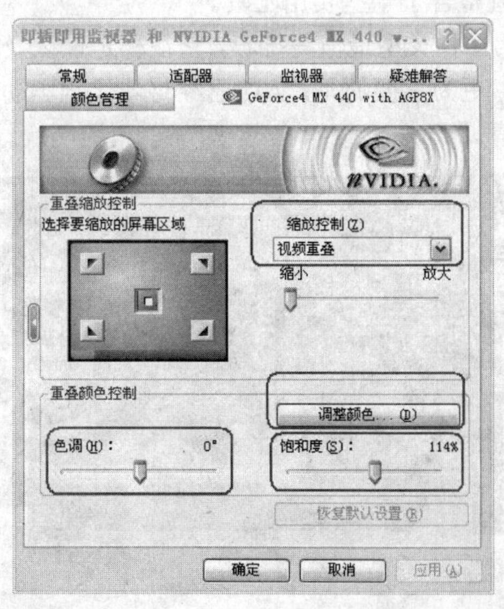

图 5-36　视频重叠选项

饱和度：饱和度是指颜色的深浅程度，增加它的值可以使颜色看起来更加丰富，但这同时也是一个很难处理的调节项目，如果设得过高，图像边缘会变得模糊，着色不准确；如果设得过低，画面色彩就会显得晦暗和沉闷。根据笔者的经验，在大多数情况下调高 5%~15% 就能获得比较满意的效果。

色调：色调调整在很大程度上依赖个人的感受，如非必要以不调整为妙。不过，这对于一些色彩出现偏差的显示器来说倒是非常有用的，用户可以进行少许调整，让色彩看起来更自然。调整色调时，最好是对照人的皮肤颜色进行调节。

当然，以上所说的显卡都指的是提供了“Video Overlay”选项的独立显卡，如果用户的显卡没有提供“Video Overlay”的选项，例如集成主板上的图形芯片，那就只好借助其他的第三方软件来达到此功能，设置方法与上面所说的大同小异。

问 5-9　升级七彩虹 X1600 pro CT 版显卡的驱动程序，该选择哪类

答：七彩虹 X1600 pro CT 版显卡（如图 5-37 所示）采用的是 Ati 的显示芯片，ATi 显示卡的驱动程序的类型主要分为以下 4 种：

其一，是 ATi 官方发布的（如图 5-38 所示），通过微软 WHQL 认证（微软硬件实验室验证）的版本，特点是：稳定，兼容性好，性能表现优良。

其二，是 ATi 官方发布的 Alternate 版以及从多方途径泄漏出来的测试版驱动，这类驱动的特点是版本繁多，升级快，部分版本可能兼容性不好，存在漏洞，需要特别留意的就是，新的研发成果一般都会最早在这里体现出来。测试版驱动经过一段时间的使用与测试，如果运行稳定的话，就会成为正式版本的基础，转化为上面说到的第一种类型。

其三，是所谓的“加速版”驱动，此类驱动一般都由 DIY 水平很高的网友基于厂商公版驱动修改而成。虽非厂商官方发布，但制作水准高的加速版驱动常能让用户收获意外之喜。

其四，是由使用 ATi GPU 的第三方显示卡厂商所推出的驱动，这类驱动根据自身显示卡的特点进行了优化，而且整合了一些实用工具。

客观而言，目前还是第一种类型最值得推荐，它在稳定性以及性能方面有最出色的综合表现，而且更新速度较快。更为重要的是，ATi 已经将催化剂驱动作为其产品的一部分，今后还会带给用户更多的惊喜。

图 5-37　七彩虹 X1600 pro CT 版显卡

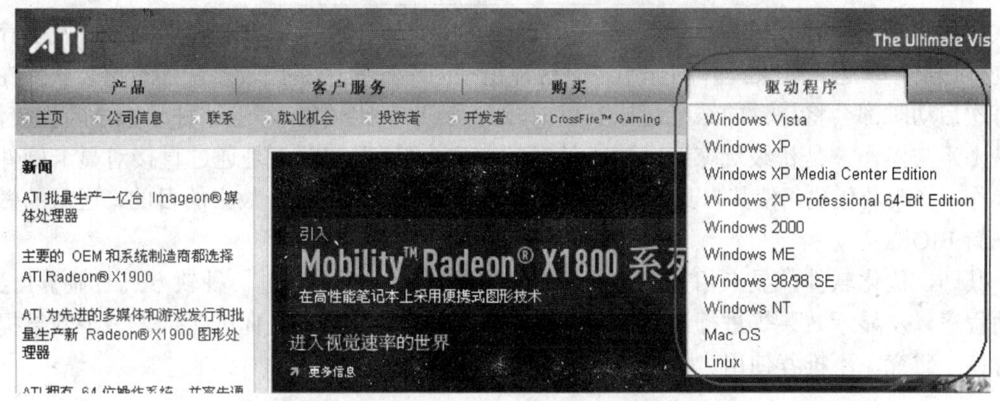

图 5-38　ATi 官方发布的驱动程序

问 5-10　通过哪些方面可以达到显卡优化的目的

答：优化显卡一般可以通过以下几方面：

其一，更新显卡 BIOS，显卡的 BIOS（如图 5-39~图 5-41 所示）升级有两个方面的内容。一是升级显卡本来品牌的 BIOS，其作用如同升级主板的 BIOS 一样，是为了使显卡提供更多的功能，消除原 BIOS 中的漏洞；二是将原有小厂的显卡 BIOS 换为知名品牌显卡的 BIOS（但显卡的芯片必须一致）。

图 5-39　显卡的 BIOS 芯片

图 5-40　显卡的 BIOS 芯片

图 5-41　早期显卡的 BIOS 芯片

其二，及时升级显卡的驱动程序，据有关资料统计，大约有 60%的用户自从购买显卡后，就没有对其显卡的驱动程序进行过更新。实际上，将原有的显卡驱动程序升级到较新版本，不仅可以修正旧版本中的漏洞，而且可以进一步挖掘显卡硬件的功能，使得部分硬件功能（特别是 Direct 3D 部分）得以充分发挥。

其三，显卡的超频，显卡超频与 CPU 超频一样，一直受到 DIY 玩家们的追捧，大分为

“软”超和“硬”超，“软”超频一般是通过 BIOS 设置及超频软件对显卡的核心及显存频率进行调解，以达到效果提升的作用，但这种超频的不稳定因素比较多，有的超频软件在电脑每次启动时都会将超频的结果还原到以前，这样一来就比较繁琐，但这种超频危险性较低，容易上手与操作，是初级玩家追求的一种超频方式；“硬”超频则是通过直接对显卡硬件进行操作、修改及优化，使其自身物理性质发生变化，从而达到提升效果的目的，通常的做法是刷新 BIOS。

其四，优化软件，显卡相关优化软件有很多种类，主要是通过一种软方式对显卡自身、驱动程序以及显示效果等进行调解，这类软件一般来源比较复杂，真正能带来多少效果提升还有待于研究，不推荐使用。

5.3 散热方面

问 5-11 为何目前的显卡普遍都安装有散热风扇

答：显卡的发展也是经历了一个漫长的过程，其各方面部件都在摸索中成熟与完善，早期的显卡将散热问题放在次要位置上，显示芯片都裸露在外面（如图 5-42 所示），毕竟那时芯片组频率相对较低，虽然没有散热部件，但不影响使用，随着芯片组频率的提升，出现了散热片散热的方式（如图 5-43、图 5-44 所示），随后各种散热风扇也出现在了散热片上面（如图 5-45~图 5-48 所示），从此显卡与散热风扇便密不可分。

当前市面上的显卡基本上都配有散热风扇，因为当前显示芯片已发展到一个前所未有的高度，一些高级的显示芯片其内部早已集成了上亿晶体管，其复杂程度不在 CPU 之下，当芯片组工作时，其内部的发热量可想而知，这时就需要将晶体管工作带来的热量排走，否则会严重影响显示芯片的工作状态，将导致出错、不稳定、电脑“黑屏”等现象，严重的时候便会烧毁芯片组本身，造成用户经济上的损失。

此外，除了显卡风扇散热，目前不少显卡为了达到静音的目的，普遍采用热管散热的方式（如图 5-49、图 5-50 所示），这种设计受到不少用户的欢迎，还有一些顶级显卡，由于集成的晶体管数量太多，采用了液冷的散热方式（如图 5-51 所示）。

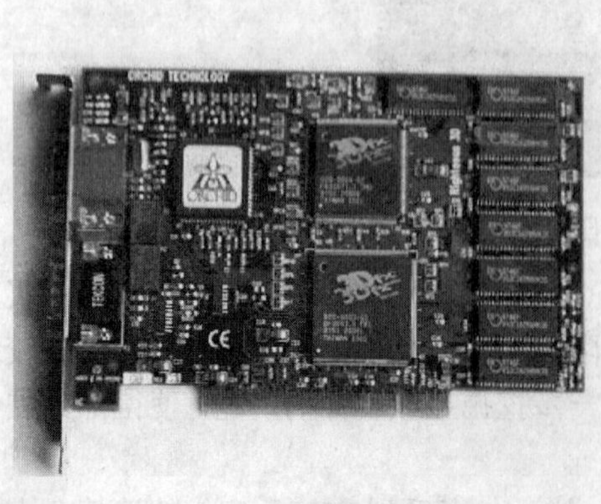

图 5-42 Voodoo 的早期显卡没有任何散热措施

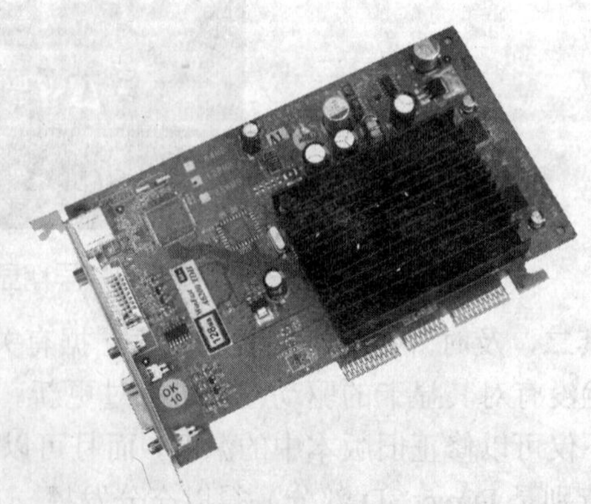

图 5-43 散热片散热方式

图5-44　散热片散热方式

图5-45　风扇散热方式

图5-46　风扇散热方式

图5-47　风扇散热方式

图5-48　风扇散热方式

图5-49　热管散热方式

图5-50　热管散热方式

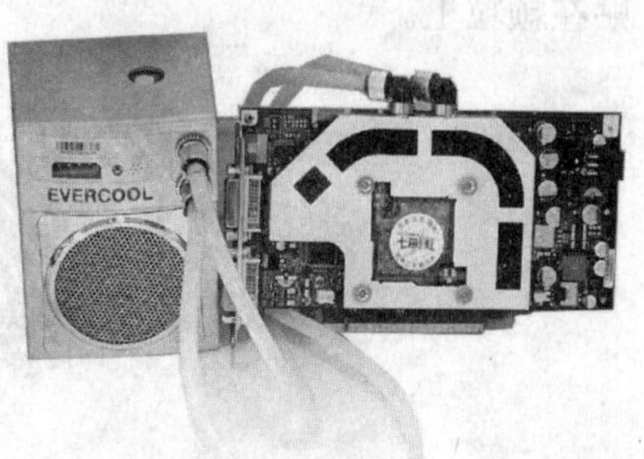

图5-51　液冷散热方式

问 5–12　显存是否也存在散热的问题

答：随着显存运行速度越来越高，显存颗粒发热问题早已成为显示卡生产厂商关注的问题。做好显存的散热工作不仅可以提高超频运行的稳定性，而且可以使显示卡寿命。因此，大概是从 GeForce2 Ti 图形芯片开始，一些专业显示卡厂商就在显存（如图 5-52、图 5-53 所示）上安装了散热片，而对于如今速度越来越快的 DDR3 显存，散热问题已越发突出。为此几乎所有的高档显示卡（如图 5-54、图 5-55 所示）都加装了散热片。

图 5-52　显存覆盖散热片

图 5-53　显存覆盖散热片

图 5-54　显存覆盖散热片

图 5-55　显存覆盖散热片

一些散热器厂商，例如 CoolerMaster、九州风神、Tt 还专门推出了专供显存使用的散热片（如图 5-56 所示），从材质上看，以铝合金为主，铜金属次之。一般都可以用导热胶粘贴方式，贴在颗粒上。

图 5-56　显存专用散热片

问 5-13 显卡在夏季发热量增大，并导致电脑运行出错，此显卡只有散热片，没有风扇，是否可以自行安装风扇

答：早期的显卡大都是采用散热片给显示芯片散热的，早期显卡的显示芯片及显存的速度和频率都不是很快，所以采用散热片的方式来散热是基本可以解决问题的，不过很多时候，用户在升级电脑时，为了节约资金保留了旧的显卡，相比以前，显卡的工作环境得到了提高，特别是在夏季，就会导致显卡散热不良，引起各种问题，这个时候，用户可以自行到电脑配件市场根据自己的显卡尺寸购买一个合适的显卡专用散热风扇（如图 5-57~图 5-60 所示），用螺丝固定在散热片上即可。风扇的电源线一般显卡和主板上都会预留插口。

图 5-57 最普通的显卡散热风扇

图 5-58 带散热片的风扇

图 5-59 带显存散热片的风扇

图 5-60 双扇叶风扇

问 5-14 显卡散热风扇停止转动是由什么引起

答：如今显卡的显示芯片发热量都非常的大，如果风扇出现问题轻则导致系统不稳定，造成经常死机，重则有可能烧坏显卡的显示芯片，尤其是对于新手来说必须知道导致显卡风扇停止工作的原因，这样有利于排除并修复故障，显卡风扇停止转动一般有这样两个原因：

（1）风扇电源线（如图 5-61 所示）接触不良或者出现断裂的情况。

（2）风扇使用时间过久，尤其是普通的液态轴承马达的风扇，会导致污垢堵塞轴承，天长日久导致扇叶停止转动，是劣质风扇更是如此，建议隔一段时间就打开机箱检查一下，做到心中有数。

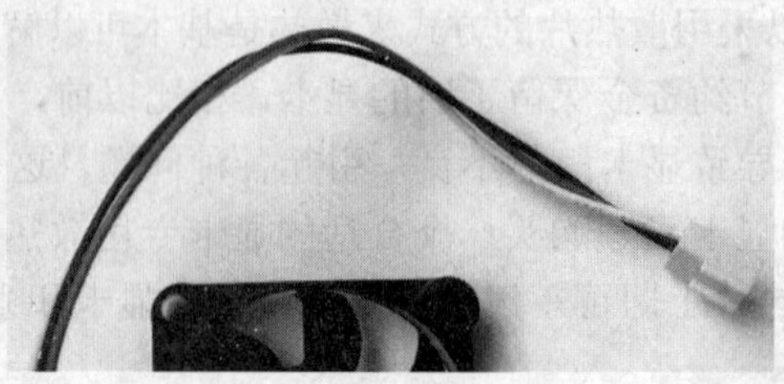

图 5-61　风扇电源线

问 5–15　最近显卡散热风扇坏了，将其取下只保留了散热片可以吗

答：电脑配置为闪龙 2200+ CPU、VIA KT880 主板、120GB 硬盘、GeForce4 MX440 显卡。这个问题十分普遍，笔者也遇到过，有时没有时间去购买新的风扇，就一直将就着，其实到底行不行主要取决于好多方面，例如电脑的利用率高不高，房间温度如何？是在夏季还是冬季？机箱散热情况怎样？显卡保留的散热片质量如何等，鉴于用户的显卡是较老的 GeForce4 MX440（如图 5-62 所示），如果电脑不经常使用，只是偶尔打开，并且周围环境温度不高，保留下来的散热片质量很好，显卡做工不错，机箱散热也没问题，那么一时半会显卡不会损坏，如果反之就要小心了，说到底还是建议去买一个风扇回来，这才是万全之策，一时的将就如果造成显卡损坏，导致经济上的损失就不划算了。

如果显卡采用的是高级芯片，例如：NVIDIA NV40 显示核心、NVIDIA G73 显示核心、ATI RV530 显示核心等（如图 5-63~图 5-65 所示），那发热量就较大，笔者忠告千万不能模仿本例，出现这种情况从发现之时就要立刻关闭电脑，去购买新的风扇才是稳妥的办法，直到恢复正常为止。

图 5-62　GeForce4 MX440 显示内核

图 5-63　NVIDIA NV40 显示内核

图 5-64　NVIDIA G73 显示内核　　　　图 5-65　ATI RV530 显示内核

5.4　显存与超频方面

问 5–16　如何计算显存的工作频率

答：如今 SDRAM 显存芯片早已全面退出历史舞台，普通（低频率）DDR 也不多见，DDR2、DDR3（如图 5-66~图 5-69 所示）成为主流，它们尽管速度不同，但是颗粒极限工作频率的方法则完全相同，因此这里只给出 DDR 颗粒工作频率的简化计算公式：DDR 极限工作频率=1000MHz/颗粒速度（ns）×2。

例 1　一片 Hynix 生产的显存颗粒（如图 5-70 所示），其编号为 HY5DU283222AF-28。其中，-28 表示显存速度为 2.8ns，套用公式后得出，该显存颗粒的运行频率约为 714MHz。

例 2　一片 SAMSUNG 生产的显存颗粒（如图 5-71 所示），其编号为 K4J55323QF-GC16。其中，-GC16 表示显存速度为 1.6ns，套用公式后得出，该显存颗粒的运行频率约为 1250MHz。

图 5-66　Infineon（英飞凌）DDR 显存颗粒　　　　图 5-67　SAMSUNG DDR 显存颗粒

图 5-68　DDR 显存颗粒

图 5-69　现代 DDR 显存颗粒

图 5-70　Hynix 显存颗粒

图 5-71　SAMSUNG 显存颗粒

问 5–17　能否通过检查显存颗粒标识来确定该显卡的显存速度指标

答：可以。建议通过查询显卡的“公版”标准配置来确定显卡显存速度指标是否合适。资深玩家都知道，市面上的显卡尽管种类繁多，但是对于使用相同的图形芯片的显卡而言，它们都有一个“公版”标准，只有达到了这个“公版”标准的配置才能发挥出该显卡的最佳性能。例如：Nvidia 的 7600GS 显卡，其标准显存频率为 800MHz，那么就可以推算出它的显存基本配置应该是 1/800×2=2.5ns（如图 5-72 所示）。

盈通 G7600GS-256GD2超频版 显卡频率	
核心频率	450MHz
显存频率	800MHz
盈通 G7600GS-256GD2超频版 显存规格	
显存类型	DDRII
显存容量(MB)	256
显存位宽	128bit
显存描述	256M/128bit/DDR2/2.5ns
显存速度(ns)	2.5ns
最高分辨率	2048*1536

图 5-72　“盈通”显卡的显存频率与显存速度参数

显然，如果用户购买的杂牌 7600GS 显卡使用的显存颗粒速度为 2.8ns，那么性能上肯定会或多或少的受到影响。按照上面给出的 DDR SDRAM 颗粒极限工作频率的简化计算公式：DDR 工作频率=1000MHz/颗粒速度（ns）×2。为了便于玩家进行超频试验，这里笔者给出了一些显存颗粒超频参数列表（如图 5-73 所示）如下。

封装	类型	显存	工作频率	超频能力
TSOP	SDRAM	7.0ns	标准 143MHz	很有限
TSOP	SDRAM	6.5ns	标准 154MHz	很有限
TSOP	DDR	6.5ns	标准 308MHz	很有限
TSOP	SDRAM	6.0ns	标准 166MHz	很有限
TSOP	DDR	6.0ns	标准 330MHz	很有限
TSOP	SDRAM	5.5ns	标准 180MHz	很有限
TSOP	DDR	5.5ns	标准 360MHz	很有限
TSOP	SDRAM	5.0ns	标准 200MHz，极限 260MHz	有限
TSOP	DDR	5.0ns	标准 400MHz，极限 530MHz	有限
TSOP	DDR	4.5ns	标准 445MHz	有限
TSOP	DDR2	4.0ns	标准 500MHz，极限 580MHz	有限
TSOP	DDR2	3.6ns	标准 550MHz，最高 580MHz，极限 620MHz	有限
TSOP	DDR2	3.5ns	标准 570MHz，最高 600MHz	可以提升
mBGA	DDR2	3.3ns	标准 600MHz，最高 630MHz，极限 680MHz	可以提升
mBGA	DDR3	2.8ns	标准 700MHz，极限 714MHz	可以提升
mBGA	DDR3	2.5ns	标准 800MHz，最高 840MHz	可以提升
mBGA	DDR3	2.0ns	标准 1.0GHz	可以提升
mBGA	DDR3	1.6ns	标准 1.24GHz	可以提升

图 5-73 显存颗粒超频参数列表

问 5-18 怎样正确认识显存容量与显存带宽的关系

答：显卡的显存容量与显存带宽通常印刷在产品的包装盒上，而且说明书中也有详细注明。但是，配件市场里的产品还是真有不少“猫腻”，那么 DIY 用户在购买一款显卡时应该如何通过显存颗粒上的编号来正确识别出显存的规格呢？为了能准确计算出一块显卡的显存容量和带宽，就必须仔细观察每片显存的形状、标识（容量大小及带宽）。要知道，在提到显存颗粒的规格时，除了类型、速度指标外，都会涉及到 8×16 或者 4×32 这样的参数，其实这两种规格颗粒的容量一样，都为 128Mbit，只是前者的存储容量为 8Mbit，位宽 16bit；后者的存储容量为 4Mbit，位宽 32bit。按照如下的公式就可以得出一块显示卡显存总容量：显存总容量=颗粒容量×数据位宽/8（换算成 MByte）×颗粒数量。

例如：一块显示使用了 8 片 ElietMT 颗粒，其编号为 ElietMT -3.8T　M13L64164A，按照厂商的解释 M13 打头表示为 DDR SDRAM（M12 则表示为 SDRAM），中间的 416 表示颗粒容量为 4Mbit，位宽 16bit，套用上述公式即可得出每个颗粒的容量为 8MB，8 片时总容量为 64MB。-3.8T 表示显存速度为 3.8ns。

为了便于理解，这里将一些显卡所采用的显存配置与颗粒相关的参数列表如下（如图 5-74~图 5-82 所示）。

显存容量	显存带宽	TSOP封装	mBGA封装	举例
32MB	64bit	4X16 颗粒 X4片	—	华硕 V7100（GF2 MX200），TSOP封装4X16颗粒4片（正面）
64MB	64bit	8X16 颗粒 X4片	—	翔升爵豹 N440-8X(64bit)，TSOP封装 8X16颗粒4片（正面）
128MB	64bit	16X16 颗粒 X4片	—	
64MB	128bit	4X16 颗粒 X8片	4x32颗粒 X4片	耕升银狐 5200DT(GeForce FX5200)，TSOP封装4X16颗粒8片（正面） Sparkle Geforce FX5200 Ultra，mBGA封装4X32颗粒4片（正面）
128MB	128bit	8X16 颗粒 X8片	4x32颗粒 X8片	迪兰恒进 R9550显卡(R9550芯片)，TSOP封装8X16颗粒，正反面各4片（正、反面）
256MB	128bit	16X16 颗粒 X8片	4X32 X16片或8X32 X8片	七彩虹 GF7600GS冰封骑士4，mBGA封装 8X32颗粒8片（正面）
256MB	256bit	—	4X32 X16片或8X32 X8片	盈通 G7900GT-256GD3豪华版，mBGA封装 8X32颗粒8片（正面）

图 5-74 典型的显存总容量与带宽及颗粒参数对照表

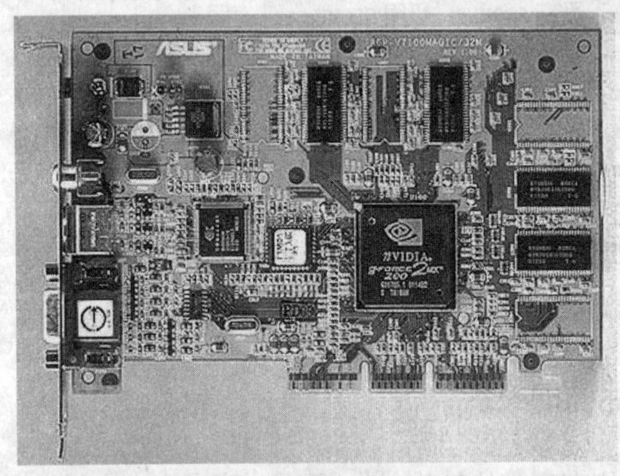

图 5-75 华硕早期的 V7100 显卡

图 5-76 翔升“爵豹”N440-8X 显卡

图 5-77 耕升“银狐”5200DT 显卡

图 5-78 Sparkle Geforce FX5200 Ultra 显卡

图 5-79　迪兰恒进 R9550 显卡（正面）

图 5-80　迪兰恒进 R9550 显卡（背面）

图 5-81　七彩虹 GF7600GS“冰封骑士 4”显卡

图 5-82　盈通 G7900GT-256GD3 豪华版显卡

问 5-19　显存位宽对显卡的性能究竟有多大影响

答：资深玩家都知道，显存的位宽对于显示卡性能的影响至关重要，尤其是高档显示卡更是如此。理论计算表明，同是 9550 显示芯片（如图 5-83 所示）的显卡，采用 128bit 显存位宽比采用 64bit 位宽性能提升将近一倍。而经过实际测试，显存速度相同情况下，64bit 显存位宽（如图 5-84 所示）的显卡比 128bit 显存位宽（如图 5-85 所示）的显卡在 800×600 分辨率下低 20%，在 1024×768 分辨率下低 25%，在 1280×1024 下达 30%。显然，性能差异很大，但是由于 64bit 显存位宽的显卡售价上比 128bit 显存位宽的显卡便宜，因此还是赢得了不少用户的青睐。

图 5-83　9550 显示芯片

翔升 爵豹M440-8X(64bit) 主要性能	
显卡芯片	GeForce4 MX440-8X
芯片厂商	nVIDIA
核心频率	275MHz
制造工艺	0.15 微米
散热方式	散热风扇
显存类型	DDR
显存容量(MB)	64
显存描述	64bit，显存带宽（GB/s）：8.0

图 5-84　64bit 显存位宽的 440-8X 显卡

翔升 爵豹M440-8X VIVO 主要性能	
显卡芯片	GeForce4 MX440-8X
芯片厂商	nVIDIA
核心频率	275MHz
制造工艺	0.15 微米
散热方式	散热风扇
显存类型	DDR
显存容量(MB)	64
显存描述	128bit，显存带宽(GB/s)：8.0

图 5-85　128bit 显存位宽的 440-8X 显卡

然而，这也给一些利欲熏心的商家提供了机会，他们利用用户不懂显存位宽的概念，大玩数字游戏，将 64bit 显存位宽的显示卡当作 128bit 显存位宽的显卡出售给消费者，以达到牟取不正当利益之目的。另外，进行超大纹理建模渲染还需要有大容量显存和位宽的配合，如，DOOM3 游戏在渲染时数据量高达 100MB 之多，再加上超多的顶点和特效指令流，使其对显存容量有一定要求，至少是 128MB，128bit 位宽。

问 5-20　哪家厂商的显存超频性能出色

答：以笔者多年尝试显示卡超频的体会是，Samsung（三星）、Infineon（英飞凌）最出色，Hynix（现代）、EtronTech 次之，Mosel（茂矽）、WINBOND（华邦）等再次之如图 5-86~图 5-90 所示。至于 Micron、Toshiba、Hitachi、Fujitsu 等品牌，由于中国市场很少（据悉，美国、日本等一些知名存储颗粒生产厂商已全面退出市场），笔者没有机会尝试。另外，即便是同一生产厂家，不同速度，不同批次的产品可超频性能也不尽相同。

以 ATI9100 显卡为例，有些厂商使用的是 4ns 的显存颗粒，而有些厂商使用的是 4.5ns 的显存颗粒，还有些厂商竟然使用的是 5ns 的显存颗粒，显然 4ns 显存颗粒的显示卡超频性能更出色。而采用 4ns 颗粒的显示卡无疑是对于追求性能/价格比的使用者理想的选择。超频涉及的另一个问题是运行稳定性，不同厂商的显存也有一定差别。

对于知名度极低、甚至叫不出名的杂牌产品，与品牌显存相比不仅性能方面相差很多，而且超频稳定性也差得很远。如，同是 9550 显卡，大部分厂商的普通版本基本上使用的是 5ns 的显存颗粒（如图 5-91 所示），有些是 4.5ns 的显存颗粒，除此之外还有 3.6ns 的显存颗粒（如图 5-92 所示），更有一些号称“增强版”、“超频增强版”的显示卡使用是 2.8ns 的显存颗粒（如图 5-93 所示），显然在同等价格下，该卡非常物超所值，对显卡有一定了解的网友都知道，这样的显存大幅提升显卡的超频性能。

需要提醒用户的是，某些显卡只有核心芯片超频潜力很大，而显存颗粒超频性能极为有限，对于采用高端核心芯片和成本较低的显存颗粒的显示卡，笔者兴趣不大，因为这类卡单独超频核心频率的办法实际对性能的提升帮助并不大。

图 5-86 Samsung 显存芯片

图 5-87 Infineon 显存芯片

图 5-88 Hynix 显存芯片

图 5-89 EtronTech 显存芯片

图 5-90 WINBOND 显存芯片

迪兰恒进 镭姬杀手9550 AIW 显存规格	
显存类型	DDR
显存容量(MB)	128
显存位宽	128bit
显存描述	128bit 128MB-DDR
显存速度(ns)	5.0
最高分辨率	2048*1536

图 5-91 5ns 显存速度的 9550 显卡

迪兰恒进 镭姬杀手 9550 黄金版II代 主要性能	
显卡芯片	Radeon 9550
芯片厂商	ATI
核心频率	400MHz
芯片位宽	256 bit
制造工艺	0.13 微米
散热方式	"L"型风扇
显存类型	DDR
显存容量(MB)	128
显存位宽	128bit
显存速度(ns)	3.6

图 5-92 3.6ns 显存速度的 9550 显卡

迪兰恒进 镭姬杀手9550(至尊版II) 主要性能	
显卡芯片	Radeon 9550
芯片厂商	ATI
核心频率	400MHz
芯片位宽	256 bit
制造工艺	0.13 微米
散热方式	散热风扇
显存类型	DDR
显存容量(MB)	128
显存位宽	128bit
显存描述	mBGA封装,显存带宽: 11.2GB/s
显存速度(ns)	2.8

图 5-93 2.8ns 显存速度的 9550 显卡

问 5-21　为何显存带宽会成为 3D 显示卡的“瓶颈”

答：在 2D 图形世界中，显存带宽根本就不会成为制约速度的“瓶颈”。那时，图形芯片的使用频率只要有 25MHz 以上就可以轻而易举的处理各种 2D 数据，也就是说单靠图形芯片就能轻易解决 2D 显示中的速度问题，因此人们的焦点普遍都集中到 CPU 上，很少留意显卡的处理能力是否跟得上。而推进到 3D 图形处理时则发生了戏剧性的变化。图形处理不再只限于 X、Y 轴，而是把 Z 轴也考虑进来了。这主要是为了在物体表面贴上正确的纹理（Texture，一些媒体也称为“材质”）。值得庆幸的是，内存随之得到迅猛发展，带宽指标恰好能满足第一代 3D 显示卡的需要。然而，随着 3D 图形芯片不断更新换代，内存技术却相对停滞不前，因此带宽已成为当今 3D 图形处理中的最大“瓶颈”问题。

问 5-22　何谓显卡的“软”超频

答：现如今超频 CPU，超频内存早已不是什么新鲜事了，这个话题对于超频玩家已是老生常谈了，而超频显示卡则是一个的新话题，这使得很多玩家趋之若鹜。显卡中的图形芯片和 CPU 一样也可以看成是一种微处理器，只不过是专门用于处理 2D、3D 图像的。因此，我们可以人为地提高工作频率，使其性能得到提高。鉴于显卡与 CPU、内存的超频方式不同，因此方法和特点上也有自己的一些规律。总体来讲，是通过“软”超频方法修改显卡的工作频率以及显存的工作频率（各种图形芯片的设计架构不同，有些显示卡的核心频率与显存频率相同，而有些又是不相同的，因此应区别对待），使显卡能在更高的频率下运行。

超级玩家可能都有这样的体会，对于 3D 图形处理来说，8%的加速度都有不小的实际意义，如果能到 10%更是可观。因此超频显卡已成为众多玩家关注的热点。笔者曾尝试使用过多种超频软件，至今印象比较深的有 PowerStrip 等。这里只是抛砖引玉，具体显卡该使用哪个，这需要使用者在实践中亲自体验，总结规律以求达到更理想的超频效果。

问 5-23　显卡超频需要注意哪些事项

答：显卡超频可以使性能提升非常明显，特别是在 3D 游戏中的表现令人振奋。但任何事都是有利有弊，因此笔者特别提醒用户，要注意以下事项：

其一，目前有关显卡超频的风险确实存在，因此切忌贪心，一定要见好就收（一旦游戏中出现死机现象，应立即重新启动电脑并改回较低设置值，如果不能进入 Windows，只需进入安全模式重装显示卡驱动程序即可），否则一旦没有把握好“度”，轻则经常莫名其妙地死机，显示图像发生错误，重则导致图形芯片由于温度过高造成硬件的永久性损坏（这种情况厂商是不会对此后果负责任的），真要是如此追悔莫及。

其二，超频时要一点点往上调，并随时观察显示卡的运行温度，一旦发现情况不妙，一定要立即把核心频率和显存频率降下来，否则后果不堪设想。从理论上讲，任何芯片工作时的温度都是有一定限制的，一般超过 65 度内部就会发生电子迁移现象，长时间工作在过热的环境下无疑会对芯片造成损伤，如果一味追求性能的提升而烧毁图形芯片，那损失可就惨重了。

其三，超频显示卡，性能是上去了，但随之而来是图形芯片的温度急剧升高，这一方面要求超频爱好者要小心谨慎，另一方面要适可而止，同时增强散热功能。

问 5-24 显示卡超频是否有危险性

答：电脑中任何部件的超频使用，都可能存在着一定程度的危险性，CPU、内存是如此，显卡也同样是如此。使用寿命缩短是毫无疑问的，而过于贪心的话，还很可能造成硬件的永久性毁坏。对于这一点，请各位爱好者一定要有思想准备。不要呈一时之勇，以显卡“生命”为代价，来换取所谓的“超频专家”头衔。要知道这种“自杀”式的行为并不是超频爱好者的初衷，更不是最后所希望得到的结果。

5.5 其他方面

问 5-25 一台主机，两台显示器。想用两个鼠标来同时控制这台主机，并且两台显示器显示不同的画面。如何设置才能达到这样的效果

答：的确可以实现两个鼠标同时控制同一台主机，最简单的方法就是并行使用两个鼠标，由于当前大多数主板都提供了 4 个以上的 USB 接口，所以除了原来的鼠标之外，可以再增加一个 USB 口鼠标，或者都使用 USB 鼠标。如果想要实现两个显示器显示不同的内容，可以使用双头显卡来实现这个功能，目前主流显卡都支持双头输出，例如显卡一般都提供一个 D-SUB 接口（又叫 VGA 接口，一般用来接 CRT 显示器）和一个 DVI 接口（新型数字接口，一般高档液晶显示器都会提供这个接口）（如图 5-94 所示），通过这两个接口便可以接上两个显示设备，通过说明书便可以自己设置，比较简单。

需要说明的是，如果用户的显示设备没有 DVI 接口，这时可以通过一个 DVI 转 VGA 接口转换器（如图 5-95、图 5-96 所示）转换一下即可。

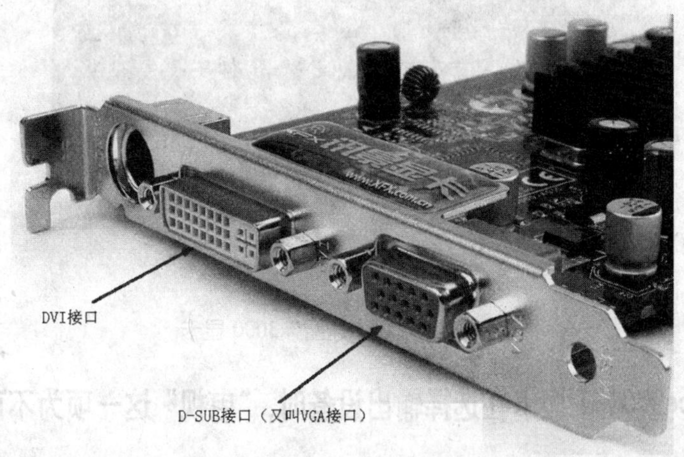

图 5-94 主流显卡接口

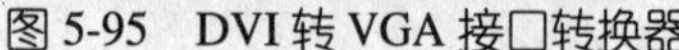

图 5-95 DVI 转 VGA 接口转换器

图 5-96 DVI 转 VGA 接口转换器

问 5–26 电脑总是不时地在 Windows 里出现一些异常的竖线或不规则的小图案，这是什么原因

答：此类故障笔者以前也遇到过，那是许多年前从市场买来的一块二手的双敏 GeForce2 MX200 显卡（如图 5-97 所示），当故障出现的时候显示器无法正常运行，整个屏幕出现了正如以上所说的不规则条文，重新启动之后有时会解决问题。但如果拖延不及时修理，这种现象会越来越频繁，后来笔者得知这种情况一般是由于显卡的显存出现问题或显卡与主板接触不良造成的，大部分是显存的问题，要是经过专业检测显存没有问题，那就清洁显卡的“金手指”部位。如果是显存的问题，一般较难修理了，只好更换显卡。

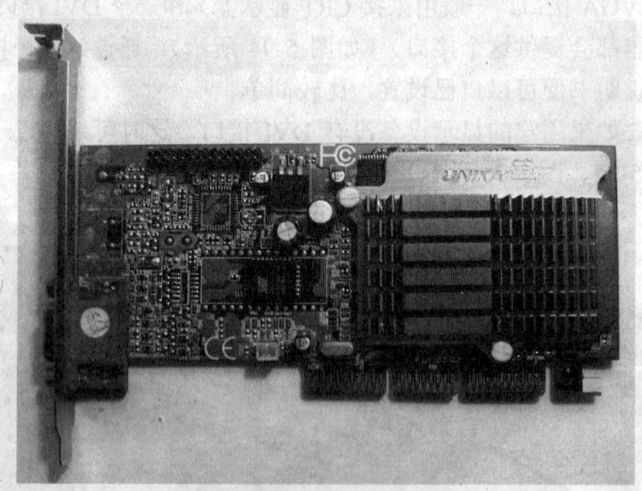

图 5-97 双敏“速配”3000 显卡

问 5–27 GeForce6600GT 显卡在选择输出设备时，“电视”这一项为不可选，是何原因

答：操作系统是 Windows XP，驱动也没错。GeForce 6600GT 显卡（如图 5-98 所示）本身没有问题，其实这是正常现象，要选择此功能一般需要在开机之前就把电视机的电源打

开，并且视频输出线也要事先连接完好才可以。这样的话，当选择“检测屏幕”选项的时候，才会检测到电视机，然后电视机这一项才可以使用。

图 5-98 七彩虹“天行”6600GT 显卡

问 5-28 接通计算机电源的时候显示器无反应，这是显卡的什么原因造成的

答：出现此类故障一般是因为显卡与主板接触不良或主板插槽有问题造成，一般的解决方法就是对其清洁即可。如用橡皮擦清洁显卡“金手指”部分，以及用“吹风机”清除主板上的 PCI-E 或者 AGP 显卡插槽灰尘，通常由于显卡原因造成的开机无显示故障，主机在开机后一般会发出一长两短（针对 AWARD BIOS）（如图 5-99 所示）或者一长八短（针对 AMI BIOS）（如图 5-100 所示）的蜂鸣声。

图 5-99 AWARD BIOS 芯片

图 5-100 AMI BIOS 芯片

问 5-29 电脑启动后，Windows XP 里面出现“花屏”，看不清字迹，是何原因

答：此类故障一般是由于显示器或显卡不支持高分辨率造成的，“花屏”后用户可以切换到安全模式，然后在 Windows 里面进入显示设置，在 16 色状态下选择“应用”，单击“确定”按钮，重新启动电脑，再在 Windows 正常模式下删掉显卡驱动程序重新启动电脑即可予以解决。

当然，也可以不进入安全模式，用启动盘引导到 DOS 下，编辑 system.ini 文件，将 display.drv=pnpdrver 改为 display.drv=vga.drv 存盘退出，再在 Windows 里更新驱动程序即可予以解决。

问 5-30　显卡驱动程序载入，运行一段时间后驱动程序又自动丢失是何原因

答：此类故障一般是由于显卡质量不佳或显卡与主板不兼容，使得显卡温度太高，从而导致运行不稳定或出现死机现象，只有更换显卡予以解决。还有一种比较特殊的现象，在以前能够载入显卡驱动程序，但在显卡驱动程序载入后，进入 Windows 时出现死机现象，对此，用户可以更换别的型号的显卡在载入其驱动程序后，再插入以前的显卡即可予以解决。如若还不能解决此类故障，那就说明注册表（如图 5-101 所示）有问题，对注册表恢复或重新安装操作系统即可。

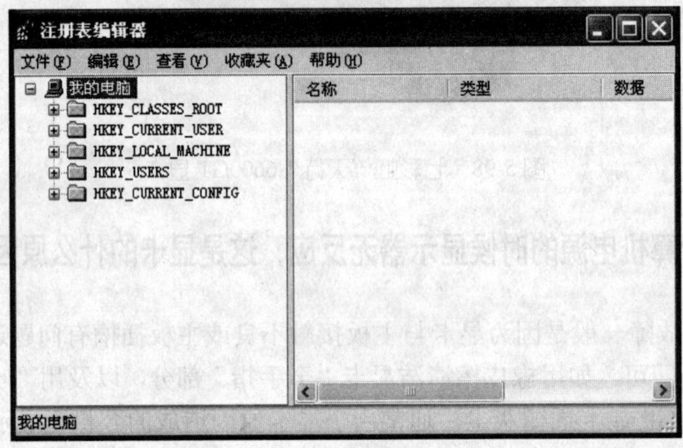

图 5-101　注册表主界面

问 5-31　计算机显示的颜色不正常，是何原因

答：出现显示颜色不正常的故障一般有以下几种原因：

其一，显示卡与显示器信号线接触不良。

其二，显示器自身原因。

其三，在某些软件里面颜色不正常，一般常见于老式机，在 BIOS 里面有一项校验颜色的选项将其开启即可。

其四，显卡损坏。

其五，显示器被磁化，此类现象一般是由于与有磁性的物体距离过近所致，磁化后还可能会引起显示画面偏转的现象。

5.6　接触不良故障排除

问 5-32　搬新家后，电脑进入不了系统是何原因

故障现象：一位用户由于搬家要挪动电脑，到了新家接好线后电脑却怎么也启动不起来了。自检正常，闪过主板 LOGO 后，出现 Windows 启动画面，一切很正常，可是就在快要

进入系统的时候，突然“嘀”的一声重新启动了，重启几次都是这样。

解决过程：初步判断可能是一般性的接线问题，由于用户不太懂电脑，很可能是鼠标和键盘接反导致的。于是检查了一遍电脑接线，没有问题。再把所有电脑连线重新都检查一遍还是不行。启动电脑用安全模式进入系统运行正常，进入 BIOS 里查看 CPU 温度，在正常范围内，可以排除因 CPU 过热导致的重启动。用户没有安装新的硬件，排除电源供电不足导致重启动现象。初步估计引起故障的原因可能有以下 4 个方面：

其一，软件冲突。

其二，显示分辨率或刷新率设置高于额定的值。

其三，显示卡与其他硬件冲突、或驱动程序问题导致。

其四，显示卡故障。

解决方法：进入安全模式，运行 msconfig 命令（如图 5-102、图 5-103 所示），把启动项里不是操作系统所必需的项都去掉，重启后故障依旧，不是软件安装导致的。检查是不是分辨率和刷新率过高，在安全模式下，将监视器删除，重启后故障依旧。检查显示卡。经几次检测和排除都没有找到原因。

用户解释搬家前电脑没有问题，搬家时也就是挪动了下电脑。于是笔者想到会不会因为拆装电脑时显卡松动后接触不良而引起故障呢？打开机箱，将显卡重新插好，安装好显卡驱动，重新启动，运行正常，到此故障排除，原来故障是显卡接触不良所导致的。

故障点评：以上显卡接触不良导致电脑不能进入系统故障，现象有点类似显卡故障的症状，如果不从细小问题入手，还真难一时半会解决，甚至会怀疑是硬件故障，而大费周折。

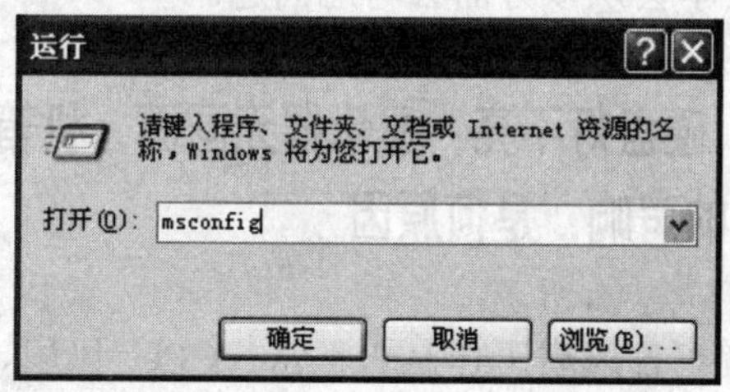

图 5-102　运行 msconfig 命令

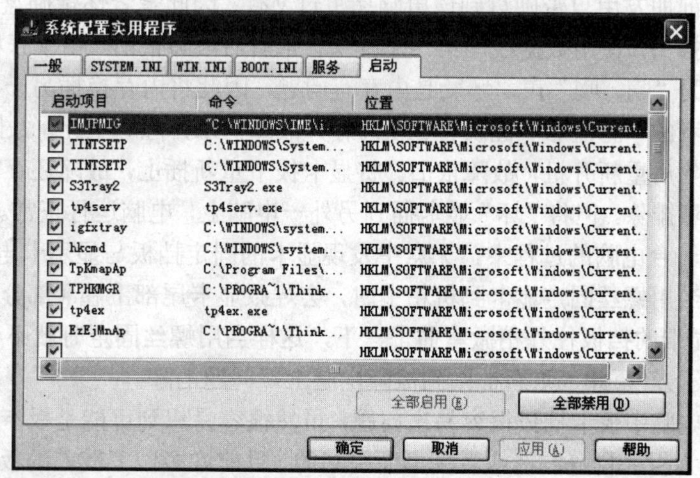

图 5-103　msconfig 命令界面

问 5-33 最近电脑进入 Windows 开机画面时便“死机”，重新启动后屏幕变成全黑，是何原因

故障现象：一台电脑最近每当进入 Windows 开机画面时便死机，重新启动后屏幕变成全黑，但主板并没有给出任何错误提示声音，此时的电源指示灯正常，硬盘指示灯正常，显示器的电源灯也正常。

解决过程：拆开机箱进行检查，CPU 风扇运转正常，电源风扇运转也正常，用刷子将内存、显卡的“金手指”和插槽部位的尘土清理干净，再检查显卡与显示器连接插头也没有断针现象，确认一切正常后开机，问题仍然没有解决。采用排除法依次替换内存、显示卡、显示器等，经过排除法确认，在替换显示卡时电脑恢复正常。将这块杂牌显卡安装到另一台电脑上也没有出现任何问题，此时的问题只剩下主板插槽与显卡连接部分，将显示卡装回到故障电脑后发现此显卡不能完全装入，“金手指”居然有部分裸露在外面，反复试了几次都不行，随着进一步观察才发现，原来这块显卡与机箱固定的金属档板过长，过长的部分卡在机箱边上，所以后面的“金手指”部分就不能完全插入，于是找来钢锯条将金属档板过长的部分锯掉，重新安装好后，一切正常。

故障点评：显然出现此问题的主要原因是这块杂牌显卡，由于设计和做工的不规范导致出现了这样的问题，虽然能在另一台电脑上使用，但这属于特殊情况。要知道正规厂家的显卡基本上是能够胜任任何机箱的，而杂牌显卡却会挑剔，遇到类似的情况一定要多观察，在常规检查得不到解决时就要学会从多方面去考虑问题。

问 5-34 开机电源灯亮，硬盘灯不亮，显示器无画面，机箱喇叭发出“嘀… 嘀，滴答… 滴答”的声响，是何原因

解决过程：首先笔者观察各风扇工作是否正常，CPU 风扇、显示卡风扇、电源风扇均工作正常，风力强劲，用手摸散热片，只有温温的感觉，说明并非 CPU、显卡过热所致。用户反映在此之前朋友用自带硬盘到该电脑拷贝过文件，因此笔者怀疑硬盘接线有问题，所以换插另一电源插头，使用数据线的第二个插头，重启后故障依旧。由于开机无任何显示画面，且故障声响为“嘀、嘀”声，怀疑是内存有问题，因此将内存换插另一插槽，重启后故障依旧。换上笔者的“海盗船”优质 512M 内存，故障仍未排除。至此，故障原因集中到板卡上，将网卡拔除后重新开机，故障依旧。将显卡拔下重新插上，故障还存在。换了一块显卡重新插上，故障排除。但将“坏”显卡插到另外一电脑上，电脑运行正常。笔者在将“坏”显卡安装到另外一台电脑的过程中，无意中发现显卡的固定挡板与显示卡电路板距离太近，有点变形，以致当用螺丝固定显卡到机箱上时，会导致显卡尾部上翘（部分“金手指”露出插槽）。于是将显卡的挡板往外稍微弯曲了一下，这样当用螺丝固定时就不必使显卡受力了（如图 5-104 所示）。至此，重新插回到故障电脑上，问题消除。

故障点评：电脑中板卡插拔很容易出问题，虽然很容易想到可能是板卡未插牢，但是往往想不到这是因为板卡自身制造或者变形而引起的。目前许多做工较差的板卡，由于做工问题，使其与机箱或主板配合并不十分贴切。像本例中就是显卡的固定挡板与电路板距离太近，

以至于当拧上螺丝时，使显卡尾部受一个向外拉的力，久而久之或在机箱由于搬动而引起的振动过程中，显卡的“金手指”就会脱出插槽，从而造成接触不良，引起故障。

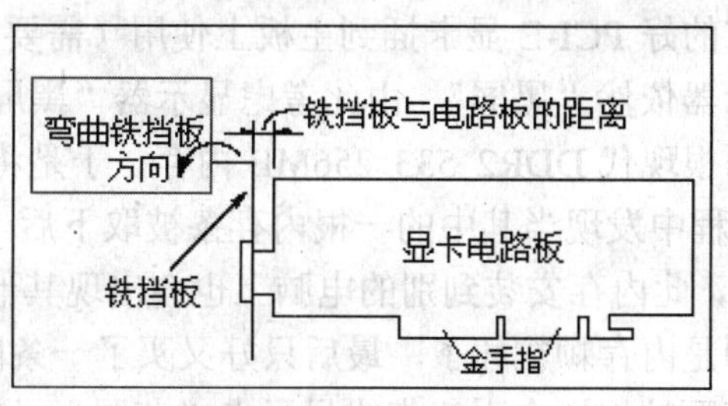

图 5-104　故障示意图

问 5-35　显示器随机性的出现“黑屏”是何原因

故障现象：一台品牌机显示器经常出现“黑屏”，有时故障发生在开机之时，有时发生在开机以后，但也偶尔长时间没事，故障完全是随机性发作。

解决过程：检测的时候故障没有发生，电脑完全正常，试着打开一个游戏，还没有完全进入游戏界面显示器就突然黑屏了。按下 NumLock 键，键盘上的指示灯没有变化，可见是死机了。打开机箱，刚把侧板摘了下来，内部的灰尘就扑面而来。故障可能是灰尘太多所导致的，清理后开机，显示器不亮。接着拔下硬盘、换内存插槽、把电源拆开清理，还是不行。用示波器量了一下电源输出电压，20 个管脚的数值都没有错误，电源没有问题。替换了 CPU、内存也没用。再看显卡，由于这是一台品牌机，此电脑在出厂的时候显卡与主板之间还粘有一条胶带，用来固定显卡防止松动，在用手触摸显卡时有松动的迹象，往下用力一按，居然感觉到显卡向下移动。将一切连接好后启动电脑，显示器亮了，一切运行正常，至此故障便排除。

故障点评：这种情况比较少见，但也好理解。那条不干胶的目的确实起固定的作用，品牌机考虑到搬运过程中会有较大震动，为了保险起见要增加特殊的固定方式，而且也能充当质保证明。但由于时间较长，塑料材质的不干胶老化，固定作用也就没了，但这时显卡如果出现松动或接触不良，即使我们打开机箱也不会考虑到是显卡的问题，容易被不干胶迷惑。

5.7　冲突与电压方面

问 5-36　电脑使用的是集成显示芯片的 945G 主板，最近显示器经常出现“花屏”现象，是何原因

故障现象：一台电脑使用的是集成了显示芯片的 945G（如图 5-105 所示）主板，这几天电脑在安装或退出正在运行的程序时显示器经常出现“花屏”现象。

解决过程：显示器出现“花屏”现象多半是由于显卡接触不良或是显卡显存损坏而引起的。当然还有一种可能就是连接显卡接口的显示器连接线出现断针。由于 945G 主板集成了

INTEL GMA950 图像加速卡（如图 5-106 所示），又无集成显存，因此显卡接触不良的可能性根本不存在。经过检查后发现显示器连线也很正常。由于该主板有一条 PCI Express X16 插槽，于是找来一块独立的好 PCI-E 显卡插到主板上使用（需要 BIOS 中更改使用顺序），发现开机一段时间后显示器依然“黑屏”。由此考虑显示器“黑屏”多半是由于内存损坏引起。再看该电脑使用了两根现代 DDR2 533 256MB 内存，于是将独立显卡取下后还用集成显示卡做测试，在测试过程中发现当其中的一根内存条被取下后，无论运行多长时间的程序都不再出现“花屏”问题，此内存安装到别的电脑上也会出现其他方面的故障，甚至不能开机，内存报错，经过检测是内存颗粒坏了，最后只好又买了一条同样的。

故障点评：为何内存颗粒损坏会引起集成显示卡“花屏”，通过查看资料后才知道：整合主板通常都是在芯片组的北桥芯片内部集成显示引擎，共享一部分物理内存来充当显存。大多主板采用的是动态显存分配技术，即系统将会根据需要动态地调用物理内存作为显存使用。集成显卡“花屏”的真正原因，实际上也就是被调用做显存的那部分内存损坏后所导致的。

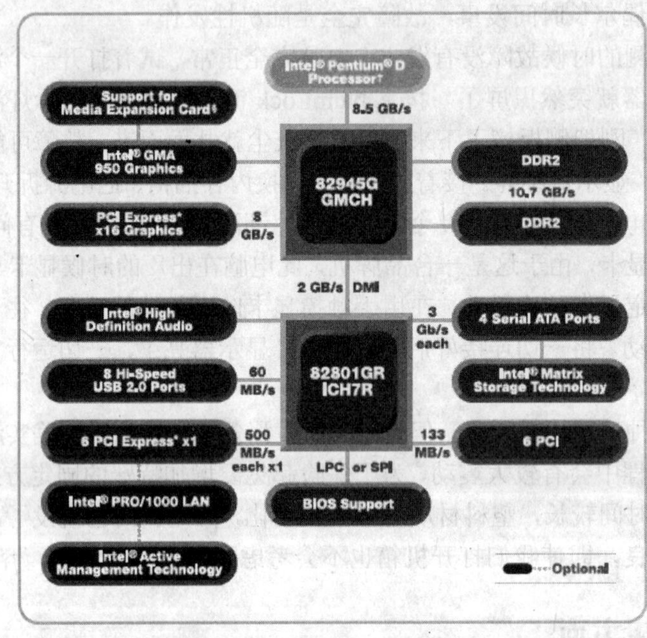

图 5-105　945G 芯片组结构

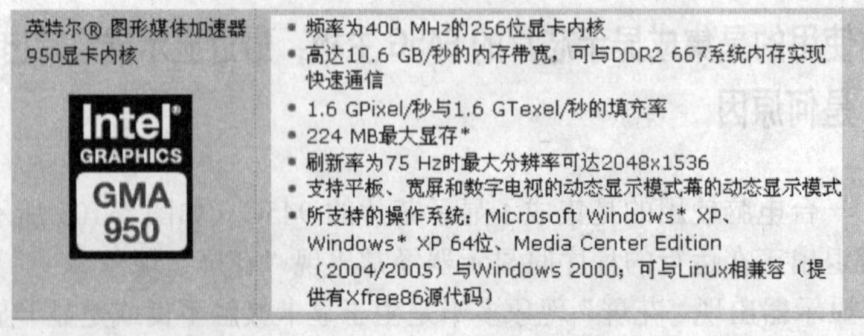

图 5-106　GMA950 显示芯片规格

问 5-37　新组装的电脑，在软件安装到一半时系统提示：“I/O 接口错误，请检查光盘”，是何原因

故障现象：一位 AMD 爱好者在 AMD 推出 AM2 接口的 CPU 之后配了一台电脑，大概配置是：AM2 接口的 Athlon64 3000+处理器、微星 K9V Neo-V（VIA　K8T890）主板、两条 512MB DDR2 667 金士顿内存、三星 160GB 硬盘、七彩虹 7300GT DDR3 版显卡（如图 5-107 所示）。回家自行安装好之后开始安装 Windows XP 系统，开始一切都非常顺利，为了使电脑稳定运行，又安装了最新的 VIA 芯片补丁程序、NVIDIA 显卡驱动程序（下载最新的，没有用随光盘附带的老版本）及最新的 DirectX 9.0C 驱动程序，安装完驱动程序后，为了检查电脑的稳定性，开始安装一些常用软件和游戏。就在此时问题出现了，在安装《金山词霸》的时候，每次安装到一半系统就弹出一个对话框：“I/O 接口错误，请检查光盘”。开始怀疑是 DVD 光驱的问题，换上原来的明基 52X CD-ROM 故障现象依旧，有些软件能够顺利地安装上去，但大多数软件在安装时却仍然出现这一现象。

解决过程：打开机箱观察，主板和显卡做工都不错，配件的质量应该没有问题，而 AM2 接口的 Athlon64 3000+ 处理器上市不久，出现假货的可能性也非常小，怀疑是操作系统安装有问题，于是重新格式化硬盘，换了一张 XP 系统安装盘再一次安装系统。和第一次一样，系统安装非常顺利。接下来就是安装驱动程序，再装应用软件，但到此时，又出现了提示 I/O 接口错误的对话框。确定跳过，继续安装其他的软件，同样是有的软件能安装而大多数软件则不能安装进去。无奈之余顺手打开了安装上去的 Windows 优化大师，在运行 3D 帧数测试的时候，系统报告没有使用硬件加速而仅仅使用了软件仿真运算，这就说明虽然系统认出了显卡，但其驱动程序并没有被正确安装，导致一些相关接口不能正确进行通讯，使得系统总线出现了问题。想到这里，立刻拿出了自己原先的 VIA 补丁程序、和随光盘附带的老版本的显卡驱动程序，逐个重新安装了一遍，果然，在这之后，安装应用软件时不再提示 I/O 接口错误。

故障点评：总结故障原因不难发现，有些主板和显卡的驱动程序由于刚刚推出，其稳定性和兼容性还有待加强。一味追求由新驱动带来的性能上的一点点提升而放弃稳定性，有时是得不偿失的。

图 5-107　七彩虹 7300GT DDR3 版显卡

问 5-38 玩大型游戏时，显示画面被卡住，有时屏幕很长一段时间无法显示图像，甚至死机，是何原因

故障现象：一台电脑，具体配置为 Pentium4 2.8G 处理器、512MB 内存、120GB+40GB 硬盘、杂牌 865PE 主板，该电脑使用的显示卡为铭瑄 X800GTO AGP 类型的显卡（如图 5-108 所示）。最近使用这台电脑玩一些大型游戏程序时，常常会出现显示画面容易卡住现象，有的时候显示屏幕很长一段时间无法显示出图像来，甚至能发生死机现象。

解决过程：玩游戏时造成屏幕画面容易卡住现象的原因有多种，但最容易造成这种故障现象的因素主要有电脑电源无法给显卡提供足够的运行动力，或者主板无法为显卡提供合适功率的电压大小，也有可能是显卡的驱动程序无法很好地兼容显卡造成的。所以为了解决玩游戏时屏幕容易卡住的现象，先分别检查一下电脑主板和电源，看看究竟是什么地方遇到了问题。重新启动电脑系统，进入系统的 BIOS 参数设置界面，尝试将主板的显卡供电电压适当提高一些（注意：在调整显卡的供电电压时，其调整幅度不能大于 0.1V，不然的话可能会造成烧毁显卡的故障）。找到 AGP 插槽供电选项，将电压值跳高 0.1V，开机继续游戏，结果故障依旧，看来不是主板电压的问题，接着检查电源，打开机箱侧面板，看到电源的商标和参数描述，这是某个杂牌的 250W 电源，由于该电脑的各个部件功率都比较大，接有两块硬盘，问题肯定出在电源上，换上 300W 的大功率电源之后，故障排除。

故障点评：由于此电脑的显卡与 CPU 都属于功率消耗比较大的配件，一旦电脑系统中运行了大型游戏程序，CPU 将会以全速状态进行运行；倘若电脑主板的供电部分做得比较粗糙，偷工减料，那 AGP 显示卡往往很难从主板中获得足够大的电源功率，这样就有可能发生屏幕卡住或花屏的现象，严重的话能导致电脑系统发生死机。同样，当电脑电源功率不足的话，也容易出现上面的现象，一些老电脑进行升级，一般都会保留原来的机箱和电源，新增加的配件相比以前肯定在功率上都有所提高，当功耗达到一定程度的话，就会出现“小马拉大车”的情况，正像本例这样，其实这样的情况是很多的，希望读者朋友在遇到此类现象的时候，能够首先想到这点，对排除故障来说会帮助有很大。

图 5-108 铭瑄 X800GTO AGP 版显卡

问 5-39　老电脑配置了新显卡后，在玩游戏的过程中画面不动，是何原因

故障现象：电脑配置：Barton 核心的 Athlon XP 2500+处理器、金士顿 512MB DDR333 内存、迈拓 80GB 7200rpm 硬盘、EPOX 磐正 8RDA3G 主板（使用 nForce2-U400 芯片组）、机箱电源采用的是长城 300W，为了玩一些新出的游戏，买了一块蓝宝石 X1600PRO AGP 版的显卡（如图 5-109 所示），刚开始电脑一直正常，但最近在玩游戏的过程中总会出现画面不动的情况。

解决过程：由于夏天气候炎热，首先检查 CPU 温度是否过高，系统报告温度为 48℃，这个温度对于 Athlon XP 2500+来说并不高，但还是把 CPU 电压降到了 1.55V 继续“拷机”，结果又出现死机，系统显示 CPU 温度 45℃，用手摸摸内存条并不热，怀疑是电压低导致内存不稳定，于是又给内存条加了 0.1V 的电压，但是，情况依旧。试着换硬盘、内存条、降低 CPU 频率后，问题依然没有解决。仔细思考回忆故障现象都是开机后一会儿才死机，而且死机的时候大都在运行 3D 软件或游戏等，怀疑是显示卡的问题。于是将原来的老显卡换上后，结果任何问题都没有，看来罪魁祸首就是新买的显卡。难道是显卡功耗较以前提高，导致电压不足的情况？想到这儿装上新显卡，开机进入 BIOS，把 AGP 插槽电压由默认值 1.5V 改成 1.7V，之后再也没有出现死机，问题解决。

故障点评：对于现在的大功耗显卡来说，原来的 AGP 插槽供电稍显不足，为了防止瞬时电压值太低，可以试着给老主板的 AGP 插槽加少许电压，但是也不能太高，免得烧坏了显示卡。总之，慢慢摸索一个适合自己显示卡的电压值，这样有助于显卡乃至系统的稳定运行。

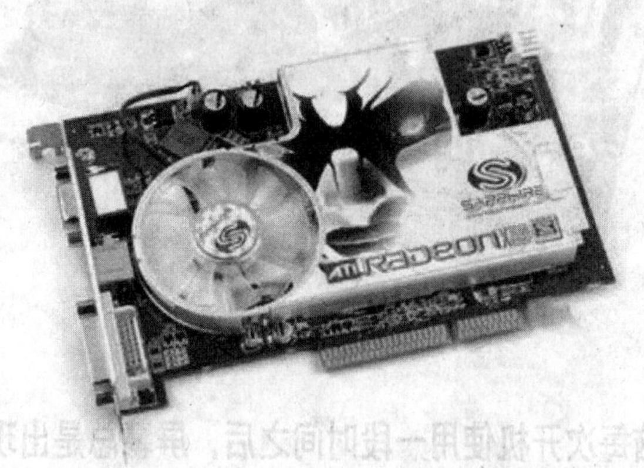

图 5-109　蓝宝石 X1600PRO AGP 版的显卡

5.8 其他方面

问 5-40　将新买的 7300GT 显卡插到主板上的 PCI-E 16X 插槽后，重新启动电脑时，出现显示屏幕没有输出信号，如何解决

故障现象：前段时间攒了一台电脑，由于资金不充裕，主板选购的是集成了显示芯片的昂达 RC410T 主板（集成 ATi Radeon X300 图形核心）（如图 5-110 所示），由于该主板预留

了一条 PCI-E 16X 插槽，就一直惦记着买一块独立显卡好运行一些大的 3D 游戏，并完成升级显卡的愿望。不过，在将新买的 7300GT 显卡插入到主板上的 PCI-E 16X 插槽后，重新启动电脑系统时，出现显示屏幕没有输出信号。

解决过程：从故障现象就可以大致判断出，这位用户并不是特别熟悉电脑，其实这种故障是由系统的 BIOS 参数设置不当造成的，解决方法是重新启动电脑，在启动过程中按 DEL 键进入到系统的 BIOS 参数设置页面，然后从中找到 Integrated Peripherals 设置选项，检查该选项下的 PCI-E VGA Selection 参数是否被设置成了 PCI，倘若不是必须及时将它修改过来，最后执行保存操作，将上面的参数设置保存到 BIOS 中，再重新启动电脑，相信问题已经解决。

故障点评：这种故障主要就是因为对电脑应用方面的知识欠缺造成的，当然也有一种可能就是粗心大意，安装了新买的显卡比较激动，忘记了这么一个小小的步骤，可是如果在 BIOS 设置以后还是没有信号的话，就要对显卡产生质疑了，最好的方式就是换到另外一台电脑测试。

图 5-110　昂达 RC410T 主板

问 5-41　最近旧电脑每次开机使用一段时间之后，屏幕总是出现不停抖动现象，是何原因

故障现象：一台使用了三年多的电脑，最近在每次开机使用一段时间之后，屏幕总是出现不停抖动现象。

解决过程：首先将显示器的电源接通，然后打开主机电源进行系统启动，在系统启动的过程中显示屏幕工作很正常。但是系统启动完毕后没有多长时间，屏幕上显示的内容就开始抖动了，而且抖动现象比较严重，几分钟后抖动现象又突然消失。屏幕的抖动现象很有可能是系统的显示参数没有设置得当造成的，例如一旦刷新频率设置得太低的话，屏幕也有可能出现抖动现象，但经查看发现，当前显示器的刷新频率已经被设置为“85”，很明显屏幕抖动故障不是由刷新频率太低造成。于是考虑到显示器很容易受到强电场或强磁场的干扰，特

意将电脑搬到一张四周都空荡荡的桌子上，然后进行开机测试，可是屏幕抖动的现象仍然存在。会不会是显卡自身质量有问题，或者显示卡与主板没有接触好呢，打开机箱，首先看到的该显卡是一块杂牌产品，将显示卡从插槽中拔出来后，显卡上覆盖了一层厚厚的灰尘，用手将显卡“金手指”处的灰尘抹干净后，看到“金手指”表面的金属色泽已经非常黯淡，很明显显卡的“金手指”已经被严重氧化。为此，迅速找来柔软的细毛刷，轻轻将显卡表面的灰尘全部清除干净，之后又用干净的橡皮把“金手指”表面的氧化层擦拭了一下，同时把机箱主板上的一些灰尘清理了一下。清理操作完毕之后，将显示卡重新紧密地插入到主板插槽中，然后用螺钉将它牢固地固定在机箱外壳上，进行开机测试。

这次，系统启动成功之后屏幕并没有发生抖动现象，半小时之后显示屏幕仍然正常，为防意外发生，显示屏幕继续开机测试了几个小时，最终证明显示屏幕抖动的故障彻底被排除。

故障点评：在该故障的排查过程中，多走了一些弯路，主要是开始只盯住发生故障的位置，认为该位置就是故障的根源，其实如果看问题能够从多角度出发的话，就能避免少走许多弯路。该故障同时也启发了笔者，一定要养成定期清洁、维护电脑的好习惯，只有让电脑工作在良好的环境中，才能保证电脑常用常新。

5.9 BIOS刷新相关方面

问5-42 显示卡中BIOS有何作用

答：BIOS是Basic Input Output System之缩写，可翻译为“基本输入输出系统”。目前在主板和显卡中都有专用的BIOS模块。BIOS实际上是将一组特别设计的程序固化在主板和显卡所带的一个专用内存（只读存储器：ROM）中，作用是为电脑提供最初级（底层）的硬件控制。对于主板而言，主要存放的有自动诊断测试程序、系统自举装入程序、系统设置程序、主要I/O设备的驱动程序及中断（Interrupt）服务程序等。对于显卡而言，主要存放硬件控制程序和有关讯息。启动电脑后第一个出现在显示器上的就是显卡BIOS信息提示，显卡BIOS中的数据资料被映射到内存里并控制整个显卡的工作，只有当显卡正常工作后显示器才能显示其他内容。

问5-43 显示卡的BIOS如何分类

答：显示卡的BIOS是存放在只读存储器（ROM）里的，由于所选用的ROM类型各不相同，并非所有的ROM都可由软件擦写，因此显示卡的BIOS并非都能通过软件进行升级。所以在升级之前，应掌握BIOS的类型。目前显示卡中的BIOS主要分为4类：

其一，EEPROM（可电擦写可编程只读存储器）。因为是真正能用软件自由刷新的BIOS，所以又称为Flash EPROM。这种内存可以方便地进行擦写，只需要一个专用软件。操作过程数秒钟就能完成升级工作。名牌厂商以及高档显示卡都采用的是这种方式存储BIOS（如图5-111~图5-116所示），同时也提供专用的软件来写入显示卡BIOS。

图 5-111 SST EEPROM

图 5-112 ATMEL EEPROM

图 5-113 PMC EEPROM

图 5-114 Winbond EEPROM

图 5-115 Winbond EEPROM

图 5-116 EEPROM

其二，EPROM（erasable programmable read-only：可擦写可编程序只读存储器）。虽然也是"可擦写"，但这种擦写工作一定要在专用工具（编程器）上才能完成。这种显示卡的 BIOS 如果要升级通常必须回厂，对于一般普通使用者不大方便（如图 5-117 所示）。

图 5-117 EPROM 芯片

其三，TSRBIOS。TSR 是 terminate and stay resident 的缩写。严格地说，它应该算是一种特殊的 BIOS（一种内存驻留程序 BIOS），其特点是不需要可编程序写入就能随心所欲进行升级，而且无任何危险。升级时不需要修改原有的硬件 BIOS，而是在系统启动后运行一个 TSR 程序把新的 BIOS 驻留在主内存中以取代原来的 BIOS。使用这种程序非常简单，只要在 Autoexec.bat 里加上一条命令就可以了。不需要时把这条命令去掉并重新启动就马上还原。TSRBIOS 美中不足是不能兼容 Windows NT 和 Windows 2000。

其四，PROM（可编程序只读存储器），早期的显示卡普遍采用这种方式，其缺点是不可重新写入任何内容。

问 5-44　为什么要升级 BIOS

答：显示卡 BIOS 的升级实际上是更新固化程序的版本。不断的更新程序版本，有助于解决或是用其他方法来弥补硬件设计上存在的一些漏洞，从而提高显示卡运行的稳定性和兼容性。在 Windows 操作系统中，显示卡性能发挥很大程度上决定因素在于驱动程序是否完善，如果当前没有更高版本的显示驱动程序，则没有必要升级显示卡的 BIOS。升级 BIOS 常遇到的问题是一些显示卡在 Windows 2000 或者 Windows XP 系统无法正常启动。笔者分析结论是，这两个操作系统都采用的是 32 位 GDI（Windows 98 为 16 位），工作方式有很大区别，因此无法正常启动，解决这一问题的办法还是升级 BIOS。

问 5-45　BIOS 升级时需要注意哪些问题

答：依笔者的经验总结 BIOS 升级时需要注意以下几点：

其一，如果使用的是 EEPROM，就需要准备自己专用的 BIOS 刷新软件才能够成功完成 BIOS 升级。同时要认真阅读一下相关的 BIOS 升级说明。不同的显示卡 BIOS 升级都配有自己相关说明。

其二，要做好升级失败的必要准备，也就是补救工作的考虑一定要充分。

其三，显示卡 BIOS 可编程序写入过程中显示器会出现画面混乱并随之有高速抖动，而且会持续 10 秒左右，这时千万不要惊慌失措，更不能擅自重新启动系统，否则将前功尽弃。改变 BIOS 导致画面有瞬时的混乱很正常。

其四，可编程序显示卡 BIOS 升级工作必须在 DOS 实模式下进行。如 WindowsXP 操作系统必须改用 DOS 启动光盘（或软盘）启动系统后再进行。

问 5-46　BIOS 升级失败后有何补救措施

答：一旦显示卡的 BIOS 升级失败后果比较严重。最主要的问题是显示卡无法正常工作造成显示器无法显示任何讯息，这样电脑就不可能再进行任何操作。当然，这只是对一般使用者而言，如果是高级玩家还是有机会对显示卡 BIOS 实施复原的。笔者经验，比较常用的解决方法是用另一张显示卡启动，然后再把出错的显示卡 BIOS 改回来。如，一张 AGP 接口的显示卡升级 BIOS 失败后，可以借用另一张早期生产的 PCI 显示卡启动并修复。操作步骤如下：

STEP 1　先将 BIOS 刷新错误的 AGP 显示卡从 AGP 插槽中拔出，然后将一张 PCI 显示卡插在 PCI 插槽中连接好显示器后开机。注意此时一定要将 AGP 显示卡取下，否则因为 AGP

显示卡的优先级高，这样 PCI 显示卡是不工作的。

STEP 2 开机后进入主板的 COMS 设置菜单，选择 PCI/Plug and Play Setup 一项，在子菜单中将 Primary Display Card 从原来的 AGP 改为 PCI。这样主显示卡就被改为 PCI 显示卡了，改完后关机。

STEP 3 再将 AGP 显示卡插回到 AGP 插槽上，此时显示器仍然要连在 PCI 显示卡上，因为此时 AGP 显示卡并未恢复正常工作。

STEP 4 再次开机，直接进入 DOS 操作状态，再运行一次显示卡 BIOS 刷新程序。

STEP 5 最后把显示卡更改为没有问题的 BIOS 就可以了。

问 5-47　可编程序写入的显示卡 BIOS 升级前应注意哪些问题

答：对这类显示卡 BIOS 升级因为有一定的风险，所以操作前一定要做好相应的准备工作以防万一，具体说应做好以下几点：

其一，要了解生产厂商及产品的型号。不同厂商生产的显示卡使用的 BIOS 一般都不尽相同，如果阴差阳错弄混了其他厂商的 BIOS 很可能造成意想不到的后果。即使是同一厂商的显示卡也有不同型号，他们所使用的 BIOS 也不同，一般不能通用。但是如果能通用，相同显示芯片的普通显示卡就可写入名牌厂商的 BIOS，这样可以一定程度的提高显示卡的性能。

其二，要了解所使用的图形芯片和显存颗粒的型号。不同类型的图形芯片所使用的显示卡 BIOS 是绝对不可能通用的。有些显示卡因使用的显存不同 BIOS 也有很大区别。

其三，要了解所使用的显示卡是否有某些特殊功能，如 TV 输出等都需要特殊的 BIOS 支持才能正常工作。用错了 BIOS 这些附加功能很可能就不能用了。

其四，要了解想要升级的 BIOS 是否比现在使用的版本高。版本越高，表明程序越新，自身存在的漏洞相对越少。

其五，升级 BIOS 程序时新版本来源也很重要，最好是从厂商提供的网站或是著名的硬件驱动程序网站下载，这样不仅能保证时效性，而且也能保证可靠性。

问 5-48　可否对显卡 BIOS 升级操作举例说明

答：显卡 BIOS 升级具体操作步骤为：

STEP 1 刷新 NVIDIA 显示芯片的显卡 BIOS：

（1）确认 ROM 芯片是否支持刷新，通过启动盘进入到纯 DOS 环境下，在命令提示符后输入“nvFlash -c”，测试显卡 BIOS 所使用的 ROM 类型。如果刷新程序支持显卡的 ROM 芯片，则会列出该芯片的详细信息，反之则出现错误提示。

（2）备份当前 BIOS，备份 BIOS 的参数是“b”，其命令格式是“nvflash　- b <filename>”，即备份显卡 BIOS，并存为“filename”文件。此外，备份 BIOS 的工作还可以事先在 Windows 下完成，即通过 NVIDIA BIOS Editor 这个软件进行备份。

（3）刷新 BIOS 过程，完成备份工作以后，再输入“nvflash - f <filename>”即可将新的 BIOS 写到 ROM 芯片中。刷新过程中，屏幕会有所抖动，并变黑，持续时间在 10 秒左右。

如果再次回到 DOS 界面，那么刷新成功了（如图 5-118 所示）。要特别注意的是，刷新过程中千万不能断电或者中断，以免刷新失败。

```
Version 04.46
Chip name=GeForce2 MX/MX 400, Vendor ID=10DE, Device ID=0110
Opened gf2mxbt.rom successfully.
Checking for supported EEPROM...
EEPROM man.ID,devcode (1F,04) : Atmel 49F001T 5.0V 128Kx8, byte
ROM file and chip PCI Vendor, Device ID's match.
ROM file and chip PCI Subsystem ID's match.
EEPROM does not contain board ID, skipping board ID check.
Display may go *BLANK* on and off for up to 10 seconds during access to
the EEPROM depending on your display adapter and output device.
....
Software EEPROM erase finished.
Writing Flash with file gf2mxbt.rom.
.......................
Flash update successful.
Comparing entire ROM.
Compared EEPROM with gf2mxbt.rom successfully, no mismatches.
Getting ROM version and ~CRC32.
Image Size            : 47104 bytes
Version               : 03.11.00.08.00
~CRC32                : 7D14F868
Subsystem Vendor ID   : 1569
Subsystem ID          : 0110

C:\BIOS>_
```

图 5-118　刷新成功图示

STEP 2 刷新 ATI 显示芯片的显卡 BIOS：

（1）先备份当前显卡的 BIOS，启动电脑进入纯 DOS 环境，并进入 C 盘下的 BIOS 文件夹。在命令提示符下输入“Flashrom.exe 空格 - s 空格 0 空格 backup.rom”，按 Enter 键之后，便可将当前显卡的 BIOS 信息备份到 BIOS 文件夹中，并命名为“backup.rom”。注意，此处的 0 为数字 0。

（2）在命令提示符下输入“Flashrom - p 0 newbios.rom”（“newbios.rom”为升级的 BIOS 文件名），按 Enter 键之后，程序便会将新 BIOS 写入当前显卡的 BIOS 芯片之中。等待数秒之后，如果发现没有出现错误信息则可以重新启动电脑（如图 5-119 所示）。

```
A:\>C:

C:\>cd BIOS

C:\BIOS>flashrom -p 0 newbios.sam

Serial ROM
BIOS DeviceID = 0x4153
ASIC DeviceID = 0x4153
Flash type = ST M25P05/c
65536 of 65536 bytes verified.

C:\>cd BIOS
```

图 5-119　刷新成功提示

第 6 章　显示器的使用技巧与故障排除

显示器是电脑不可或缺的一部分，一直以来显示器的发展比较迅速，无论是在可视面积，显示技术，显示类型等方面都有了一个长足的进展，目前 LCD（液晶显示器）基本上已经取代了使用多年的 CRT 显示器，尤其是大尺寸，宽屏的 LCD 更成了市场的新宠，暂不讨论 CRT 与 LCD 的优良可差，只要存在就证明有需要。本章就以 CRT 与 LCD 两种类型的显示器来划分，从鉴别、维护、设置等多方面来介绍这两种显示器的使用技巧与故障排除。

6.1　CRT 显示器的鉴别与选购

问 6-1　如何计算显示面积

答：显示面积指的是屏幕上可显示图像的可视面积（有些媒体也称为有效区域），通常以水平尺寸×垂直尺寸来计算，单位用毫米。有时也用有效显示区域的对角线长度来表示，单位用英寸（1 英寸=25.4mm）。如 17 英寸显像管的显示面积（如图 6-1 所示）通常为 320×240mm（15.7 英寸），19 英寸显像管的显示面积（如图 6-2 所示）通常为 360×270mm（17.7 英寸）。当然这是下限标准。目前市场的大多数产品的显示面积普遍都高于这个下限标准。

需要说明的是，CRT（阴极射线管）和 LCD（液晶显示器）在有效显示区域的计算方式上应有所差别。

图 6-1　三星 795MB CRT 显示器

图 6-2　三星 997MB CRT 显示器

问 6-2　如何计算带宽指标

答：带宽（如图 6-3 所示）的计算公式是：理论带宽=水平分辨率×垂直分辨率×最大刷新率（该分辨率模式下）。如，要显示 1280×1024 分辨率下 60Hz 的刷新率的画面，理论

上就需要有 1280×1024×60=78.6MHz 的带宽。但由于电子束扫描时的非线性作用，实际能用于显示的部分只是扫描线中间的一段，即使每行扫描的点数及扫描的行数大于 1280×1024，最终也只是选中间那部分线性较好的部分，这就形成了“过扫描系数”，这个系数一般为 0.7~0.73（不是恒定的），这样实际带宽的计算公式应该为：78.6/0.72 = 109.2MHz。显然，在 1280×1024×60 分辨率下，带宽应达到 110MHz。带宽作为显示器的重要指标之一，该数值越高当然越好。

三星 997■B+ 主要参数	
显示屏尺寸	19
可视尺寸	352 x 264 mm
点距	0.2mm
水平扫描	30 ~ 96 kHz
垂直扫描	50 ~ 160 Hz
最高分辨率	1920*1440@64HZ
推荐分辨率	1280*1024@85Hz、1600*1200@75Hz
带宽	250MHz
输入信号	RGB 模拟
输入信号连接/接口	15pin D-Sub+BNC
消耗功率	100W
外形尺寸	445 x 457.5 x 416 mm
产品重量	18.2kg
安规认证	TCO'03
随机附件	驱动，手册，Highlight Zone III™，MagicTune™，Natural Color Pro™
其他性能	Windows 2000/ME/XP/XP x64

图 6-3　带宽参数

问 6-3　如何对显示器亮度、对比度及颜色等指标直观判断

答：不论厂商所标榜的性能指标多高，采用技术多先进，亲自观察画面才是最重要的。观察显示器时，把显示器的亮度调到刚好看不见光栅状态，然后仔细观察白色是否能像雪一样白、黑色是否像墨一样黑；注意鉴别显示器的清晰度、色彩的鲜艳程度、明暗过渡是否均匀，是否有层次；图像中不同物体的边缘是否锐利、细节之处尤其是亮度较低的画面中各个细节是否都能表现出来。对比度较差的显像管和聚焦不良的显像管在对比检测中很容易区分出来。当然，测试最好在较高分辨率下进行，测试过程中应反复对亮度（如图 6-4 所示）、对比度（如图 6-5 所示）、RGB 等参数进行调整，以使结论更为准确。

至于亮度和对比度怎样调整最合适？这没有固定的标准，因为每个人都有各自不同的视觉习惯，所以这两项参数要根据个人的喜好来设定。但是不要把显示器调得太亮，这样不仅对眼睛会造成疲劳，而且由于长时间大电流轰击屏幕会加速荧光粉的老化，最终缩短显像管

的使用寿命。至于对比度，设置不好也同样会对眼睛造成疲劳。

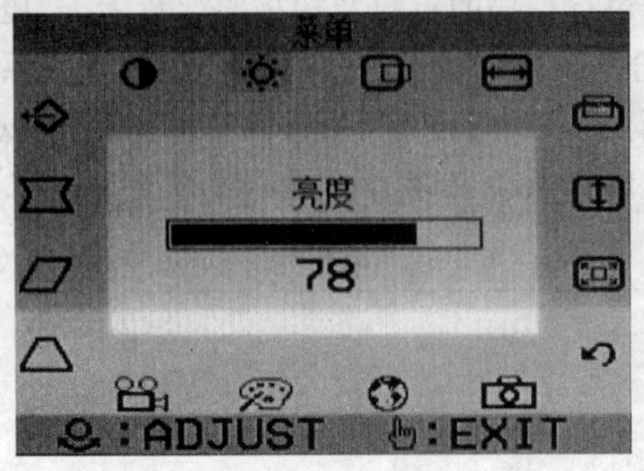

图 6-4　亮度调整菜单

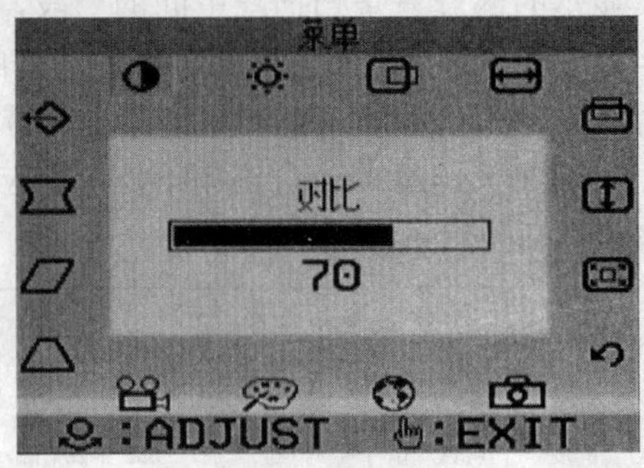

图 6-5　对比度调整菜单

问 6-4　显示器的连接端口有几种

答：目前市场上的显示器与电脑的连接端口主要有 4 种方式：D-sub 端口、DVI 端口（如图 6-6 所示）、BNC 端口、USB 端口。

D-sub 端口是传统的接口，早期最为普遍，但由于不适合专业绘图领域显示器使用，因而它正逐渐被 DVI、BNC 所取而代之。

DVI 端口是新型数字接口，一般高档液晶显示器都提供这个接口。

BNC 端口是将红、绿、蓝三原色与传输信号分开，这样可以避免产生相互干扰，因此适合专业领域使用。

USB（Universal Serial Bus）端口的采用是显示器使用方便性方面最显著的革新，USB 技术虽然不是专为显示器开发的接口标准，但标准化的接口规范、方便的连接功能、对多个设备的支持、真正的即插即用（热拔插），这给包括显示器在内的电脑外部设备提供了极大的方便。

图 6-6　NEC 1560NX 显示器接口

问 6-5　挑选显示器容易忽略哪些问题

答：显示器存在细微缺陷是很常见的，而且这些细微缺陷一般不引人注意，所以在挑选显示器时要特别留心。

常见的问题有：屏幕画面网纹干扰、被磁化后的偏色现象、个别像素点损坏、聚焦失真等。此外，对于无旋转功能的显示器要注意显示画面是否歪斜等。这些问题如不提醒大多容易被忽视。

网纹干扰，应该说还是比较容易发现，一般只要在 Windows 桌面上仔细观察就可以发现，网纹干扰在屏幕的边角更突出一些，所以要特别注意屏幕四角。

偏色现象，可以把屏幕调整为纯白色即可发现问题。个别像素点的损坏，同样把屏幕调整为纯白色，只要用户仔细观察，坏像素点可以一目了然。

聚焦失真，这是最容易被忽视的问题，检查的方法是在全屏幕纯白色背景中显示文档，观察文字是否清晰、锐利，特别是边缘部分的文字。由于技术上的原因，聚焦失真在所难免，所以普通使用者对此项没必要过于苛刻。

对于无旋转功能，显示器如果没有这个功能会导致画面歪斜，这很令人懊恼。检查的方法是把显示画面缩小，使画面的边缘与显示器的边缘有一定距离，然后观察边缘是否平行即可发现问题。

6.2 CRT 显示器的使用

问 6-6　显示器开机时会发出“啧”的一声，这对正常工作是否会有影响

答：显示器在接通电源开关后，其内部的消磁线圈即开始工作以消除周围磁场对显像管的影响，保证显示器不会因磁化导致图像及色彩失真。开机时听到的“啧”的一声是由于消磁电流（比正常工作电流大得多）通过消磁线圈绕组产生的声音。这与变压器在工作时会发出“吱吱”声音有相似之处。不同的是，变压器工作时电流很小且是连续的；显示器消磁电流是瞬间而且强度很大。显示器越高档就越注重消磁线圈的作用。如，一些高端显示器在消磁电路设计中使用了日本松下生产的继电器（由于松下继电器可靠性很高，能承受大电流冲击，因而赢得了很多厂商的青睐），这种继电器在切换工作状态时会产生更大声音，不过不用担心它不会影响显示器的性能和可靠性。

问 6-7　显示器分辨率设置为多少适宜

答：分辨率的设置要根据显示器本身的尺寸、性能和实际使用者的工作需要来决定。如果是 CAD 专业设计方面的工作者，并且其显示器性能指标足够高，分辨率的设置是尽可能越高越好；如果只是普通的使用者，按下面的参考设置就可以了。17 英寸显示器（如图 6-7 所示）一般为 1024×768，高档产品可选择 1280×1024，19 英寸显示器（如图 6-8 所示）一般为 1280×1024，不要高于 1600×1200。当然，设置分辨率时一定要考虑刷新频率问题，因为这两者既是相互依赖关系，又是相互制约关系。

图 6-7 飞利浦 17 英寸 CRT 显示器

图 6-8 优派 19 英寸 CRT 显示器

问 6-8 刷新率设为多少才能消除画面闪烁

答：显示器的刷新频率（Refresh Rate）最低一定不能低于 75Hz（如图 6-9 所示），否则画面会出现令人无法忍受的闪烁现象。一般情况下，刷新频率设置为 75Hz 是除掉闪烁的最低要求，只有把刷新频率提升到 85Hz 以上时，显示器的画面才能像纸面一样平静。需要注意的是刷新频率与分辨率有一定的制约关系。因为水平扫描频率恒定时，所设定的分辨率越高，刷新频率自然就越低。

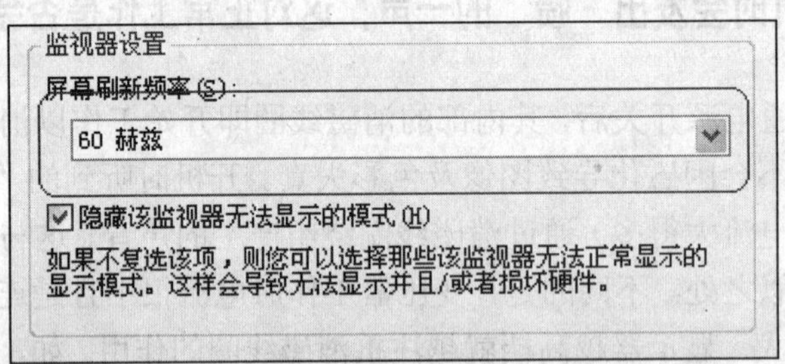

图 6-9 刷新率显示

问 6-9 色温调节是否重要

答：长期使用未能正确调校色温（如图 6-10 所示）的显示器对人的眼睛无疑存在着潜藏的危害，而且还将直接影响用户的工作效率。因而正确了解和调节色温对于长期使用显示器的专业人士肯定非常重要。科学分析表明，对日光这种连续光谱架构来说，中午时色温约在 5000~7000K 范围，白光稍偏红，电视演播室中常用，对肤色表现较好。日出日落时色温约在 2000~4000K。接近火光（也是连续光谱）的普通电灯约 2900K，白光偏红。现代光源种类很多，因此色温跨度很大。

对于在室内工作的电脑操作人员来说，显示器作为一种光源，它带来的视觉感受绝对重要，选择合适的色温，会起到事半功倍的作用。现在市场上显示器型号很多，显示稳定性与显示效果差别也很大，鉴于色温对使用者心理、生理以及实际工作中非常重要的影响，因此进行色温调节非常必要。

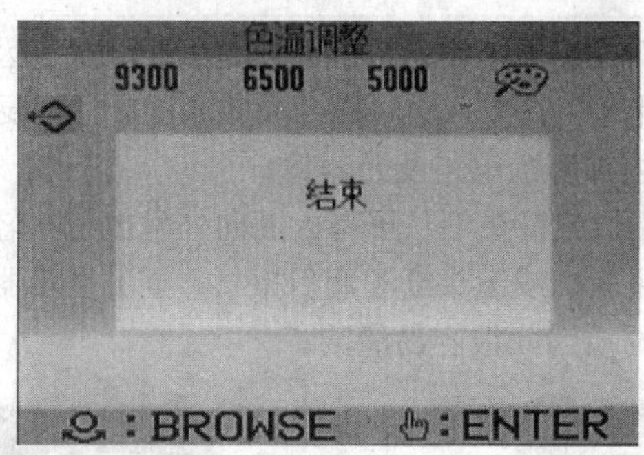

图 6-10　色温调整菜单

6.3　CRT 显示器的保养与维护

问 6–10　温度对显示器会造成什么影响

答：显示器是电脑系统的一大热源，电源变压器（如图 6-11 所示）、水平输出高压包、大功率晶体管（港台称为电晶体）、模拟 IC 模块、各种大电流驱动线圈（如图 6-12 所示）、显像管等都是工作热量很高的部件。电脑爱好者都知道，在过高的环境温度下长时间工作，这不仅会使很多元器件的性能和使用寿命大打折扣，而且还可能导致个别焊点焊锡脱落造成开路，使显示器工作中出现故障，同时元器件也会加速老化，最终轻则导致显示器“罢工”，重者可能烧毁元器件。

显然，注意散热是降低显示器温度最重要的环节。也就是说在显示器周围必须留下足够的空间，在炎热的夏季，只要条件允许最好把显示器放在有空调的房间中，或用电风扇吹之进行强制散热。

图 6-11　显示器内部的电源变压器

图 6-12　显示器内部

问 6–11　擦拭屏幕表面要注意哪些问题

答：大屏幕显示器（如图 6-13~图 6-16 所示），特别是新型产品在显像管屏幕表面都涂了一层极薄的化学物质涂层（作用是防眩光、抗静电），因此在擦拭屏幕表面灰尘时，禁止用酒精一类的化学溶液，而且也不能用粗糙的布或是纸类物品，因为这类物质不够柔软，容易产生刮痕。另外，也不能用力抹擦，这同样会损坏涂层。也不要将水等液体直接喷到屏幕上，以免水气侵入显示器内部腐蚀电路及元器件。

正确的方法是，用脱脂棉或镜头纸从屏幕内圈向外呈放射状轻轻地擦拭，如果屏幕表面较脏，可以用少量的水把脱脂棉或镜头纸湿润后擦拭。至于显示器的外壳，可使用沾水的湿布抹擦。外壳一般为塑料材质因此很容易清洁。

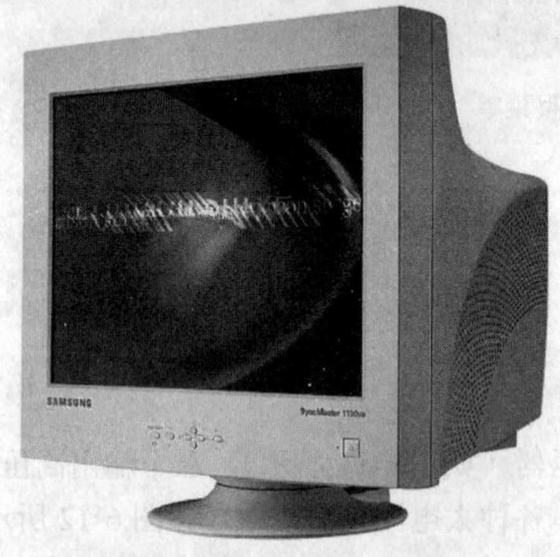

图 6-13　三星 1100MB CRT 显示器

图 6-14　LG 19 英寸 CRT 显示器

图 6-15　飞利浦 19 英寸 CRT 显示器

图 6-16　优派 19 英寸 CRT 显示器

问 6-12　强光照射对显示器是否有影响

答：显示器受阳光或其他强光照射时间长了，容易导致显像管（如图 6-17 所示）荧光粉的加速老化，具体表现就是降低发光效率。另外，强光照射下对长期使用显示器的专业人员也容易使眼睛受到伤害。为了避免受伤最好不要把显示器摆放在阳光照射较强的地方；实在没有办法时可挂一块深色的装饰布减轻光照强度。当然，光线也不能过低，否则同样对使用者的眼睛会造成伤害。

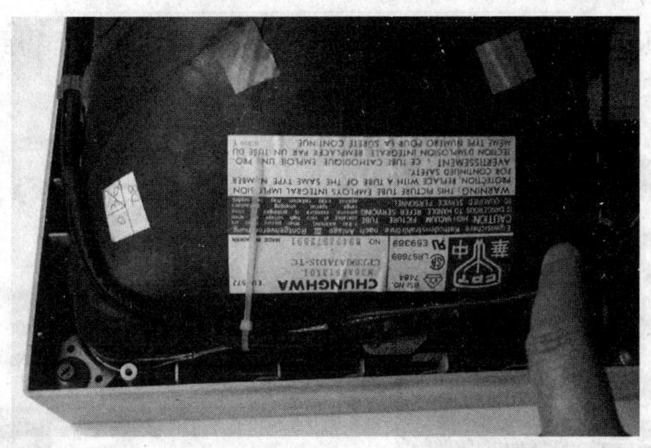

图 6-17　显示器内部的显像管

问 6-13　灰尘对显示器是否会造成影响

答：由于显示器内部具有高达 20KV~30KV 的高压，这样高的电压极易吸引空气中的尘埃粒子，而灰尘对电脑构成的威胁不容忽视。大量的维修实践证明，在灰尘比较大的环境中工作，由于 PCB（印刷电路板）会吸附灰尘，而灰尘的沉积会影响电子元器件的热量散发，这将导致元器件温度上升，进而出现热稳定性下降甚至产生漏电，严重时导致烧毁。另外，灰尘也会吸收水分，腐蚀显示器内部的电子线路，造成一些莫名其妙的问题。所以灰尘体积虽小，但对显示器的危害不可低估。防止灰尘最有效的方法是将显示器放置在干净清洁的环境中，尽管如此灰尘是无孔不入的，所以除保持环境清洁以外，最好给显示器配一个专用的防尘罩。

6.4　LCD 显示器的鉴别与选购

问 6-14　LCD（液晶显示器）有哪些优缺点

答：和 CRT 显示器相比，LCD 的优点是很明显的。LCD（如图 6-18~图 6-21 所示）采用了液晶控制透光度技术来实现色彩的显示。通过控制是否透光来控制亮和暗，当色彩不变时，液晶也保持不变，这样就无须考虑刷新率的问题。对于画面稳定、无闪烁感的液晶显示器，刷新率越低反而图像越稳定。LCD 还通过液晶控制透光度的技术原理让底板整体发光，所以它做到了真正的完全平面。一些高档的数字 LCD 采用了数字方式传输数据、显示图像，这样就不会产生由于显示卡造成的色彩偏差或损失。完全没有辐射的优点，即使用户长时间观看 LCD 屏幕也不会对眼睛造成很大伤害，很多用户就是因为这一优点才会选择 LCD。体积小、能耗低也是 CRT 显示器无法比拟的。

有优点当然也会有缺点，相比 CRT 显示器，LCD 图像质量仍不够完善。色彩的表现及饱和度 LCD 都在不同程度上输给了 CRT 显示器，而且液晶显示器的响应时间也比 CRT 显示器长，当画面相对静止的时候还可以，一旦用于玩游戏、看影碟这些画面更新速度快而剧烈的显示时，液晶显示器的弱点就暴露出来了，画面延迟会产生重影、脱尾等现象，严重影响显示质量，不过随着液晶显示器新技术的发展，目前这些指标都得到了不断提高，性能已经慢慢接近传统的 CRT 显示器，甚至有超越的可能。

图 6-18 飞利浦宽屏 LCD

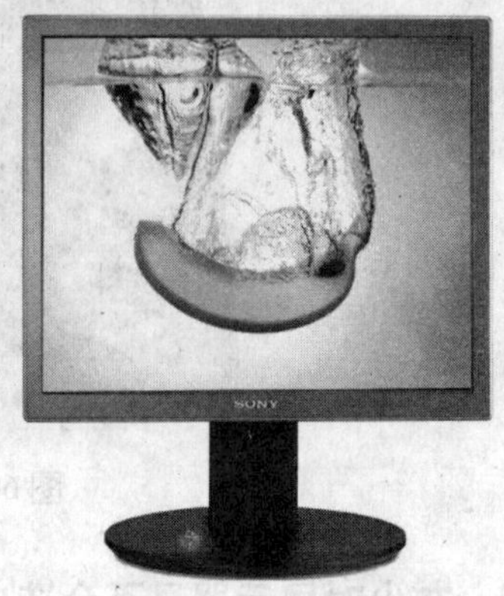

图 6-19 SONY 大屏幕 LCD

图 6-20 三星大屏幕 LCD

图 6-21 三星大屏幕 LCD

问 6–15 LCD 的“响应时间”是指什么

答：响应时间是液晶显示器（如图 6-22 所示）特有的一个性能指标，液晶的显示是通过高分子物质结晶状态的变化导致不同的折射率，来实现白色光线的不同颜色透射，投影在显示器表面，从而获得不同颜色的点。其中这个“高分子物质结晶状态的变化”是一个物理的形变过程，需要一定的时间来完成，这就造成了液晶显示器上的每一个点在得到信号之后，需要一定的形变时间，这个形变的时间就是“响应时间”。

目前，常见的主流液晶显示器的响应时间一般为 8 毫秒，高级产品的有已达到 4 毫秒。

图 6-22 三星 LCD

问 6-16　选购宽屏 LCD 有哪些好处

答：勿庸置疑，宽屏（如图 6-23~图 6-26 所示）将是以后液晶显示器的发展方向，也会有越来越多的游戏支持宽屏，然而这需要一定的时间，目前宽屏主要的优势还是表现在视频效果上，不管是 19 英寸宽屏还是 20 英寸宽屏，在显示面积上都不如同尺寸非宽屏液晶显示器，因此，如果你只是普通用户，而不是疯狂的电影爱好者，宽屏的价值就得不到体现。在对宽屏的选择问题上，还是应该从需求出发，选择最适合自己的才是最终的选择方案。

图 6-23　三星宽屏 LCD

图 6-24　玛雅宽屏 LCD

图 6-25　飞利浦宽屏 LCD

图 6-26　三星宽屏 LCD

6.5　LCD 显示器的使用

问 6-17　LCD 是否可以长时间连续工作

答：就现在的技术而言，LCD（如图 6-27~图 6-30 所示）长时间运行是没什么问题的。实际上与普通 CRT 显示器相比，LCD 发热小、功耗低的优点使之更加适合长时间运行。但从保养的角度着想，还是应该给 LCD“喘息”的时间，毕竟 LCD 是一种比较娇贵的产品，出现了问题不像 CRT 显示器那样容易解决。

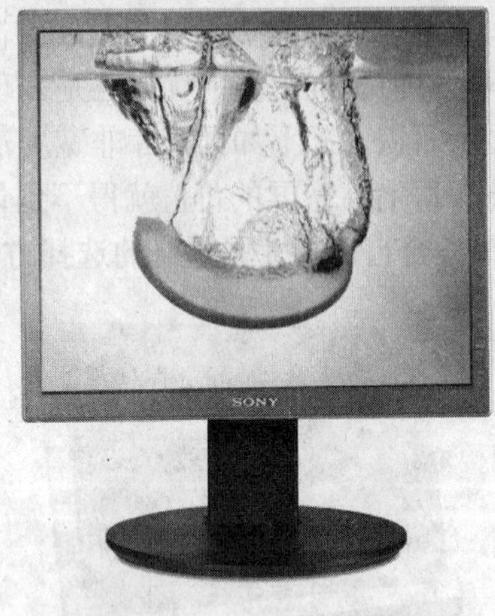

图 6-27 SONY LCD

图 6-28 三星 LCD

图 6-29 AOC LCD

图 6-30 飞利浦 LCD

问 6-18 如何快速检测 LCD 有无“亮点”

答：就笔者经验而言，检测 LCD（如图 6-31 所示）有无“亮点”一般来说有 3 种方法：

其一，调整桌面背景法：以 Windows XP 系统为例，在桌面上右击“属性”，首先选中“桌面”（如图 6-32 所示）标签，选择“无”，再选中其中的“外观”标签，点击“高级”，在该界面中“项目”的下拉菜单中选定“桌面”（如图 6-33 所示），之后在“颜色”的下拉选择中分别点选颜色为白色、

图 6-31 NEC 17 英寸 LCD

黑色、蓝色、红色等各种颜色，之后单击“应用”即产生效果，再用 Win+D 快捷键切换到桌面细细观察有无亮点。

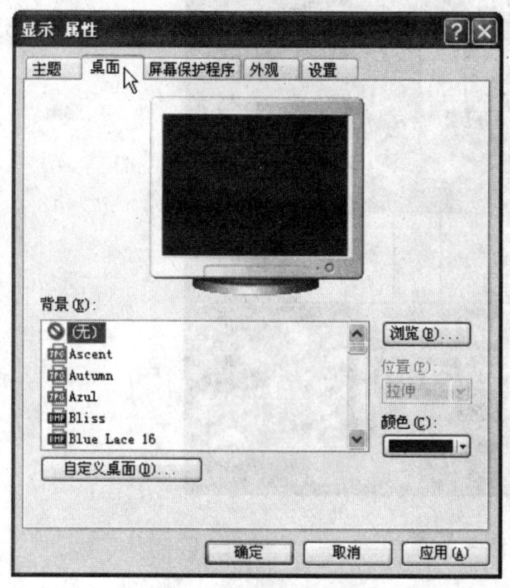

图 6-32　“桌面”

图 6-33　下拉菜单

其二，写字板检测：在“开始”菜单中打开“运行”，在其中输入 WORDPAD，打开写字板，然后将写字板用鼠标在桌面上随意慢慢拖动，尽量将每一块都拖动过，对拖动过的地方仔细地目测，看 LCD 是否有亮点。这样做的原理就是利用写字板的白色背景来查看液晶显示器的情况，同时还可以查看 LCD 是否存在颜色偏色的问题，尤其是 4 个角落。但是，这个方法必须有个前提，即 LCD 必须调节到一个比较高的分辨率上，如 15 英寸的 LCD 要调到 1024×768。

其三，借助第三方开发的专用软件。如，Monitors Matter CheckScreen V1.2（如图 6-34 所示）、Nokia V1.1（如图 6-35 所示）作为专用显示器检测工具效果就不错。

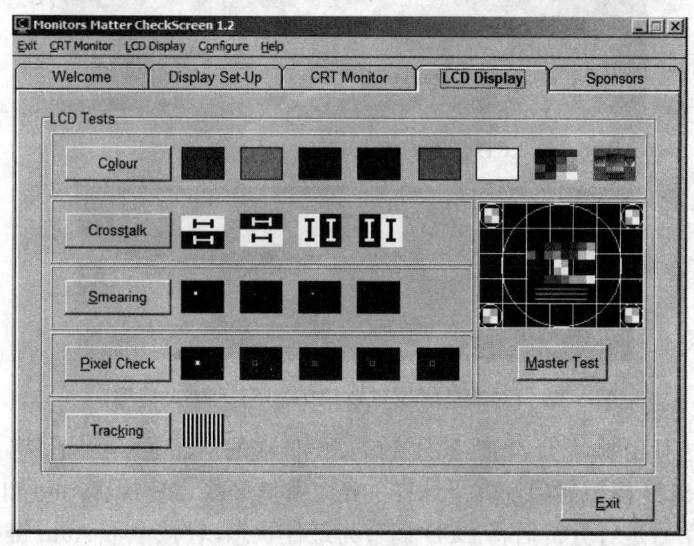

图 6-34　Monitors Matter CheckScreen 软件主界面

图 6-35 Nokia 软件主界面

问 6–19 新买的液晶显示器有“DVI”、“D–SUB”两个接口，应该选择哪个

答：与传统的 D-SUB 接口（又叫 VGA 接口）相比，DVI 接口传输的是数字信号（如图 6-36、图 6-37 所示），而数字图像信息不需经过任何转换，就会直接被传送到显示设备上，所以 DVI 将比模拟接口减少了“数字”|“模拟”|“数字”繁琐的转换过程。不仅能更有效消除拖影现象，并且色彩更纯净、更逼真。没有数模转换带来的信号损失，更不必考虑 pixel jitter(像素抖动)这个模拟 D-SUB 接口最头痛的问题。

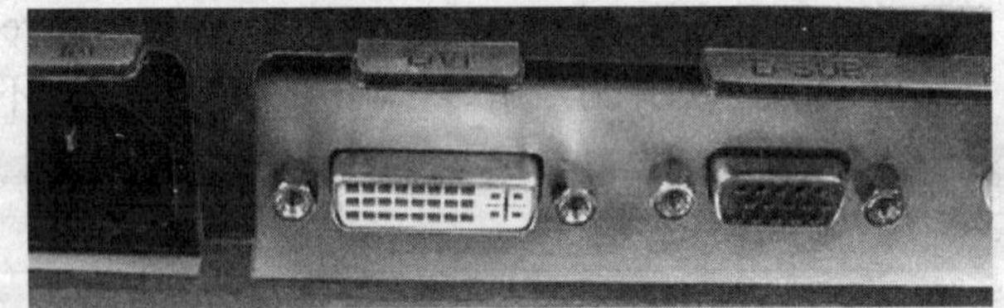

图 6-36 LCD 的 DVI 与 D-SUB 接口（VGA 接口）

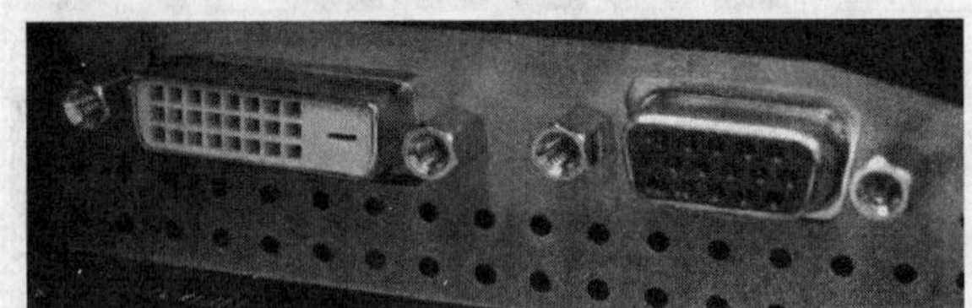

图 6-37 LCD 的 DVI 与 D-SUB 接口（VGA 接口）

所以，尽量去使用具备 DVI 数字的接口。但低端的液晶显示器为了考虑成本，往往只提供了单一的 D-SUB 模拟接口，如果这样的话，那就要经常使用“Auto 自动设定”功能，其作用是对输入信号进行分析后将 LCD 调节为最佳状态，轻按一下 Auto 键等待 2~3 秒钟即可。

问 6-20 如何设定液晶显示器的对比度

答：新买来的液晶显示器，一般都会对它进行一些调整。其中最重要的一项就是对比度。高对比度可以让画面看上去细节更清晰，更有层次感。但也不能一味的追求过高的设置，因为当你过度提升了液晶显示器的对比度后，会导致画面明亮部分细节的丢失与偏色（如图 6-38 所示），而对比度越高，这种情况也就越严重。因为在提升对比度的时候也同时提升了亮度，现在的液晶显示器对于亮度/对比度的均衡性的控制并不到位，也就导致了上述情况的发生。

最简单的方法就是通过目测图片去判断，找一幅最熟悉的图片，然后去提升显示器的对比度，当画面明亮部分的细节开始隐约不见的时候，此时就不应该再继续提升对比度指标了。总之，应适度调节对比度，图像不失真就算是最佳状态。

图 6-38 不同对比度设置的效果对比

6.6 LCD 显示器的保养与维护

问 6-21 LCD 是否对空气湿度要求非常苛刻

答：这种说法是不准确的，一般湿度保持在 30%~80%之间，LCD 都能正常工作，但一旦室内湿度高于 80%后，显示器内部就会产生结露现象。其内部的电源变压器和其他线圈受潮后容易产生漏电，甚至有可能造成连线短路。因此，LCD 必须注意防潮，长时间不用的显示器，可以定期通电工作一段时间，让显示器工作时产生的热量将机内的潮气驱赶出去。

问 6-22 使用 LCD 是否要慎用屏保

答：如今可以随意在网站上搜寻到花样繁多的屏幕保护程序，这些保护程序对于 CRT 显示器还可以，但如果在液晶显示器上使用这些程序就要小心。因为大多数的屏保程序的画面多是些色彩艳丽，光线明暗变化多的，对比又十分的强烈，长时间使用这些屏保程序就会使 LCD 色彩失真，从而影响到显示器的寿命。

问 6-23 如何清理 LCD 的屏幕

答：长时间的液晶显示屏幕暴露在外面，难免有灰尘落在表面。建议用擦眼镜或镜头的干布来擦拭，而不用硬布、纸张擦拭。擦拭时要从屏幕中间向外围螺旋状的擦拭。擦拭时要轻，不要太用力的挤压显示器的屏幕，因为过度的挤压会使面板造成伤害。同时千万不要使用化学成分的清洁剂，更不能将液体直接喷射到屏面。因为液体会渗透过保护膜，进入到屏幕内后果不堪设想。这是因为液晶屏由导光板、偏光板 x2、彩色滤光片（内含配向膜）构成。只要改变刺激液晶的电压值就可以控制最后出现的光线强度与色彩，进而在液晶面板上变化出有不同深浅的颜色组合了，过度的挤压或液体渗入屏幕，开机时就会造成色彩的失真。

6.7 CRT 显示器的设置和干扰

问 6-24 电脑在进入 Windows 界面时，突然显示器一闪后什么也看不见了，是何原因

故障现象：电脑启动时正常，在进入 Windows 界面时，突然显示器一闪（就像电视关机时的闪动）就什么也看不见了。但显示器的指示灯表示有信号进入显示器，而且还能听见 Windows 启动进入界面的声音，硬盘也在读盘。种种现象表明电脑主机是正常工作的，只是显示系统出现了问题。

解决过程：首先查看电脑系统是否有问题，把主机箱拆开，将显卡清洁干净，问题依旧。于是重新安装显卡驱动程序，问题依旧。是否显示属性设置有问题，进入“显示属性”界面，分辨率为 1024×768。再看看显示器属性，发现显示器属性显示的型号与实际显示器（如图 6-39 所示）的型号不同，而且刷新率被设成 85Hz。笔者记忆中这台电脑的刷新率应该是被设成优化。于是把刷新率重新设成优化（如图 6-40、图 6-41 所示），保存重启后显示器“黑屏”的故障终于被解决了。

图 6-39　17 英寸飞利浦 CRT 显示器

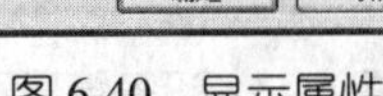

图 6-40　显示属性

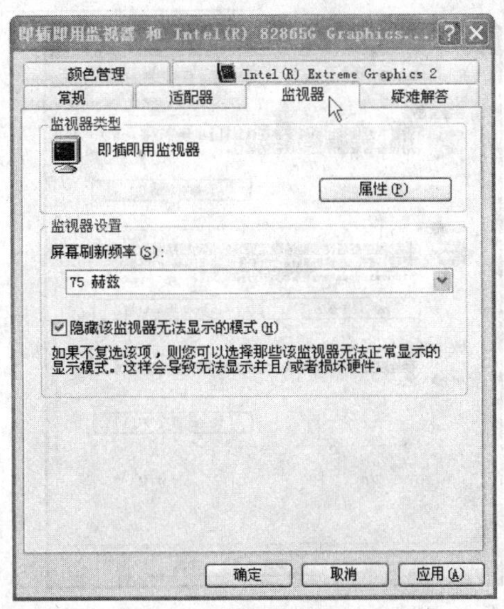

图 6-41　“监视器”选单

故障点评：经过询问，原来用户此前使用该电脑时，发现显示器有轻微的闪烁，因此想把分辨率调高，但由于没有显示器驱动程序，在设置里找不到高刷新率的选项，于是就在更新显示器驱动程序时随便选择了某类型的显示器的驱动程序，然后选择了 85Hz 的分辨率。认为这样显示器就没有闪烁现象，却带来了显示器“黑屏”的新故障。

问 6–25　电脑开机进入桌面后始终无法调整为全屏，是何原因

故障现象：电脑开机进入桌面后，始终无法调整为全屏，四周有约 2cm 的黑边，而且只要调整分辨率（如：1024×768|800×600），或者调整颜色（如：32 位色|16 位色）马上死机，但接上外置电视盒却可以出现“满屏”。

解决过程：笔者开始以为是显示卡驱动程序有问题，到驱动之家下载相应驱动程序安装后故障依然。打开“设备管理器”|“监视器”显示为“无法识别的监视器”，并不是“即插即用的监视器”（如图 6-42、图 6-43 所示）。删除无法识别的监视器后再刷新，Windows 提示找到新硬件安装完毕后，还是显示为“无法识别的监视器”。右击桌面依次打开“属性”|“设置”|“高级”|“监视器”选项，从这里可以看到屏幕刷新频率只有默认适配器和优化两种。笔者怀疑显示器驱动有问题。，从显示器后面铭牌上抄下型号，对号入座到网站下载驱动程序，装好驱动程序后分辨率可以调整为 1024×768，32 位色，不会死机但是屏幕四周 2cm 的黑边还是存在。右键单击桌面依次打开“属性”|“设置”|“高级”|“监视器”，这时屏幕刷新频率有 60Hz、65Hz、70Hz、75Hz、85Hz 等，调为 85Hz，单击“确定”退出后，眼前一亮，显示器出现“满屏”，至此故障排除。

故障点评：如今的显示器一般都满足“即插即用”，不用另外装驱动程序即可在 Windows 中使用，但是有些旧的显示器却要安装相应的驱动程序才能正常使用，如果显示器碰到此类故障，不妨试试上面的方法。实际上，有经验的高手，是可以从接上外置电视盒能够出现“满屏”的现象上，基本上排除了硬件故障。

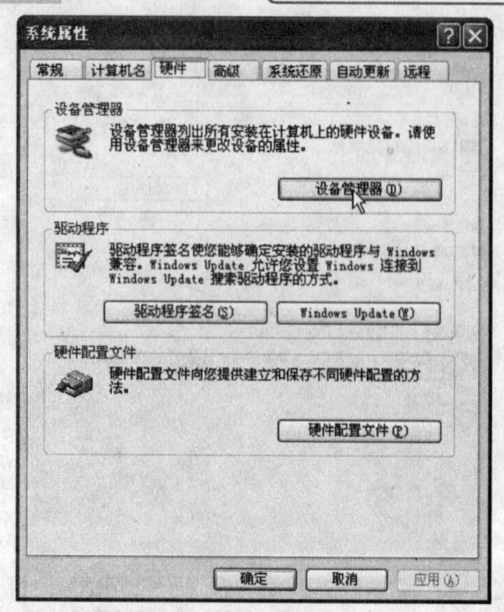

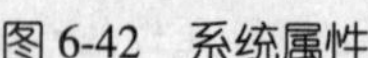
图 6-42　系统属性

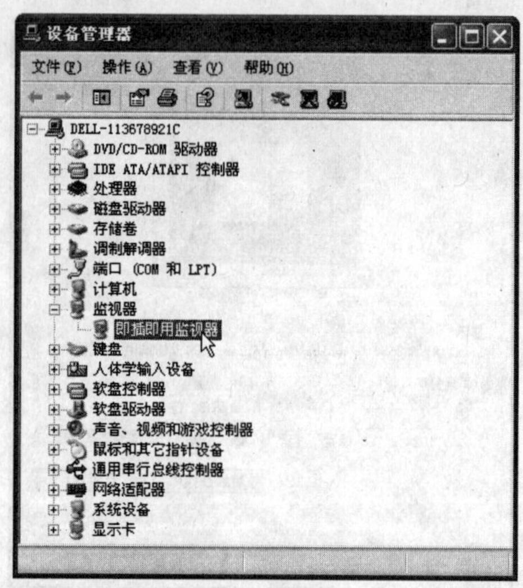

图 6-43　设备管理器

问 6-26　17 英寸显示器显示的字符有明显的重影现象，并伴有轻微的晃动，严重影响了视觉效果，如何解决

故障现象：某办公室有三台电脑，都摆放在进门的左手边，一直使用正常。这天其中的一台 17 英寸显示器显示的字符有明显的重影现象，并伴有轻微的晃动，严重影响了视觉效果。

解决过程：起初笔者以为是该显示器（如图 6-44 所示）老化，准备建议该单位新购一台。然而，当笔者再去操作其余的两台电脑时，也发现显示屏幕较以前有轻微的晃动现象，于是便向操作员询问发生这种现象的起始时间，据他们回忆，都说是供电部门在这幢楼附近进行线路改造完成以后发生的。笔者走到楼外观察，发现二楼办公室外墙上有三相四线的输电线路沿着外墙绕过，会不会是墙外的输电线路强电流通过产生的强磁场干扰了屏幕显示呢？于是把电脑搬到另一边摆放，开机测试，屏幕重影及抖动现象果然全部消失。

图 6-44　CTX 17 英寸 CRT 显示器

故障点评：CRT 显示器的工作原理决定了它是怕电磁辐射的，当显示器周围出现了磁场等干扰源，就会导致显示器工作不正常，如果时间一长，问题还会加深，所以在遇到此类显示器故障的时候，首先就应该判断有没有干扰源。

问 6-27 屏幕显示的画面晃动得非常厉害，是何原因

故障现象：一台兼容机，使用的是三星 765MB 显示器（如图 6-45 所示），由于用户需要，从客厅搬到了卧室，放在了窗户旁边的桌子上（靠外墙）。安装好后开机使用，屏幕显示的画面晃动得非常厉害，每次都是这样。

解决过程：开机检查，发现进入 Windows 后，屏幕上有部分画面及字符会出现瞬间由轻微抖动，模糊后又恢复清晰显示的现象，这一现象会在屏幕的其他部位或几个部位同时出现，周而复始。眼睛对着屏幕看不了多久，便会令人头晕目眩，眼花缭乱，严重影响了电脑的正常使用。试着调整显示卡的驱动程序及一些设置，均无法排除故障。再长时间拷机，除了不断重复这一故障现象外，其他一切正常。顺着上一次排除故障的思路，笔者开始怀疑周围也有电磁场在干扰显示器的正常显示。于是仔细检查这个房间及外墙，果然又在窗户外墙下面发现四条输电线路沿墙而过，窗外不远就是一个高压供电变压器。便建议朋友把电脑搬至卧室的另一个位置，再开机检测，故障现象消失。

故障点评：电脑故障的排除，除了要考虑电脑本身的软、硬件因素外，有时周围的使用环境也不容忽视。显示器要远离磁场较强的物体，周围强大的磁场会使显示器的内部产生额外的电压，从而影响显示器电压的稳定性。长时间的出于强大的磁场中，还会使得色彩失真，从而影响到液晶显示器的显示效果和寿命。使用 CRT 显示器时必须注意这一点。

图 6-45 三星 765MB 显示器

6.8 CRT 显示器的连线和其他

问 6-28 组成双显示器系统后，15 英寸显示器出现屏幕雪花，是何原因

故障现象：一台 15 英寸显示器（如图 6-46 所示）的旧电脑，升级后买了一台新的优派 17 英寸 CRT 显示器（如图 6-47 所示），而且加了一块显示卡组成双显示器系统。设置从 AGP

显示卡启动，保存设置退出，启动 Windows 后发现 15 英寸显示器的图片居然出现屏幕雪花，而且越来越严重。

解决过程：莫非是显示卡 BIOS 有问题？上网找到对应显示卡最新 BIOS 文件，刷新后问题依旧。会不会是硬件出现了兼容性的问题？找来最新主板芯片组驱动程序安装上，还是没用。又把两台显示器调换了显卡，还是 15 英寸显示器出现雪花，看来是旧显示器出问题了，由于旧显示器早就过了保修期，索性拆开后机壳（显示器如果没过保修期可不要擅自打开后盖，否则就没有保修了，并且显示器内有高压元件，盲目操作非常危险），用万用表细细检测一番，各个电路均工作正常，显示器内部并没有什么问题。看来只好送修了，就在拔下插头的瞬间，无意间发现本来 15 针的显示器接口只剩下 13 针，再仔细查看插头，发现有一根信号针被折断了，更换插头后，故障排除。

故障点评：显示器出现雪花大部分都是由于内部原因或电磁干扰引起的，由于接口断针而出现的屏幕雪花并不常见，一旦出现原因，大多数用户都会设置显卡或显示器的调节选项，而忘记检查连接线等硬件设备，所以在这里提醒一下，以防再次出现本例的故障。

图 6-46　15 英寸 NEC 品牌的 CRT 显示器

图 6-47　优派 17 英寸 CRT 显示器

问 6-29　清理电脑灰尘之后，重新开机出现“黑屏”如何解决

解决过程：该电脑（如图 6-48 所示）采用的是 915G 北桥芯片的主板，集成了显卡不会是因为显卡接触不良而出现的故障。难道是清理后安装时内存或 CPU 有松动。打开机箱，将 CPU 和内存重新拔下，并用毛刷和橡皮将内存的金手指和插槽清理干净，然后再将 CPU 和内存装回去。通电试机，结果问题依旧。内存和 CPU 又检测不出错误。如此一来应该是某个地方存在着接触不良或是短路。因此，决定重点检查一下与显示器有关的电路。首先从显卡查起，由于是集成显卡，因此很少会出现接触不良的故障，再检查显卡上的视频模拟接口，未发现异常。

虽然显示器很少损坏，但还是要检查一下。一般显示器的信号输出采用的是 15 针接口的数据线。而在这台显示器的 D 型信号输出端竟然少了一插针，再仔细看看，原来不是断了根针，而是这根插针被顶了回去，这样显示器和显卡得不到充分接触而产生上述故障。取一个尖嘴钳或是镊子将这根被顶回去的插针拔出来，注意不能再用力过大，以免将插针折断。

将插针拔出后，小心地将信号线插入机箱后的显示卡接口上，拧好固定螺丝，以免松动。将所有连线连好后通电试机，结果一切正常。

故障点评：通过此故障的检修，也提醒了我们在拆装电脑时一定要小心轻放，不能用力过猛，以免造成不必要的损失。

图 6-48　某品牌的 CRT 显示器

问 6-30　对电脑进行大扫除后电脑出现“黑屏”，引导进入 DOS 也死机，是何原因

故障现象：某工作室在对所有电脑进行了一次彻底的大扫除，有台电脑在重新连接好之后，居然“黑屏”（如图 6-49 所示），重启后还是“黑屏”，引导进入 DOS 会死机。

图 6-49　NEC 老款 15 英寸 CRT 显示器

解决过程：在重装电脑时，显示器有些偏色。显示卡有点接触不良，把金手指擦了好几遍也没有用。但稍微一碰显示器的数据电缆线，就会正常。好像是显卡和显示器的数据电缆线有点接触不良。拆开接口，发面数据电缆接口的针脚一个个“东倒西歪”，用小尖嘴钳把这些角针矫正好，插到显示卡后开机，一切正常。

故障点评：事后分析，工作室的工作人员由于工作需要，经常把显示器抱到别的主机上使用，有时数据线没有对准位置就硬插，久而久之使得针脚变斜，造成接触不良的故障，幸好发现得早没有酿成更大的事故，希望读者朋友引以为戒，在插拔数据线时必须小心。

问 6-31 开机后显示器无显示，其他部分却正常工作，是何原因

故障现象：开机后显示器无显示，指示灯闪桔黄色的光，但是其他部份却可以正常工作，还可以听到 Windows XP 的启动声音。

解决过程：当显示接触不良时，通常系统会有报警声，但是这次电脑不仅没有报警声，而且从声音上可以断定系统还正常的启动到了桌面，这样显示器出故障的可能性更大些。于是把电脑主机接到另一台显示器上，重新开机以后，显示器果然可以正常显示。这样问题就集中在那台方正品牌、单键飞梭的显示器上，把显示器的电源插头从插线板上拔下之后，发现显示器上的指示灯还是闪着桔黄色的光，大约过了 10 秒钟后，指示灯才熄灭。这是个重大的发现，既然显示器在不通电时还会闪桔黄色的光，那么刚才那种情况，很有可能是显示器没有正常开启，于是又把显示器接到一台主机上，然后把显示器的开关按键重新按了一下，再启动电脑主机，这次显示器正常工作了。

故障点评：原来这台单键飞梭显示器与现在的显示器有些不同，一般的显示器，只有在待机或显示器没有接收信号时，指示灯才会闪桔黄色的光；当显示器关闭时，指示灯是不亮的。而单键飞梭彩显，只要显示器的电源插头插在插线板上，即使显示器的开关没打开，显示器也闪桔黄色的光，而且显示器使用的是轻触式按键，开关是打开还是关闭并不明显，我们在关闭电脑时，一般都不会关闭显示器的电源。不料，这次在关闭电脑时，也把显示器给关闭了，当看到显示器闪桔黄色的光，也误认为显示器是打开的，于是便造成了这一次的错误判断。

问 6-32 显示器开机几分钟后出现模糊现象，是何原因

故障现象：一台“爱国者”显示器（如图 6-50 所示）开机几分钟后就会出现模糊现象。

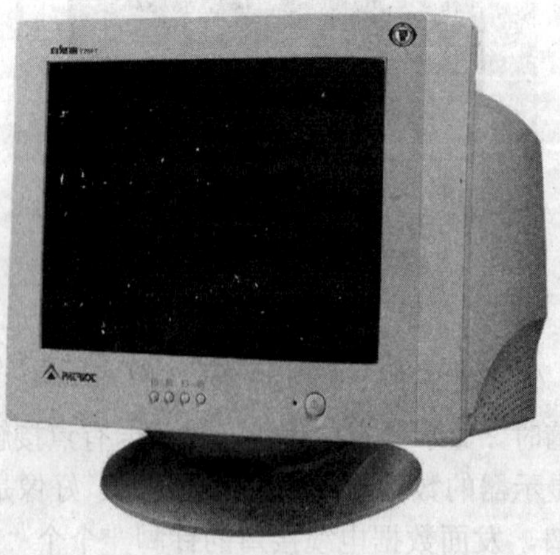

图 6-50 爱国者 17 英寸 CRT 显示器

解决过程：这种情况可能是显像管尾部的插座受潮或是受灰尘污染，也可能是其显像管老化（使用了很长时间后出现的问题）造成的，要根据具体情况“对症下药”。对于是受潮或受灰尘污染的情况，如果不严重，可用酒精清洗显像管尾部插座部分解决问题；如果情况严重就需要更换显像管尾部插座，可以到专业电视机维修部去解决问题。对于显像管老化的情况，只能更换显像管才能彻底解决问题。要是还在保修期内，最好还是先找销售商（或厂家）解决。

另外，还有一种原因是显示器中相关电路的电解电容本身质量不良也会导致此故障发生，但这种情况在目前知名品牌显示器上出现的可能性很小。但该显示器是一款刚出厂不久的名牌新品，几乎不存在老化与电容质量问题，经过检查，是由于受潮而引起的缘故。

故障点评：显示器后盖不能轻易打开，一般只有专业的维修人员才能处理，如果显示器还在保修范围内，最好不要擅自打开，应该在第一时间与经销商联系。

6.9 LCD 显示器的设置

问 6-33　新装的电脑近来显示画面效果大打折扣，字体模糊不清，是何原因

故障现象：新装的一台电脑，配置了三星 17 英寸 LCD 显示器（如图 6-51 所示），使用状况一直良好，前两天突然出现故障，即显示画面的效果大打折扣，字体模糊不清。

解决过程：这样的故障乍一看似乎很严重，其实有经验的朋友一看便知道，这是由于错误设置了 LCD 的分辨率造成的，查看“显示属性”分辨率设置为 800×600，将其分辨率改为 1024×768，故障消失。

图 6-51　三星 17 英寸 LCD

故障点评：LCD 和 CRT 显示器的显示原理不同，其分辨率是不能随意设置的。CRT 显示器对于所支持的分辨率有较大的弹性，而 LCD 只有在真实分辨率下才能表现出最佳效果。当将其分辨率设置成真实分辨率以外的值时，则可能出现两种情况：一是扩大或缩小屏幕的显示范围，二是显示效果大打折扣。本例所遇到的就是第二种情况。当然第一种情况也较多见，例如将真实分辨率为 1280×1024 的 LCD 设置成 1024×768，则屏幕上只有 1024×768

部分的区域有显示，显示效果保持不变，但超出部分则出现“黑屏”。所以在设置LCD的分辨率时，一定要先查清其真实分辨的值再设置，只有这样才能得到最佳的显示效果。

问6-34 新换的LCD显示器，在启动画面过后，立即“黑屏”，其他一切正常，是何原因

故障现象：用户将新买的一台17英寸LCD（如图6-52所示）替代了原有的17英寸CRT显示器（如图6-53所示）。连接好信号线之后，开机自检一切正常，当Windows 2000启动画面过后，LCD立即“黑屏”。此时系统还在继续启动，其他一切正常，惟独新换上的LCD不显示。

解决过程：在开机显示启动菜单时，按下F8，选择“启用VGA模式”，使用基本VGA驱动程序启动Windows 2000。当出于某些原因而导致系统启动后显示器“黑屏”（比如换了显示器而新显示器不支持原来的高分辨率、或者安装了使Windows不能正常启动的显示卡驱动程序）时，用这种模式来解决问题往往十分有用。进入Windows后，将分辨率重新设定，重新启动就正常了。当然也可以选择进入安全模式，或用“最近一次的正确配置”，都可以解决这个问题。

故障点评：Windows 2000启动画面是显示在分辨率为640×480@60Hz模式下的，此时显示器工作正常，但进入高分辨率的登录画面以后，LCD就不显示。原来使用CRT显示器时，其屏幕模式为1152×864@85Hz。引起这种现象的原因很可能是因为桌面环境的分辨率超过了LCD的最大分辨率。但通过正常启动系统的方法已经无法进入“显示属性”里来更改屏幕分辨率。

图6-52 三星710N LCD

图6-53 三星785MB CRT显示器

问6-35 液晶显示器屏幕有细小的波纹从左边涌向右边，如何解决

故障现象：用户在液晶显示器降价的时候买了一款17英寸液晶显示器，在使用过程中发现屏幕有细小的波纹从左边涌向右边。

解决过程：这种现象可能是周围有电磁干扰的缘故，可是排查了半天都没有发现这个干

扰源，甚至把音箱挪走都没用。删掉显卡或显示器驱动程序重装，还是没有解决问题。打开显示器的设置属性，将显示器的刷新率从 75Hz 调到 60Hz（如图 6-54、图 6-55 所示），应用后确定。问题解决。

故障点评：17 英寸普通液晶显示器推荐的最佳显示模式确实是 1024×768@60Hz。刷新率设置的太高反而影响显示效果，这点是和 CRT 显示器截然不同的。

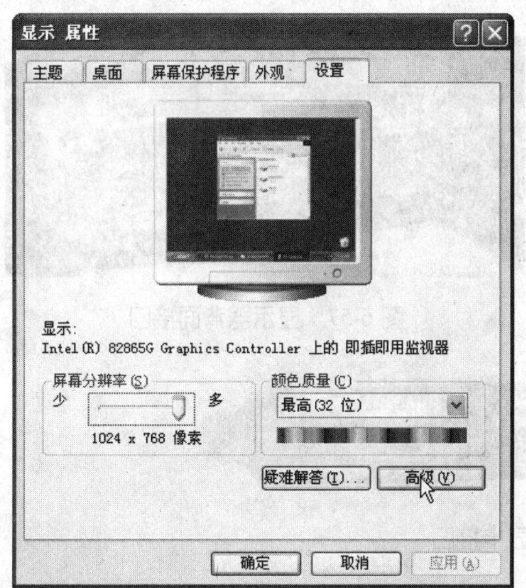

图 6-54　“显示属性”中“高级”按钮

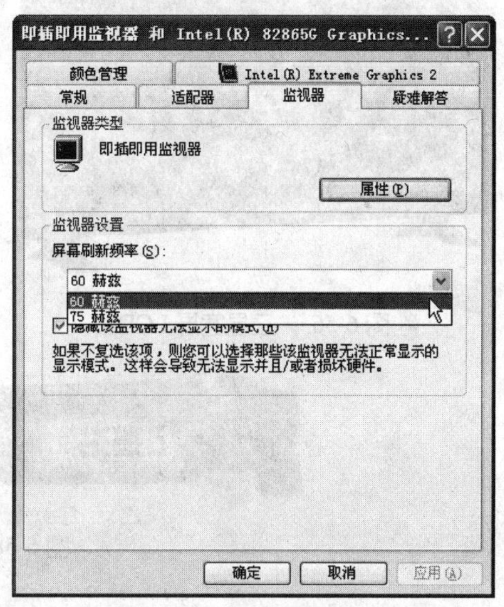

图 6-55　“屏幕刷新频率”设置

6.10　LCD 显示器的连线

问 6-36　新买液晶显示器的显示效果很一般，甚至在放电影的时候还会出现偏色的现象，是何原因

故障现象：用户给电脑升级后新买了一款三星 19 英寸宽屏液晶显示器（如图 6-56 所示），在使用过程中发现该显示器的显示效果很一般，甚至在放电影的时候还会出现偏色的现象。

解决过程：首先卸载了显示器的驱动程序，在显示器的官方网站下载了最新版本的驱动程序安装之后故障依旧。打开电脑的显示设置选项，重新设置一些参数之后问题还是没能解决。再将显示器搬到别的主机上检测一切正常没有出现任何问题。显示器出现偏色大多数都是由于连线接头松动的原故，于是拔下显示器和主机显卡的接头查看，完好无损，就在这时，发现显示器和主机显卡之间是用一根 VGA 接口的连线连接的，除此之外，该显示器和显卡还分别提供了 DVI 接口（如图 6-57、图 6-58 所示），于是换了一条 DVI 连接线，重新开机，故障排除。

故障点评：目前大多数液晶显示器和新显卡都会提供 DVI 接口，和以前常用的 VGA 接口相比，这是一种数字接口，传输的是数字信号，和 VGA 传输的模拟信号相比具有更高的优越性，传输更快，带宽更高。用 DVI 连线连接是数字对数字之间的传输，少了数字到模拟再到数字的过程，无形中减少了信号的衰退，所以如果电脑具备这种接口，推荐优先使用DVI接口。

图 6-56　三星宽屏 LCD

图 6-57　显示器背面接口

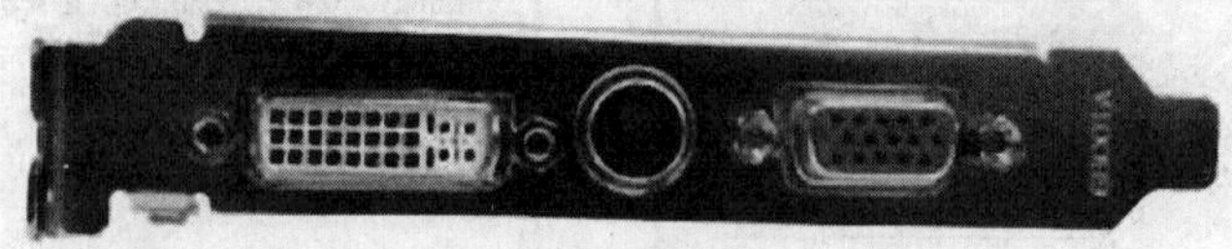

图 6-58　显卡接口

问 6–37　液晶显示器与主机连接之后显示器电源灯亮却没有画面，显示无信号输入，是何原因

故障现象：用户的朋友从国外给他带回来一台 17 英寸的液晶显示器，但是和自己的主机连接之后显示器电源灯亮却没有画面，显示无信号输入。

解决过程：出现这种问题大多数用户都知道可能是连线的问题，于是检查显示器和主机的连接线，可接口看上去没有问题，完好无损，将显示器搬到另一台电脑上测试却没有出现问题。换上以前的老显卡问题依旧，经过检测显示器和显卡都没有问题，但连在一起就不行，难道是接口的问题？因为这台液晶显示器只有一个 DVI 接口，而用户的两块显卡都没有提供 DVI 接口，便用一个 DVI 转 VGA 的转接头连接，而刚才测试的那台电脑却有 DVI 接口，于是换了一个新转接头后故障排除，后经检测确认是转接头坏了。

故障点评：原来小小的转接头才是引起这个故障的元凶，然而在解决故障的过程中却没能引起注意。在买电脑配件尤其是不起眼的小配件时，应该当场试验，并且尽量买质量好一些的，这些配件虽然微小，往往也会给用户带来意想不到的故障。

第7章 声卡、音箱的使用技巧与故障排除

声卡与音箱加起来就是一台电脑的声音系统，对用户来说是很重要的，无法想象一台没有声音的电脑使用起来是什么感觉，自从声卡发明的那天起就注定了它与多媒体娱乐的关系，今天无论是欣赏音乐，打游戏，还是制作音频，都离不开一款高质量的声卡，与此同时音箱的作用不可忽视，如果没有出色的音箱，质量再高的声卡也出不来声，同样一款优良的音箱可以给我们带来天籁之音，本章就从声卡和音箱出发，来介绍有关它们的使用技巧和故障排除，通过本章的内容用户将对声卡和音箱有一个更高的认识，并轻轻松松打造自己的声音系统。

7.1 声卡使用技巧

问7-1 为何有些声卡安装时会遇到冲突问题

答：随着电脑各种配件的飞速发展，目前独立声卡（如图7-1~图7-8所示）也越来越受到重视，很多用户都购买了声卡，但一些用户在初次安装声卡时，常常会发现声卡无法使用，除去声卡本身故障外，冲突问题则是最常见的原因。声卡会占用电脑的一个IRQ（中断号）和一个DMA（通道号），而解压缩卡（电影卡）、网卡等部件也要占用这些资源，但这些资源只能分配给一个设备使用，所以一旦出现分配重复就会导致冲突，从而使冲突设备无法正常使用，所以只有正确分配资源才能保证设备的使用。

图7-1 创新 Sound Blaster Live 24-bit 声卡

图7-2 创新 SB Live 5.1 声卡

图 7-3 德国坦克 5.1 Fun（娱乐版）声卡

图 7-4 德国坦克 AUREON7.1 SPACE（太空版）声卡

图 7-5 乐之邦 干将 5.1 声卡

图 7-6 乐之邦 莫邪 5.1 声卡

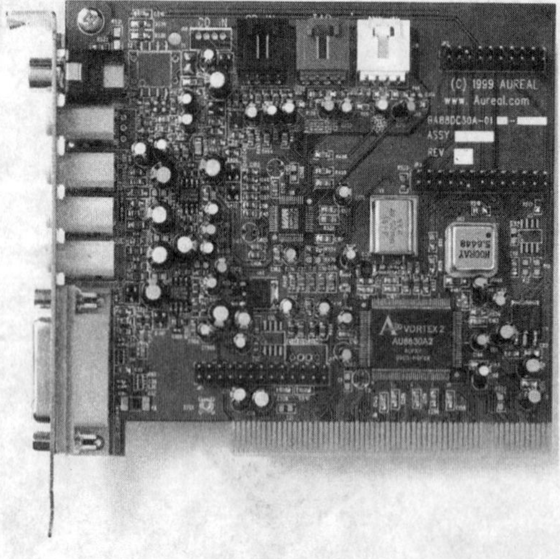

图 7-7 Aureal SQ2500 声卡

图 7-8 创新 Sound Blaster X-Fi Fatal1ty 声卡

问 7–2 声卡安装正常但无声音是何原因

答：这个问题首先要验证声卡配套的驱动程序是否安装无误，如果确实无误，接着可以从以下几个方面来检查：

其一，声卡与音箱（或耳机）连接是否正确，音箱连接线应接入声卡的 Speaker 端口（如图 7-9~图 7-14 所示）。

其二，音箱（或者耳机）性能是否完好。

其三，音箱是否正确连接了电源线，开关是否接通。

其四，音频连接线有无损坏。

其五，将声卡更换一个 PCI 插槽（笔者的经验表明，第一个 PCI 插槽容易与 PCI 显卡冲突）。

其六，进入声卡资源设置选项检查资源能否更改为没有冲突的地址或中断（关闭不必要的中断资源占用，例如 ACPI 功能，USB 口，红外线设备等）。

其七，Windows 系统音量控制中的各项声音通道设置是否被屏蔽。

如果以上几项都正常但是依然没有声音，可以更换较新版本的驱动程序试试。如果还不行则把声卡插到其他的电脑上进行验证，以确认该声卡是否已损坏。

图 7-9　声卡接口

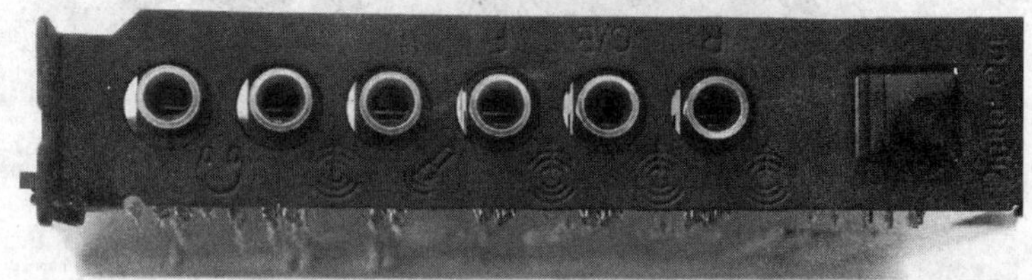

图 7-10　声卡接口

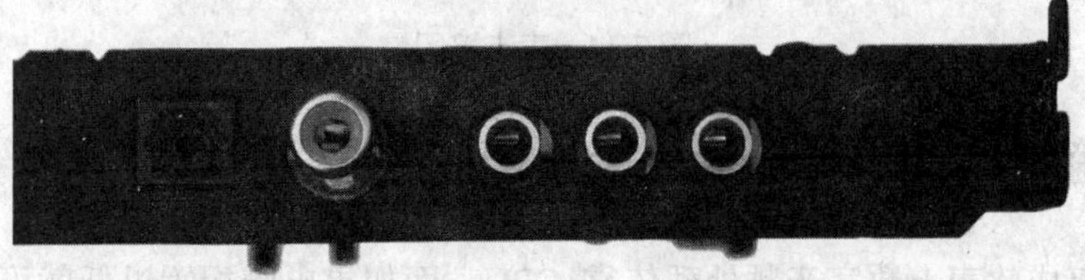

图 7-11　声卡接口

图 7-12　声卡接口

图 7-13　声卡接口

图 7-14　声卡接口

问 7–3　如何解决集成声卡在运行大型程序时出现爆音现象

答：由于集成软声卡数字音频处理依靠 CPU，而如果电脑配置过低就可能出现这种问题。在控制面板中，选择“系统”|“设备管理器”项，选中磁盘驱动器（如图 7-15 所示），找到硬盘的参数项，双击参数项，在弹出的界面中将硬盘的 DMA 选项前面的“勾”去掉即

可。不过在关闭了DMA数据接口之后会降低系统的性能，对于没有此选项的系统，也就失去了选项意义。当然对于有些机器，安装最新的主板“补丁”和声卡“补丁”，更换最新的驱动程序也可以取得一定效果。

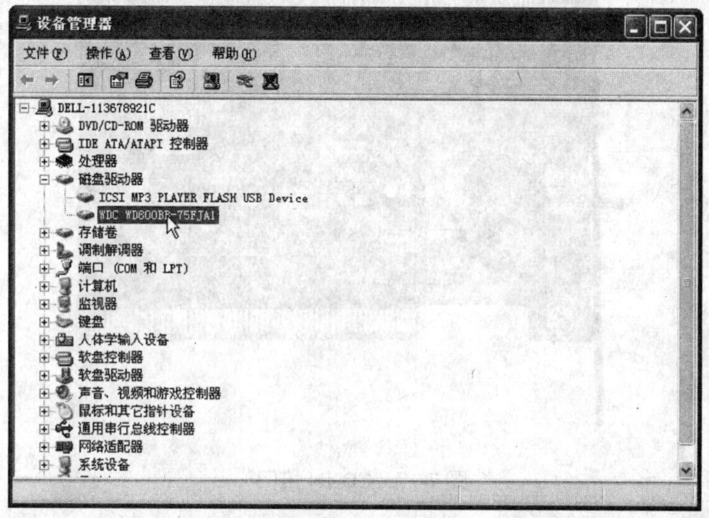

图7-15　设备管理器

问7-4　播放CD无声音是何原因

答：如果声卡在播放VCD、DVD时有声音，其他放音工作也正常，就是无法正常播放CD唱片，最大的可能就是CD音频线没有连接好（不排除损坏的可能），这条“4芯”连接线通常是购买CD、DVD光驱或购买声卡时附带的。线的一头与声卡上的CD-IN相连（如图7-16~图7-19所示），另一头则与光驱上的ANALOG音频输出相连。需要注意的是，某些早期声卡上的CD-IN类型有所不同，有时必须使用特制的音频线与之配合才能解决问题。

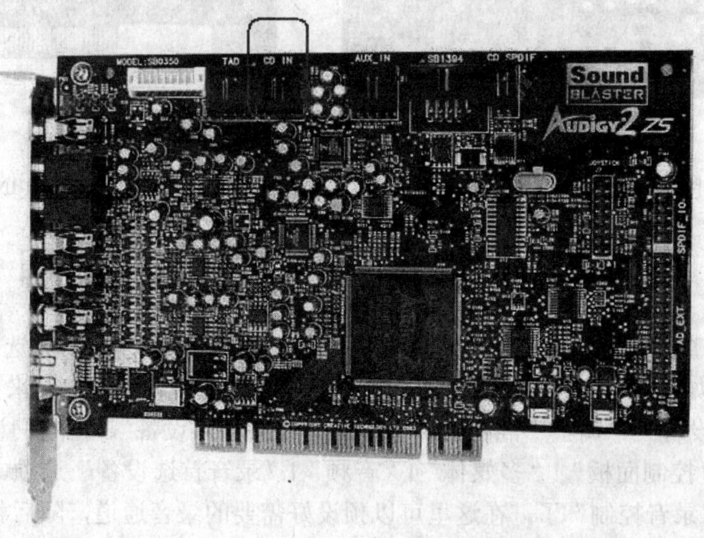

图7-16　CD-IN接口

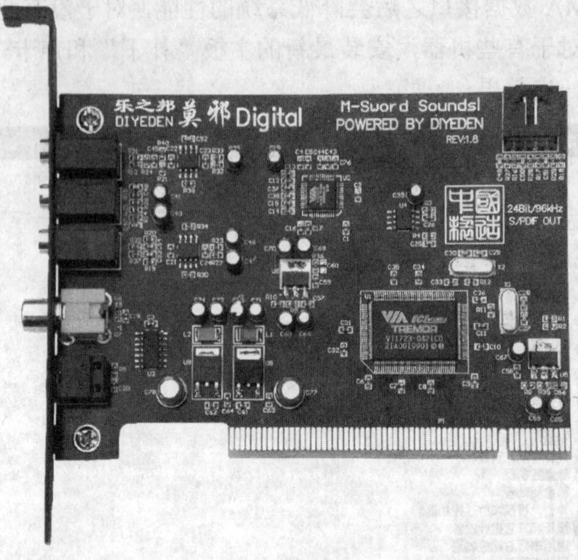

图 7-17　CD-IN 接口

图 7-18　CD-IN 接口

图 7-19　CD-IN 接口

问 7–5　声卡、麦克风均正常，但在 Windows 下不能录音，是何原因

答：首先检查插孔是否为“麦克风输入”，然后双击“小喇叭”图标，选择菜单上的“属性”|“录音”（如图 7-20、图 7-21 所示），看看各项设置是否正确。接下来在“控制面板”|“多媒体”|“设备”中调整“混合器设备”和“线路输入设备”，把它们设为“使用”状态。然后选择“控制面板”|“多媒体”|“音频”|“录音首选设备”选项，单击麦克风图标就可以进入“录音控制”了，在这里可以预设好需要的录音通道，随后就可以使用录音功能了。如果这个麦克风图标变成灰色，可以试试将声卡删除重装。有的声卡需要在音量

调节的属性栏内将录音选项下面的 line in、mic 选项中的音量调节出来后方可进行音量调节。

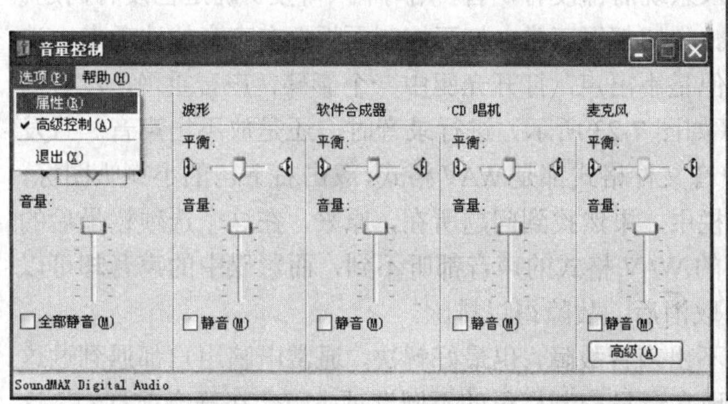

图 7-20 音量控制面板属性选项

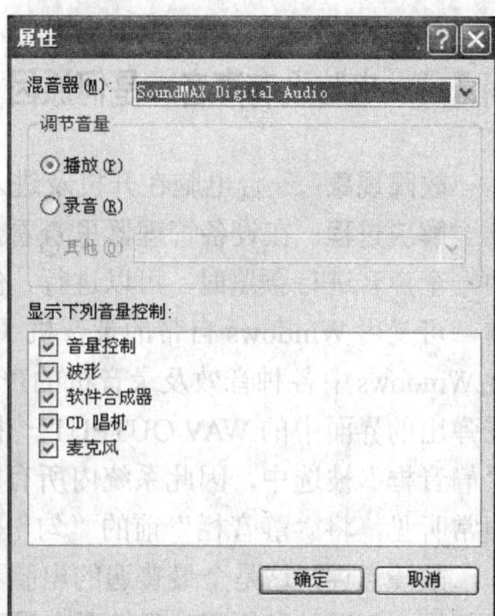

图 7-21 属性页面

问 7-6 自从安装了独立声卡之后，经常性死机，是何原因

答：此类故障一般是由于独立声卡（如图 7-22 所示）与其他设备发生冲突、主板的兼容性不良所造成的。对此可将声卡调换一下 PCI 插槽试验一下，或者更新声卡、主板的驱动程序，若故障没有解决，那就只有将声卡装到别的主机上试验或者更换声卡。

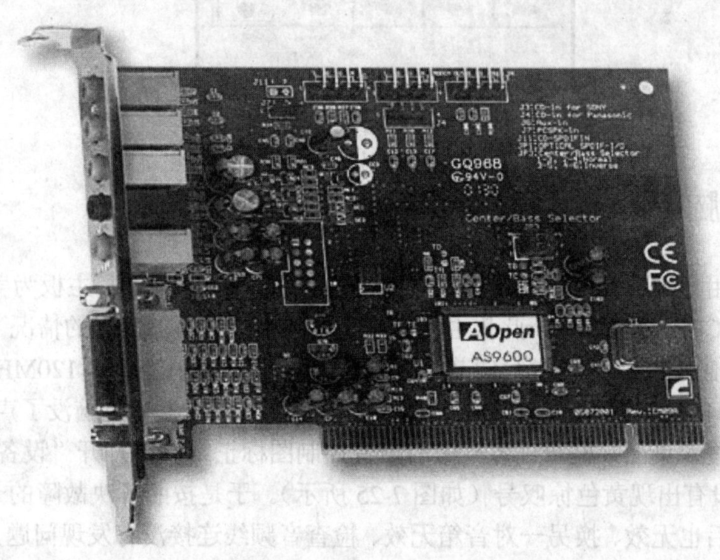

图 7-22 Aopen AS9600 声卡

7.2 声卡故障排除

问 7-7 电脑没有声音，是何原因

故障现象：一台电脑在开机及进入系统后都没有声音，用耳机（耳麦）确定也没有问题。

解决过程：在设备管理器里查看，一切都很正常。打开控制面板，在声音的选项卡内选中一个声音进行预览时，可以进行，但是不出声，打开光驱中一个影碟，声音重现，没有问题，可是用 Windows 自带的录音机（如图 7-23 所示）进行录音时，还是放不出声音。且发现 Windows 中各种音效及录音机的声音文件格式都是 WAV 格式，双击右下角的小喇叭图标，在弹出的界面中的 WAV OUTPUT 一栏中，果然找到问题所在，原来，在这个选项栏最后的"静音框"被选中，因此系统内所有的 WAV 格式的声音都听不到，而影碟中的声音却可以照常听见，将"静音栏"前的"勾"取消后，故障得以排除。

故障点评：这是个最普遍的电脑不出声音故障，也最好解决，通常电脑用户都遇到过这个问题，由于种种原因，开机后会发现在音量控制栏里的不同选项上，会在静音前打勾，这样在使用音频设备时就会出现无声音等一系列问题，所以当电脑出现无声音的故障时，首先就应该检查音量控制一栏，一般都能解决问题。

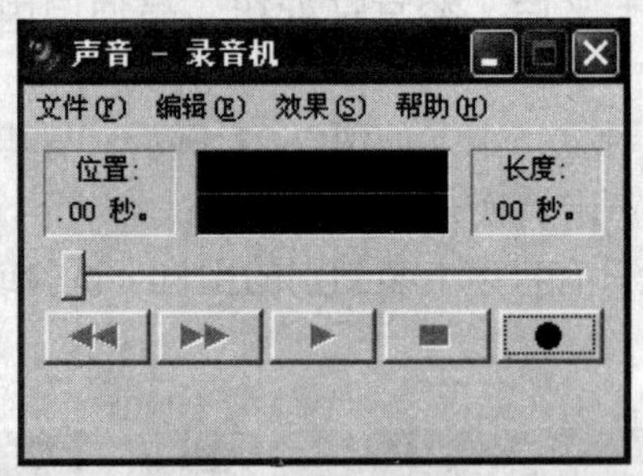

图 7-23 Windows 自带的录音机

问 7-8 给旧电脑的 CPU 超频后，整个电脑没了声音，是何原因

故障现象：用户的电脑由于配置较老（CPU 为"赛扬"1.7GHz，主板为美达 845D），最近闲来无事给 CPU 超频，由于此款主板支持线性超频，在不加电压的情况下，该用户在 BIOS 中逐 MHz 地对 CPU 外频进行调节，最终把 CPU 的外频锁定在了 120MHz，此时 CPU 的主频已达到 2.04GHz，就在进入 Windows 的时候故障出现，整个电脑没了声音。

解决过程：进入桌面，检查任务栏中的声音控制图标正常，再打开"设备管理器"（如图 7-24 所示），没有出现黄色惊叹号（如图 7-25 所示）。于是按照解决故障的一贯思路，重装声卡驱动程序后也无效、换另一对音箱无效、检查音频线连接没有发现问题，这时忽然想起超频之前声卡可以正常发声，看来应该是超频引起的问题，于是又在 BIOS 中把外频调回了正常的 100MHz，保存设置后重启，问题解决，再超到 120MHz 外频，问题再次出现。这台电脑难道只能用 100MHz 的标准外频？根据技术规范，除了 100MHz 之外，66MHz 和

133MHz也是系统的标准外频，声卡既然在100MHz的外频下能工作，那么如果把外频超到133MHz，应该同样可以稳定工作。于是给CPU"赛扬"稍加电压，再在BIOS中把外频调到了133MHz，此时这块CPU的主频率已达到2.26GHz，再次重启系统。随着一声清脆的"嘀"声，顺利通过自检，之后一切正常，久违的声音又出现了。

故障点评：超频CPU虽然可以提升电脑的性能，但也会带来很多问题，特别是当CPU工作在非标准外频下时，很多PCI设备如网卡、声卡以及集成声卡等也处在超频工作状态，很容易出现问题。所以如果超频，应尽量避免使系统工作在非标准外频下。现在市面上很多主板都带有PCI分频技术，可以使PCI设备的工作频率不受CPU外频的影响，用户可以在装机时多留意这样的产品。

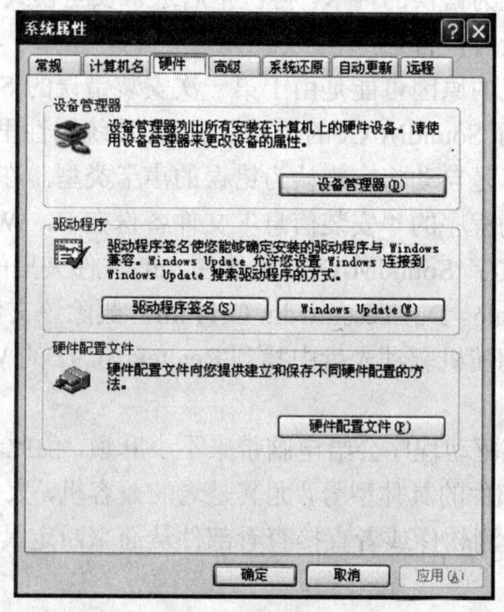

图7-24 设备管理器选项卡

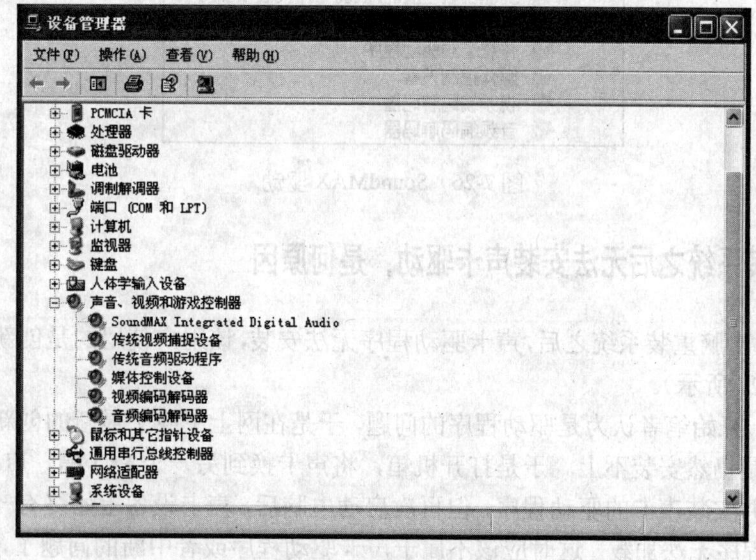

图7-25 设备管理器主窗口

问 7–9 重装系统时声卡驱动装错，删除声卡驱动后重新启动电脑，问题依旧且电脑没有声音，是何原因

故障现象：用户给旧联想电脑重装 Windows 98 系统，在安装声卡驱动的时候，不小心将原来 Reltek AC97 的声卡驱动错装成了 Analog 的 SoundMAX 驱动（如图 7-26 所示）。在“设备管理器”中的“声音、视频和游戏控制器”中出现了黄色惊叹号；删除掉该驱动程序，重新刷新，系统自动识别了该声卡的驱动，安装以后发现仍是错误的 SoundMAX 驱动。于是再次删除，在“控制面板”中“添加新硬件”中进行手动安装 Reltek AC97 驱动，提示重启后发现系统仍然自动辨认为错误的声卡。再次重启进入安全模式，删除声卡驱动后重新启动电脑，问题依旧，就是没有声音。

解决过程：造成此情况的原因可能是由于第一次安装错误的 SoundMAX 声卡驱动后，在 Windows 98 系统中留下了 SoundMAX 的驱动信息，在系统属性里面不能删除该驱动信息，从而导致每次重新安装时总是自动将它辨认为错误的声卡类型。在 Windows 98 下每安装一个驱动程序，都会将该驱动程序的“安装信息”文件备份在 C：\WINDOWS\INF\Other 下，于是在 Inf 文件夹中查找文字 SoundMAX，果然在 Inf 文件夹里的 Other 文件夹中发现了 SoundMAX 的信息文件 Analog Devicessmwdm CH4.inf；删除该文件后重新启动电脑，系统自动检测新硬件，再在联想随机驱动光盘中找到 Realtek AC97 的 Win 98 驱动目录，安装后问题解决。

故障点评：错误的安装驱动程序会给电脑带来不少麻烦，由此看来在给电脑安装驱动程序的时候一定要分清楚各部件的具体型号，尤其是老的兼容机，大多部件由于太老而无法辨认，在这个时候最好使用检测软件或者直接查看部件从而来断定具体的型号，防止出现像本例这样的故障。

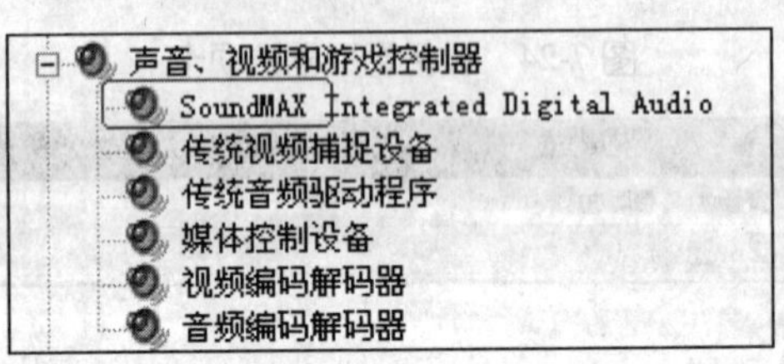

图 7-26 SoundMAX 驱动

问 7–10 重装系统之后无法安装声卡驱动，是何原因

故障现象：电脑重装系统之后，声卡驱动程序无法安装，该用户使用的是创新 SB Live 5.1 声卡（如图 7-27 所示）。

解决过程：开始笔者认为是驱动程序的问题，于是在网上下载了最新的创新 SB Live 5.1 声卡驱动，可是仍然安装不上。于是打开机箱，将声卡换到另一个 PCI 槽。启动电脑以后，系统可以认出并安装声卡的驱动程序，但再次启动电脑后，声卡设备上始终有一个黄色惊叹号，提示驱动程序无法加载。这时应该不属于声卡驱动程序或者中断的问题了，于是将声卡从机箱里取出来仔细观察。发现声卡上积累了大量的灰尘，几块主要的芯片全部被灰尘所覆

盖，芯片的引脚上还挂着不少污垢，于是用刷子小心将声卡上的灰尘和杂物全部清除，然后再插到主板上，这时声卡很顺利的被系统识别出来并安装了驱动程序，重启动以后也可以正常的发声了。

故障点评：灰尘是所有板卡的天敌，灰尘过多再加上潮湿可能会引起芯片的短路，甚至会造成设备无法正常工作乃至损坏。所以电脑用户应该养成时常清理机箱及各部件的习惯。

图 7-27　创新 SB Live 5.1 声卡

7.3　音箱使用技巧

问 7–11　电脑音箱有何特点

答：电脑专用音箱（如图 7-28~图 7-34 所示）的最大特点就是具有防磁性能，这也正是与普通音箱的重要区别。由于电脑音箱所用的扬声器采用了“无磁”设计，所以可以避免普通音箱中的扬声器永久磁铁对显示器造成磁化而导致光栅变形、色彩失真（严重时还会使显示屏幕出现磁化）的影响，提高了显示器的使用寿命。鉴于此，喜欢选购大功率音箱的用户一定要注意音箱是否具有防磁的性能。

图 7-28　电脑专用 2.0 音箱(1)

图 7-29　电脑专用 2.0 音箱(2)

图 7-30　电脑专用 2.0 音箱(3)

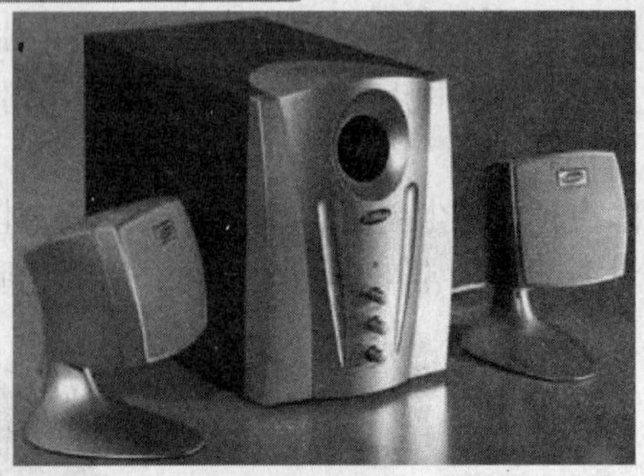

图 7-31　电脑专用 2.1 音箱

图 7-32　电脑专用 5.1 音箱(1)

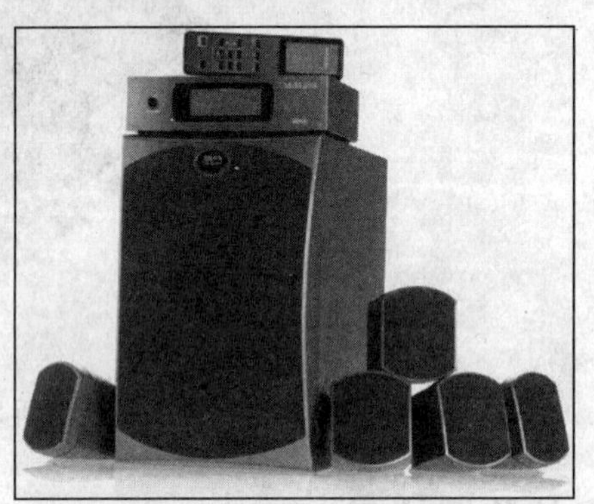

图 7-33　电脑专用 5.1 音箱(2)

图 7-34　电脑专用 5.1 音箱(3)

问 7–12　5.1 音箱摆放位置不正确是否会影响到音场效果，如何解决

答：5.1 音箱（如图 7-35、图 7-36 所示）的摆放位置不正确，会严重影响到音场效果。两个前置音箱应摆设在屏幕两侧，至于两个音箱之间的间距则视使用者到屏幕的距离而定，距离越近，两个音箱则越靠近，反之亦然。一般来说两个音箱与使用者大致维持 45° 的夹角。中间声道音箱置于两个前置音箱的中央，最好与其成一直线。环绕音箱则面对面摆在使用者的两侧上方 60~100cm 左右最佳，若两侧无适当架设地点，放置于使用者后方左右两侧偏高的位置也可达到环境音效的效果；至于重低音则无一定的摆设位置，要看使用者空间的情况而定，一般多置于前方或两侧地板上。俗话说得好，“好马配好鞍”，好音箱也要配好声卡才能达到一定的视听效果。

图7-35　5.1音箱

图7-36　5.1音箱

问7-13　接上麦克风时为何音箱会发出较大的噪声

答：这个问题可能有多种原因，最大的可能性是声卡品质太差，比如低档声卡一般是使用低容量的电解电容，这样会造成无法滤除的低频噪声。当然要想在不更换声卡的基础上，改善这种情况。首先检查一下麦克风与声卡的连线是不是未使用屏蔽线或屏蔽线接地不良。因为外界高频干扰信号由麦克风输入电路串入等均会引起噪声。在这种情况下，拔掉麦克风后，噪声应当消失。如果是接上麦克风带来的影响，未使用屏蔽线的请换用屏蔽线。如果使用了屏蔽线，用万用表检查屏蔽线外层的金属屏蔽层是否与机箱接通，排除接地不良的影响。此外，从声卡到有源音箱的信号线也应使用屏蔽线并良好接地。

问7-14　USB接口音箱有何优点

答：由于USB音箱（如图7-37所示）是从USB接口直接将数字信号送到音箱里面，所以有效的提高了声音信号的信噪比，普通音箱所接受到的信号是由声卡传送来的模拟信号，所以极易受到干扰，而USB音箱能免去声卡输出的模拟信号受到源于机箱内的电磁干扰，从而使声音得更加纯净清晰。USB音箱设备还可以由CPU进行数据处理，从而利用其带宽的优势实现多通道环绕声系统的声音回放（前提是使用USB 2.0规范）。

图7-37　电脑专用5.1音箱

问 7–15　如何认识音箱的输出功率指标

答：音箱功率大小无疑是一项比较重要的参数指标，但对于该指标则存在一个正确认识的问题，因为它有标称输出功率和最大瞬间输出功率之分。正常情况下，标称输出功率一般为最大瞬间输出功率的 1/8 左右。而需要特别注意的是，当前很多商家在出售音箱时总喜欢标出音箱的最大瞬间输出功率，但实际上这是一种障眼法，因为真正值得关注的是标称输出功率，只有它才是衡量音箱性能的关键。所以在选购时一定要注意音箱的标称输出功率这一指标。此外我们还可以从音箱的重量上大致估算出标称输出功率的大小，因为音箱内都带有一个交流电源变换器，而音箱的标称输出功率与变换器的大小成正比。

问 7–16　音箱箱体所用材质对音箱质量影响是否至关重要

答：目前大多音箱所用材质主要有塑料箱体（如图 7-38 所示）与木制箱体（如图 7-39、图 7-40 所示）之分。材料厚度及质量与音箱成本有直接关系，同时也大大影响着音箱的性能。音箱外壳的材料密度越大，发出声音时箱体所产生的振动就越小，特别是带大功率放大器的有源音箱更是如此，而板材厚度一定程度上是实现超低音效果的有力保障。木制箱体与塑料箱体相比，低音效果更好，也只有木制音箱才能给人一种雄浑有力的低音效果。但有些虽采用塑料箱体，也同样出类拔萃，低音也有很强的震撼力，不过需要强调的是，这毕竟是个特例，不代表普遍规律。

图 7-38　漫步者塑料箱体 2.1 音箱

图 7-39　木制箱体 2.0 音箱

图 7-40　木制箱体 2.0 音箱

问 7-17 音箱摆放的位置与房间是否有关系

答：音箱摆放的位置与房间的尺寸及形状对于声场的定位都有较大影响，虽然电脑音箱比家用落地式高保真音箱在输出功率和音质方面都有较大的差距，所以对于房间形状以及墙壁地板的要求并没有太高的讲究，但根据房间的条件，正确的放置对于音箱音质的提高还是很有帮助的。

一般说来卫星音箱的位置如果离墙壁有一段距离，那么音箱发出声音就会先传到室内各墙壁以及天花板后再反射到达用户的耳朵（声音反射时间应不少于 10ms），这样人脑就有足够的时间对原先听到的声音信号进行完整的分析处理，有效的避免受到早期反射声带来的的干扰，从而就能获得良好重放效果，而且定位也比较准确，使用户能够置身于良好环绕声场中。然而超重低音音箱的位置则需要靠近墙壁，因为这样才能使听到的低音效果更加强劲。

7.4 音箱故障排除

问 7-18 2.1 音箱的左卫星箱发出刺耳的尖叫声，如何解决

故障现象：2.1 音箱的左卫星（如图 7-41 所示）箱发出刺耳的尖叫声，调节音量无反应，右卫星箱正常，低音炮有低沉的交流声。

图 7-41 2.1 音箱

解决过程：打开低音炮后盖，发现该音箱内部是由一块电路板和一个电源变压器组成。初步断定该故障是在电源或功放部分。仔细查看电源，该电源是双电源供电电路（注：双电源供电电路能起到改善音质的作用），测得其+18V、-18V 直流电压均正常，分别送给三个 UTC2030“功放”模块和一个“运放”模块。接着又发现与音箱相连的一块小电路板上的两只电阻已经发黑。经测量，这两个阻值非常小而且直接串联音箱，起着保护或者阻抗匹配的作用，不过该电阻的阻值正常，不用更换。接下来将供左声道的“功放”模块拆下，

发现低音炮的交流声已经消失，换上一块 TDA2030“功放”模块后故障彻底解决，音箱恢复正常。

故障分析： 导致该故障的原因主要是电网电压过高、稳定性差和元件质量不好造成的。笔者又通过分析该音箱的设计电路图发现，该设计并没有安装保护二极管，而二极管可以有效防止电流冲击。

问 7-19 更换系统后音箱发出刺耳的“嗡嗡”声，如何解决

故障现象： 一位游戏用户为了提高游戏与操作系统的兼容性，特将 Windows XP 系统换成了 Windows 98，结果在装完系统后音箱发出刺耳的“嗡嗡”声。

解决过程： 由于该用户的电脑 CPU 超过频，首先把处理器的频率恢复至默认值，排除因超频可能引起的隐患，问题没有解决。接着检查音频线的连接是否存在问题，结果一切正常。换上使用正常的音箱，也发生了同样的故障。在确认音箱等硬件设备工作正常后，进入系统打开“设备管理器”查看板载 AC97 声卡的属性及驱动程序均无任何异常，又试着设中断、找冲突设备，可还是一无所获，最后询问该用户在安装 Windows XP 时有没有出过类似的问题，回答说安装 Windows XP 后出现系统不能自动关机的现象，但修改 BIOS 里的某项电源管理设置后就正常了。为避免是 ACPI（高级电源管理）的问题，打开 BIOS 在电源管理 POWER MANAGEMENT SETUP 中将 ACPI FUNCTION 设置为 DISABLED，重起电脑，故障排除。

故障点评： 由于 Windows 98 与 ACPI 的兼容性较差，微软和英特尔在制定该项技术的应用时，并没有将它作为默认的电源控制技术出现在电脑的操作系统中，而 Windows XP 系统以其强大的功能提供了对 ACPI 的良好支持，所以在 BIOS 里打开 ACPI 既成功地解决了 Windows XP 下不能自动关机的问题，也因为 ACPI 与 Windows 98 的兼容性较差引发了音箱的“抗议”。

问 7-20 把低音炮音量开到很大时音箱发出“咚咚”的心跳声，是何原因

故障现象： 一台新的兼容机，当把低音炮（如图 7-42 所示）的音量开到很大的时候，音箱发出“咚咚”的心跳声。

解决过程： 放入一张 CD，音乐出来后，没有听到什么杂音。关掉 CD 程序，心跳的声音又出现了。换上一个“耳麦”试一下，“咚咚”声依旧存在，将音箱连到别的电脑上，未发现任何杂音，排除低音炮的问题。接着重新安装了一遍声卡驱动程序，但心跳声依旧。将声卡插到另一台电脑上，没有任何的杂音。为避免是电磁干扰，先从电源开始找，主机的电源是大水牛的电源，应该不会有问题。再看电源插座也没有问题，只是由于电源离得很远，接了两个插线板，试着把电脑搬到另一个屋里杂音消失。插线板是用户买电脑的时商家送的，试着换了一个新插线板后杂音果然消失，故障排除。

故障点评： 电脑故障就是这么奇怪，说不定问题会出在哪里，电脑用户一般都会使用一个插线板，毕竟电脑及其外围设备需要的插座数目比较多，但这个时候就要小心插线板了，

劣质的插线板由于选用的材料都比较次，极易发生供电不稳定的情况，轻则引起电脑运行不畅，重则损坏电脑硬件，所以在购置插线板时尽量选择质量稍好一些的名牌，虽然贵不了多少钱，但却会给电脑一个无形的保障。

图 7-42　漫步者 2.1 音箱

第 8 章　光驱及刻录设备的使用技巧与故障排除

光驱及刻录存储设备的发展速度是迅速的，从最早的 CD-ROM 跨越 CD 刻录机、DVD-ROM、COMBO 到今天主流的 DVD 刻录机，每一个阶段从开始到技术成熟再到普及的感觉像在瞬间一样，于是主机上形形色色的光驱搭配就形成了一道独特的风景线，同时光驱及刻录存储设备对我们来说也是重要的，通过它们用户才可以提取或者保存有价值数据，鉴于目前这 5 种类型的光驱及刻录存储设备都没有退出历史舞台，所以本章将从 5 个方面分别来介绍它们的使用技巧和故障排除，通过本章的介绍，用户可以使即将退役的 CD-ROM，CD 刻录机“返老还童”；正在服役的 DVD-ROM，DVD 刻录机“青春永驻”。

8.1　CD-ROM 使用技巧

问 8-1　CD-ROM 读盘速度过慢是何原因

答：CD-ROM 光驱（如图 8-1~图 8-6 所示）目前只有老电脑还在用，一般情况下，CD-ROM 光驱读盘速度过慢是由于 CD-ROM 使用时间过长，激光头或其他机械组件老化所造成的，遇到这种情况，只能调整激光头功率的强度或更换组件。如果光驱使用的时间不长，可以排除上述情况，一般是由于硬盘数据线质量不好或是启用了病毒防火墙和实时监控之类的软件造成的，如使用了金山毒霸、瑞星、诺顿、安全之星、东方卫士、北信源等。

解决方法：更换质量好的硬盘数据线，同时将病毒防火墙以及实时监控软件关闭，需要提醒的是，关闭病毒防火墙和实时监控软件后，整个系统将处于无保护状态，一旦有病毒入侵后果很是严重，因此，建议尽量不要采取这种方法来提高光驱运行速度。

图 8-1　Acer 50X CD-ROM 光驱

图 8-2　BenQ 52X CD-ROM 光驱

图 8-3　爱国者 52X CD-ROM 光驱

图 8-4　ASUS 52X CD-ROM 光驱

图 8-5　三星 52X CD-ROM 光驱

图 8-6　ASUS 52X CD-ROM 光驱

问 8–2　调整 CD–ROM 激光头功率时应注意哪些问题

答：调整激光头（如图 8-7 所示）的功率时，应仔细查找电路板上的多个可调电阻（如图 8-8 所示），其中只有一个是控制激光功率强弱的可调电阻，大多数电路板上都用字母标明电阻的作用，其字母缩写和作用如下：RF・CFS（射频偏移调整电阻）、FCS・GAN（聚焦增益调整电阻）、TRK・GAN（循迹增益调整电阻）、TRK・BAL（循迹平衡调整电阻）、FCS・CFS（聚焦偏移调整电阻）、TRK・CFS（循迹偏移调整电阻）。需要特别注意的是，在调整激光头功率时一定要适当，不要贪心，否则会造成激光头严重损坏。

图 8-7　激光（雷射）头

图 8-8　电路板上的可调电阻

问 8–3　如何判定 CD–ROM 的各种机械故障

答：判定 CD-ROM 光驱是否出现故障和电脑其他部件故障判定的方法一样，是采用常见的排除法，判定光驱是否出现机械故障方法如下：

其一，要了解该光驱是否遇到过碰撞、跌落、挤压及受潮等现象，如果没有，就可以排除光驱因意外情况造成的故障。

其二，采用专用的激光头清洁盘、加厚光盘等方法来判定激光头是否属于老化，弹力钢片压力不足等机械故障；

其三，要将光驱打开，查看光驱内部的齿轮、传送橡胶带等（如图 8-9 所示）容易老化、松动的部件是否完好。

通过上述一系列的检查，基本上就可以判定光驱的机械故障所在。

图 8-9　齿轮及传送橡胶带

问 8-4　清除激光头上的灰尘时需要注意哪些问题

答：清除激光头（如图 8-10 所示）上的灰尘，最简便、快捷的方法是使用专用的激光头清洁盘进行，虽然效果不是很好，但对于还没有过保质期的用户来说，这种方法是最好不过了，需要注意的是，清洁盘一定要选择光驱专用的，而不是 VCD 专用的，因为 VCD 播放机与光驱的激光头还是有所不同的，使用的清洁盘当然也不一样，一些用于 VCD 播放机的清洁盘，清洁刷是一个比较硬的透明塑料片，如果使用它进行清洁激光头不知道会出现怎样的结果，这种清洁盘被称为“光驱杀手”。

对于已经过了保质期的用户，可以将光驱拆开，使用镜头纸和专用清洁剂清洗激光头，但一定不要使用酒精及劣质厂商生产的清洁剂。

对于初次拆卸光驱的用户，一定要牢记每个部件的位置，是怎样被拆卸下来的，否则，会出现光驱全部安装完后，还剩下一些部件的情况，如果能找到经验丰富的技术人员来指导是最好不过。

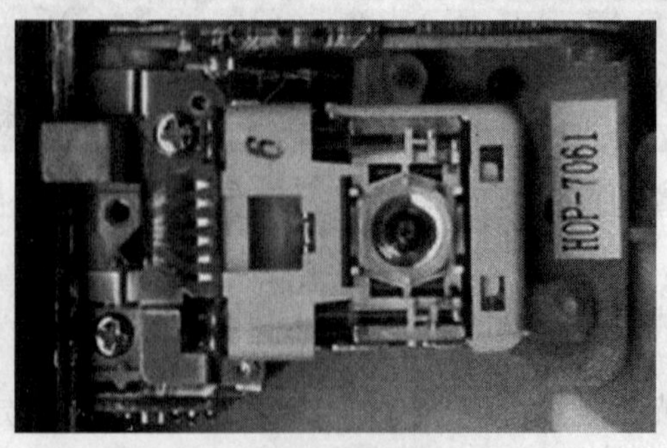

图 8-10　激光头正面图

问 8-5　CD-ROM 托盘进出不正常，如何解决

答：光驱托盘正常进出是通过其内部的一个检测开关控制的，如果这个检测开关接触不良或光驱托盘进出时不能正常接触到该检测开关，此时光驱将不能检测到光驱托盘（如图 8-11 所示）的状态。

解决方法：将光驱拆开，并将线路板拆下，在机芯底下找到检测开关，它是一个旋转式开关，是通过一个横杆推动臂进行转换角度，当开关变换角度时，光驱托盘也随即产生进出动作。而动臂与开关接触部位是一个藏在桶状外壳内的金属片触点，如果金属触点受到灰尘影响，就会造成开关接触不良。用一个牙签或火柴棍之类的物品，将金属片触点上的污垢清除干净即可解决，整个过程需要有耐心。

图 8-11　光驱托盘

8.2　CD-ROM 故障排除

问 8-6　更换 CD-ROM 光驱后，电脑不能启动，是何原因

故障现象：一台兼容机因光驱读盘不好，为了安装光盘上的程序，特意借来一个 CD-ROM 光驱（如图 8-12 所示），可是更换了 CD-ROM 光驱后，电脑却不能启动。

图 8-12　MSI 56X CD-ROM

解决过程：这是由于更换 CD-ROM 光驱后的主从盘设置与硬盘相冲突造成的问题。如果 CD-ROM 光驱和硬盘接在同一条 IDE 数据线上，一般来说，硬盘已默认设置成“主”盘，而 CD-ROM 光驱则需设置成“从”盘。这个步骤很简单，将 CD-ROM 光驱从机箱中取出，

重新调整它的主从盘跳线设置。这时只要将 CD-ROM 光驱的主从盘跳线跳到 Slave（简称为 SL）的位置，再将 CD-ROM 光驱放回机箱，连接好数据线、电源线、音频线即可使用。如果电脑第二个 IDE 插槽没有使用的话，可以直接将光驱通过 IDE 数据线单独连接到第二个 IDE 插槽上。这样的话，硬盘和 CD-ROM 光驱不用设置主从盘跳线也不会出现冲突的情况了。

故障点评：这是个最常见的 IDE 设备冲突问题，也是在实际操作中最容易出现的问题，当由于 IDE 设备的更换而导致出现电脑故障时，首先就要查看设备的跳线，一般调整跳线之后都会解决问题。

问 8–7　光驱最近不读盘只能看见指示灯在不停的闪烁，如何解决

故障现象：一台电脑的 CD-ROM 光驱一直使用正常，可最近突然不读盘了，只能看见指示灯在不停的闪烁。

解决过程：这台光驱（如图 8-13 所示）是新换的，不可能出现老化现象，经过检查连线等都正常，估计问题出在内部，于是拆开光驱，将目光“聚焦”在激光头部件上。这时发现激光头背面有两颗对称的胶封的螺钉，其中一个封胶的螺钉有松动的迹象。既然螺钉被胶封起来了，说明它们是不允许被随便调节的，一旦调节不当可能会导致光驱无法正常工作。那么螺钉的松动会不会与故障有关呢？决定还是先将螺钉固定起来再说，将出现松动的封胶螺钉恢复原位后，重新安装上光驱，打开电脑，故障排除。

故障点评：这个封胶螺钉可以改变激光头的角度，但要是其中一个螺钉出现松动的话，激光头在水平方向上的角度就会不平衡，这样激光的发射与接收会不正常，从而会导致光盘无法被正确识别。在此也提醒用户，调整光驱激光头附近的部件是一件比较危险的事情，如果没有一定的认识和动手能力，最好不要冒然去修理，以防损坏光驱。

图 8-13　某品牌 CD-ROM 光驱

8.3　CD 刻录机使用技巧

问 8–8　数据是如何刻录到光盘上的

答：CD 刻录机（如图 8-14~图 8-17 所示）光盘刻录原理其实并不复杂，都是利用大功率激光束的照射对 CD-R 或 CD-RW 光盘进行局部瞬间加热，使信息存储在光盘上。由于

CD-R 和 CD-RW 记录层使用的材料不同，因而就形成了 CD-R 光盘的记录层刻录后无法复原，只能刻写一次；而 CD-RW 光盘所用的记录层材料由于具有热转换性，所以可以反复改变记录层状态，达到多次刻录的目的。

图 8-14 某品牌 CD 刻录机

图 8-15 先锋 CD 刻录机

图 8-16 某品牌 CD 刻录机

图 8-17 华硕 CD 刻录机

问 8-9 选购 CD-RW 刻录机时是否要关注缓存容量

答：在选购 CD 刻录机时，除了提供防“缓存欠载”技术的运用外，另一个影响刻录机的重要因素就是缓存容量大小。要知道，刻录数据时需要先将数据写入缓冲区然后再刻写到光盘上，如果缓存过小，会造成缓存内的数据使用完后不能得到及时补充，因“缓存欠载”而导致刻录的失败。一般而言，缓存容量越大就对刻录光盘的可靠性越有保障，不过这种说法并不是绝对的，对于 12 倍速以上带有防“缓存欠载”技术的刻录机对缓存大小就没有要求。

问 8-10 内置式刻录机与外置式刻录机有何区别

答：CD-R/RW 刻录机有内置式（如图 8-18~图 8-20 所示）和外置式（如图 8-21~图 8-23 所示）之分。一般来说，内置式可以节省空间，而且价格相对便宜；外置式则便于携带，密封性也好，还有利于散热。无论内置式还是外置式产品，根据放置盘片方式的不同可分为托盘式和吸入式。托盘式的放置盘片方式与普通 CD-ROM 完全一样，CD-R/RW 盘片的装载由托盘装入/弹出。吸入式则是用一个专用的盒子来装载盘片，刻写时插入刻录机，这样防尘性更好一些，但从价格和节省空间的角度来看，它不具有优势。

图 8-18　BenQ 内置 CD 刻录机

图 8-19　浦科特内置 CD 刻录机

图 8-20　SONY 内置 CD 刻录机

图 8-21　BenQ 外置 CD 刻录机

图 8-22　BenQ 外置 CD 刻录机

图 8-23　Acer 外置 CD 刻录机

问 8–11　选用高速刻录机有什么好处

答：刻录机（如图 8-24 所示）的速度指标有刻录速度、擦写速度和读取速度 3 种。刻录速度高的产品直接的好处就是缩短了刻写时间，这样可以缩短用户等待时间，从而有效提高了刻盘效率。目前，高倍速刻录机都使用了防“缓存欠载”技术，使刻录过程被中断的几率大大减少，从而有效提高了刻盘成功率。

图 8-24　BenQ 内置 CD 刻录机

问 8-12 如何保证 CD-R 光盘刻录质量

答：光盘刻录的失败往往只是因为一点疏忽造成的。其实，只要在刻录过程中注意一下就完全可以避免整张光盘的报废。在刻录过程中应注意以下问题：

其一，选好光盘，一定要挑选质量可靠口碑比较好的产品，并不是越贵的盘片质量就越有保证。

其二，选好刻录软件，有条件的话，要使用专业电脑杂志中介绍的，这样就不用自己再去尝试与摸索。

其三，电脑在整个刻录过程中一定不允许出现供电中断的问题，否则很可能导致整张光盘的报废。

其四，在整个刻录过程中一定不允许出现震动问题（比如搬动电脑或刻录机等）。

此外，还要留意接口连接模式、数据自身可靠性、是否为多任务操作、电脑系统档次等相关问题。

8.4 CD 刻录机故障排除

问 8-13 刻录机的光盘托架出入仓困难，但读盘及刻盘均正常，如何解决

故障现象：CD 刻录机的光盘托架（如图 8-25 所示）出入仓困难，大概弹出不到一半就停止不动了，需要手动帮助才能弹出和关闭，但该刻录机读盘及刻盘均正常。

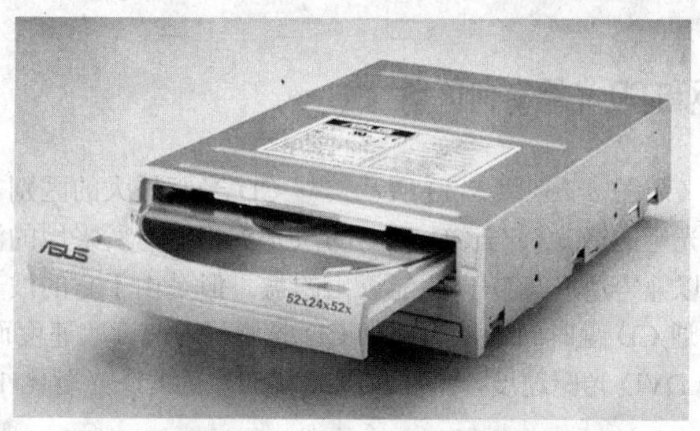

图 8-25 CD 刻录机的光盘托架

解决过程：由于该刻录机工作正常，所以推定其主电路板及光头组件没有问题，于是怀疑是传动皮带松了，打开光驱的外壳进行检查，没有发现传动皮带有松动的迹象，不经意间发现电机齿轮的轴上缠了一些像棉絮一样的东西，用镊子慢慢地将其取出，通电检查，光驱恢复正常，问题就此解决。但是没过几天光驱又出现同样的故障，再次打开光驱外壳，发现又有一些同样的物质缠在轴上，该用户说经常用光驱清洁盘清洁光驱，把清洁盘取来仔细研究这张所谓的清洁盘，其实它就是在一张光盘上用双面胶粘了一些棉絮状的东西（好像录音机清洁磁头的东西一样），不过由于质量不是很好，用手轻轻一揪就能掉下来一些，估计在

清洁盘清洁光头时由于旋转速度很快，这棉絮状的东西偶尔会有一些被刮落，随即被光盘带动的气流旋进齿轮的轴上，最终导致故障。

故障点评：重视保养电脑各部件是一个好习惯，但保养是建立在科学的方法基础之上的，任何盲目、不科学，甚至保养过度都有可能造成电脑故障。

问 8-14　CD 刻录机总弹出“设备未准备好”提示，是何原因

故障现象：CD 刻录机的读盘能力最近明显下降，而且经常是放好光盘后，双击光驱盘符总是弹出“设备未准备好”的提示。

解决过程：初步推断是 CD 刻录机的激光头上灰尘过多引起的，于是决定清洗激光头。打开机箱后，发现里面的灰尘太多了，这更加肯定了判断，卸下 CD 刻录机打开上盖，用一根干净的棉签蘸上蒸馏水对激光头进行擦拭，晾干后重新装入机箱，开机放入光盘，顺利地读出光盘内容，看来问题解决了，但没过几天问题再次出现，换了一个 CD-ROM 装上居然也变得非常迟钝，甚至无法读盘，这时恍然大悟，问题并不是出在 CD 刻录机身上，而是数据线的问题！于是拔下数据线，将连接硬盘的数据线的另外一个插头插在 CD 刻录机上，设置好主从关系，开机测试，非常轻松地就读出了光盘上的内容，至此问题才真正得到解决。

故障点评：由于笔者太相信自己的第一推断，所以起初连最基本的“替换法”都未使用就妄下结论，导致走了弯路。在这里要告诫朋友们以后在遇到类似问题时，一定不要被故障的表面现象所迷惑，应该多方面找原因解决问题。

8.5　DVD-ROM 使用技巧

问 8-15　DVD 光驱和 CD 光驱有何区别

答：DVD 光驱（如图 8-26~图 8-30 所示）与 CD 光驱最大的区别就是激光头以及读取速度的不同。DVD 光驱的激光头与 CD 光驱的激光头相比，所采用的波长更小、记录密度更大，DVD 光驱可以兼容所有 CD 光驱能读出的盘。但是由于它的波长更小记录密度大，所以用 DVD 读取普通 CD 盘时纠错能力不如 CD 光驱好，就读取速度而言，1X 的 CD 光驱速度要远小于 1X 的 DVD 光驱速度，千万不要认为 52X 的 CD 光驱比 16X 的 DVD 光驱快。

图 8-26　SONY DVD-ROM 光驱

图 8-27　大白鲨 16X DVD-ROM 光驱

图 8-28　三星 DVD-ROM 光驱

图 8-29　先锋吸入式 DVD-ROM 光驱

图 8-30　先锋 DVD-ROM 光驱

问 8–16　DVD–ROM 播放光盘时容易死机是何原因

答：如果只是播放个别 DVD 光盘时死机，应该是盘片质量问题。若死机现象普遍存在，则应首先确定将 DVD 单独接在一个 IDE 接口上，并将其跳线设置成 Master。然后更换新版播放器软件，如 WinDVD（如图 8-31 所示）或 PowerDVD 软件（如图 8-32 所示）。如果死机后发现盘片烫手，应注意加强机箱散热，特别是将 DVD 驱动器远离硬盘等发热大户，另外还要考虑升级新版本的 Firmware 程序。

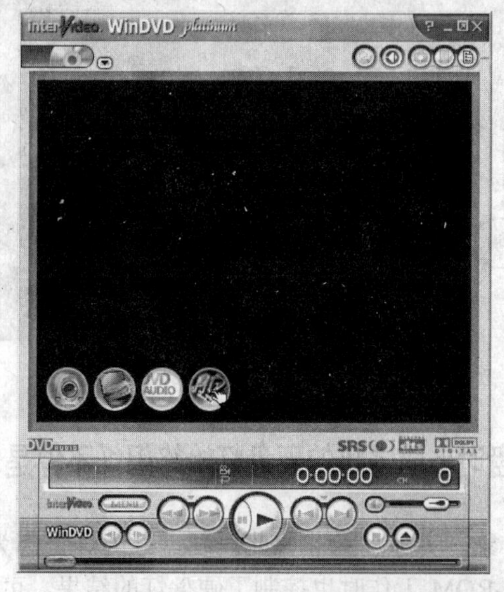

图 8-31　WinDVD 主菜单

图 8-32 PowerDVD 6.0 主菜单

问 8-17 DVD-ROM 托盘不能完全关闭，如何解决

答：这种现象大多是由于传送橡胶带老化，使橡胶带的摩擦力下降，导致托盘（如图 8-33 所示）关闭不能达到指定位置。解决方法有以下两种：

其一，将光驱拆开，更换一条新的橡胶带，但目前市场上很难找到完全匹配的橡胶带，所以这种只能是在能买到相同规格橡胶带的情况下使用。

其二，找一些松香酒精，将橡胶带取下，并将松香酒精滴在橡胶带上，待酒精蒸发后，会使橡胶带的摩擦力增强，这种方法简单、实用，而且效果不错，只是这种方法只能维持橡胶带一段时间而已。

图 8-33 DVD 光驱托盘

问 8-18 DVD-ROM 读盘时电脑主机的硬盘灯始终闪烁不停是何原因

答：这其实是一种假象，实际上并非如此。硬盘灯闪烁是因为光驱与硬盘同接在一个 IDE 接口上的缘故，DVD-ROM 工作时也控制了硬盘灯的结果，可将 DVD 光驱单独接在一个 IDE 接口上即可。

问 8-19　在用 PowerDVD 7.0 看 DVD 光盘时，没有声音是何原因

答：PowerDVD 7.0 是一款优秀的 DVD 播放软件，而 7.0 也是它的最新版本，目前网上提供下载的一般都为破解版，破解板的其中一个局限性就是在使用了一段时间之后，播放 DVD 电影会只有图像，没有声音。在此笔者建议购买正版的 PowerDVD 播放软件，这也是尊重他人劳动成果的一个方式，当然，装回低版本的 PowerDVD 也可以解决这个问题。

8.6　DVD-ROM 故障排除

问 8-20　三星 DVD-ROM 最近托盘弹出仓门时间过短，连放进或取出光盘的时间都没有，如何解决

故障现象：一台使用两年一直正常工作的三星 DVD-ROM（如图 8-34 所示），最近光驱托盘弹出仓门后，马上就会缩回去，连放进或取出光盘的时间都没有。

解决过程：光驱托盘的弹出与进入是靠一个单刀双掷开关来实现的。通俗的说就是一个双面带触点的弹簧片左右摆动与两侧的弹簧片接触，从而实现出入仓的目的，因为故障的产生是越来越严重的，所以初步判断故障的原因可能是弹簧片逐渐氧化，导致开关接触不良，根据前面的分析，打开光驱外壳，取出机械部分，仔细观察上述提及的三个弹簧片，发现中间负责左右摆动的弹簧片触点有明显的锈迹，于是找来无水酒精，反复擦拭该弹簧片的两个触点，直至去掉氧化层为止，为保证万无一失，将其余两个弹簧片也作了相同处理，并小心的将光驱装配好，故障排除。

故障点评：尽管电脑硬件故障层出不穷，但许多故障都可以通过自己动手加以解决。只要平时加强硬件方面知识的积累，排除故障时才会做到少走弯路。

图 8-34　三星 DVD-ROM

问 8-21　老 DVD-ROM 可以播放 DVD 影碟但不能读取数据盘，是何原因

解决过程：这是一台创新品牌的老 DVD 光驱（如图 8-35 所示），它的特殊地方就在激光头内部分别装有两个相对独立的激光发射管，并分别发射 780nm 和 650nm 波长的激光束，

以便适应数据盘和DVD影碟对波长的不同要求。由于购买时间较早，在当时DVD盘很少的情况下，它的主要任务还是读取数据光盘，因此用于发射780nm光束的激光管使用非常频繁，而650nm的DVD发射管则使用较少，这样便造成了可以正常播放DVD影碟，但不能读取数据光盘的故障。因此可以肯定的是，780nm的发射管已经老化，出现发射功率降低。唯一的补救方法依然是调整光头的输出功率。首先打开DVD-ROM的外壳，用脱脂棉将物镜上的灰尘清除。用一把三角口螺丝刀卸下挡在光头组件侧面的盖板，在露出的光头组件的印刷电路板上，有两个绿豆般大小的可调元件，它们就是调整激光管发射功率的元件。

需要注意的是，正中间的那一个是调整DVD管的，而靠近电路板边缘的那个才是调整数据盘的，一切复原后该DVD-ROM的故障排除。

故障点评：DVD-ROM的故障基本上都是发生在光头和光通道上，控制电路部分发生故障的概率非常低，加上其结构精密复杂，配件又比较难找，对非专业人员来说，维修的难度是比较大的。

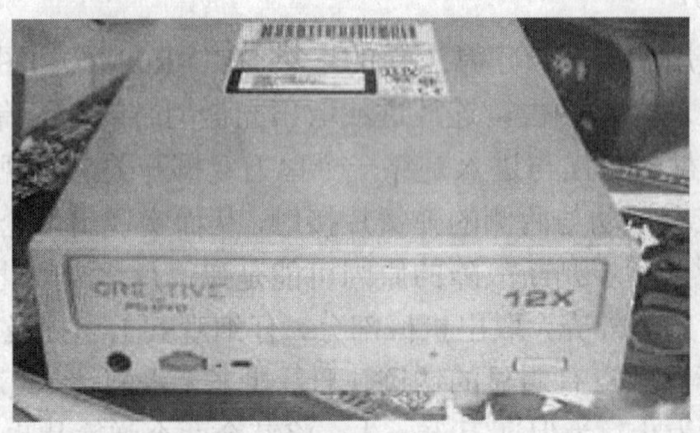

图 8-35　创新 12X DVD 光驱

8.7　DVD刻录机使用技巧

问 8-22　DVD刻录机在使用和维护过程中需要注意哪些问题

答：DVD刻录机（如图8-36~图8-38所示）的价格由于不断走低，目前已经成为广大用户的配机首选，由于相对其他光驱及刻录存储设备来说集成度更高，更复杂，所以在使用过程中应注意以下几点：

其一，防尘、防潮。注意刻录机的清洁卫生，这一点对所有光驱及刻录存储设备来说都是非常重要的。

其二，保证供电。在刻录的过程中要花很大的功率才能融化染色剂，并且刻录是一个相对较长的过程，所以要保证平稳的电压和较大的电流。

其三，散热。刻录机功率较大，并且由于刻录的时间会相对较长，不可避免地会有很大的发热量，刻录机过热势必影响内部元件的电气参数。

其四，选择质量好的盘片。如果遇到刻录机不能识别刻录盘，或者刻好的DVD盘无法在一般的DVD播放机中播放，多是盘片质量不佳造成的。

其五，不要“超刻”。DVD 刻录技术还不像 CD 刻录那么完善，如果“超刻”时 DVD 刻录盘无法继续维持写入动作，此时对激光头的损伤是相当严重的。

其六，一次性刻录。不要使用多重区段，因为只有 Windows XP 可以支持多重区段 DVD 刻录盘，但放在其他操作系统下就无法识别了。

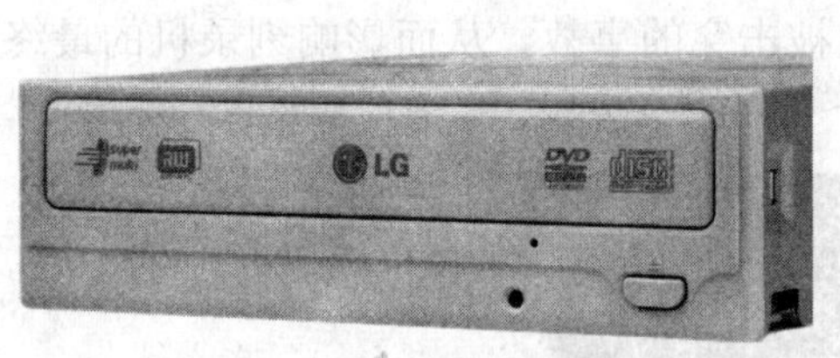

图 8-36　LG DVD 刻录机

图 8-37　飞利浦 DVD 刻录机

图 8-38　BenQ DVD 刻录机

问 8-23　16XDVD 刻录机，在刻录时只能选 4X，如何才能达到 16X 刻录

答：要达到高倍速的刻录速度，除去 DVD 刻录机（如图 8-39 所示）本身的规格外，还要求盘片的支援，请检查所使用的刻录盘片是否为高倍速 DVD 刻录盘片，如果刻录机本身没有问题，再装入 16X 的刻录盘片，就可以达到 16X 的刻录速度。

图 8-39　先锋 16X DVD 刻录机

问 8-24　DVD 刻录机相比其他光存储设备耗电多或少

答：与其他光存储相比，DVD 刻录机绝对可以称得上是用电大户，它在刻录数据的过程中会消耗掉大量的电能，要是电源功率不够的话，刻录机内部的激光头（如图 8-40 所示）

就没有办法将刻录盘片表面的染色剂加热熔化掉，这么一来刻录出来的盘片质量也就没什么保障了。因此，为了提高数据刻录的成功率，我们一定要为刻录机提供功率足够大的电源输入。

此外，需要提醒的是，尽量不要对刻录机的电源进行频繁开、关，因为在较短的时间内对刻录机进行频繁开关操作，刻录机内部的工作电路会受到高电压、强电流的“冲击”，这样刻录机内部的电子元气件可能会发生被击穿的事故，从而影响刻录机的最终使用寿命。

图 8-40　刻录机内部的激光头

问 8–25　经常使用 DVD 刻录机的“满刻”或“超刻”工作模式好不好

答：一般来说，现在的刻录机（如图 8-41 所示）绝大多数都支持“满刻”工作模式或者“超刻”工作模式，许多人为了充分发挥刻录盘片的作用，往往都喜欢使用“满刻”或“超刻”工作模式来刻录数据。事实上，当刻录机处于“满刻”或“超刻”工作状态下时，其内部工作电机将以最高的速度进行转动，这样的话外界对刻录机稍微有一点震动的话，就容易出现刻录盘片被激光头划破、激光头被严重损坏的现象发生。

更为重要的是，现在市场上出售的许多刻录盘片本身就不支持“满刻”或者“超刻”工作模式，或者说支持得不是很好，如果强行选用“满刻”或者“超刻”工作模式，结果只能是损坏刻录盘片，而且即使刻录盘片不被损坏，刻录出来的数据内容也不大容易被正确识别，或者说很容易出现识别错误的现象。

图 8-41　三星 DVD 刻录机

8.8　DVD 刻录机故障排除

问 8-26　在刻录整张 DVD 盘时弹出“无法刻录”的提示，是何原因

故障现象：一台浦科特 16X DVD 刻录机（如图 8-42 所示）最近刻不了盘，偶尔刻录一些体积小的文件还可以，但如果刻录整张的 DVD 盘，则刻录进度到 40%以后便会弹出“无法刻录”的提示。

解决过程：常规检查之后没有找到任何问题，于是对电脑硬件进行全面检查，打开机箱在检查过程中发现电脑中有两条不同型号的内存条，一条是金士顿的，另一条是现代，经询问用户才知道，另外一条现代内存是后来加上去的，会不会是因为内存的问题所造成的刻录失败呢，于是将现代的内存条取出，从新开机后进行刻录，这次刻录整个过程十分的流畅，没有出现任何的问题，将这条内存条重新装进去，则问题又产生了，于是断定就是内存条引起的故障。

故障点评：由于现代内存条的质量出现了问题，当使用一段时间后，内存的性能直线下降，而在刻录机刻录大量的文件时，占用的资源相当大，对内存的性能要求也比较高，于是出现了无法承受满负荷的运行出错。

图 8-42　浦科特 16X DVD 刻录机

问 8-27　刻录机刻录第二张盘片时总出错，是何原因

故障现象：一台兼容机最近一段时间 DVD 刻录机总是出现无法刻录的现象，具体表现为刻录机在刻录第一张盘片时能够顺利完成，但当在刻录第二张盘片时，无论如何都不能正确的完成刻录，要不刻录失败，要不刻录半途中出现“飞盘”。

解决过程：根据故障的表现，笔者认为软件没有问题，刻录机（如图 8-43 所示）硬件出现问题的可能性也非常小（能够顺利完成第一张盘片就充分说明），很可能是刻录机的散热不良引起的。于是打开机箱，发现先前的 DVD-ROM 光驱并没有拆除，而 DVD 刻录机就安放在这台 DVD-ROM 光驱的下面，两台光驱紧密的挨在一起，基本上没有缝隙。用手触摸这台 DVD 刻录机的侧面，发现非常烫手，于是将刻录机从机箱中拆下，去除表现的灰尘，并重新安装到第三个光驱托架中，使 DVD-ROM 与 DVD 刻录机中间留有一台光驱的位置。为了检验判断是否正确，于是重新进行了盘片刻录测试，在顺利刻完第一张盘后，中间间隔

了 10 分钟左右的时间再进行第二张盘片的刻录，结果刻录一切正常，故障顺利排除。

故障点评：光驱因散热不良导致电脑死机或不能顺利读盘的故障并不多见，同样，由于 DVD 刻录机散热不好，导致无法刻录或刻录失败也是必然的。在此顺便提醒一下电脑用户，安装光存储设备最好隔开，不要离得太近，注意散热问题。

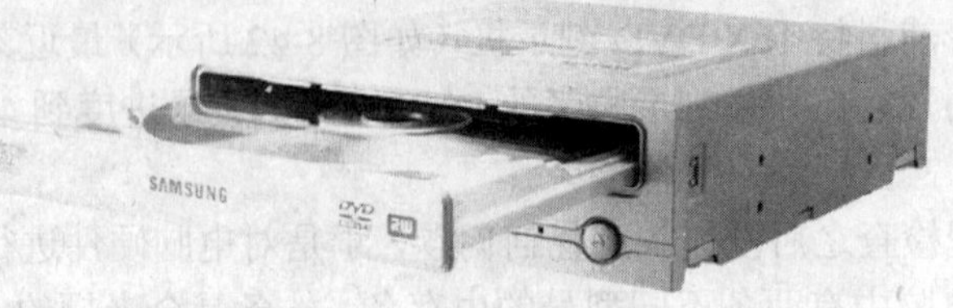

图 8-43 三星 DVD 刻录机

8.9 COMBO 使用技巧

问 8–28 通常所说的 COMBO（康宝）是什么意思？它集成了哪些功能

答：COMBO 在英文里的意思是“结合物”，而 COMBO（康宝）驱动器（如图 8-44~图 8-47 所示）就是把 CD-RW 刻录机和 DVD 光驱结合在一起的“复合型一体化”驱动器。简单的说，COMBO 就是集 CD-ROM、DVD-ROM、CD-RW 三位一体的一种光存储设备，最初被用在高端的笔记本电脑上，由于具有三重本领，所以迅速就在台式机上普及开，到目前为止，发展迅速，技术相当成熟。

图 8-44 Aopen 康宝光驱

图 8-45 LG 康宝光驱

图 8-46 BenQ 康宝光驱

图 8-47 三星康宝光驱

问 8-29 康宝前置面板，耳机插孔播放 CD 无声音是何原因

答：出现这种情况可能是用户没有使用相关的软件来播放或者音量旋钮没有调节好的缘故。对于这种情况，可以首选查看 CD 是否已经在播放，如果没有的话，请首先使用专用的 CD 播放软件来播放 CD，这样您就会听见声音了。只要 CD 开始播放了，前置面板上的耳机插孔（如图 8-48 所示）就一定能够听到声音；如果依然听不到声音，请检查音量调节旋钮，查看是否音量旋钮被设置在了最小的位置。

图 8-48 耳机插孔

问 8-30 使用康宝刻录的 CD 能在光驱播放，但是不能在 CD 机中播放是何原因

答：很可能是由于刻录方法不正确造成的。请查看是否采用了以下的刻录方法：

其一，音频 CD 是在 ISO 9660 模式下进行刻录的。

其二，音频数据是刻录在 CD-RW 光盘上的。

其三，刻录时，最后一个区段没有被关闭。

其四，采用了多区段的刻录方式。

问 8-31 CD-R 光盘有剩余空间是否能继续刻录数据

答：从理论上讲，CD-R 光盘刻录数据后如果还有剩余空间，以后是可以向光盘追加刻录的，但需要一个前提条件，那就是所使用的刻录软件支持 TAO 模式或 Multi SAO 模式的写入方式，并且要在刻录之前设定相关的选项，因为通常情况下刻录机默认的选项是 DAO 模式，如果没有设置，光盘在刻录后将会成为 CD-ROM 只读光盘，这是由于 DAO 模式写入的数据是将整张光盘当做一个区段进行处理，也就是说，它在刻录完成后会对光盘末尾部分进行封口，这样就不能再继续写入数据了，CD-R 光盘变成普通的 CD-ROM 光盘了。由此可见，刻录软件即便支持 TAO 模式或 Multi SAO 模式，也必须要经过选项设置，否则，不能达到多次刻录之目的。

8.10 COMBO 故障排除

问 8-32 COMBO 光驱出现死机或“飞盘”现象，如何解决

故障现象：一台 COMBO 光驱，用 WinDVD 播放 DVD 的时候，每次放到三、四十分钟的时候就会出现死机现象，按 Ctrl+Alt+Del 组合键都没有响应，另外在刻盘的时候也频繁出现“飞盘”现象。

解决过程：首先怀疑是因为播放软件故障造成的死机，卸载 WinDVD，安装 PowerDVD，开机过一会故障依旧。打开机箱，发现内部显然长期没有大扫除，所有板卡上布满灰尘，光驱、软驱、硬盘也是如此，最糟糕的是机箱内部竟然没有安装散热风扇，且硬盘和软驱紧密叠在一起，COMBO 和 CD-ROM 更是“亲密接触”，加上这段时间气温已经达到 35℃，可以肯定是由于散热条件恶劣导致的死机故障了。保持机箱侧板打开状态后顺利播放一部 DVD，并连续刻录 CD-R 两张，没有出现任何故障。于是拆下硬件将机箱和板卡彻底打扫了一遍，装入机箱的时候在硬盘和软驱、COMBO 和 CD-ROM 之间都留了空隙。再次开机，连续播放两部 DVD，并刻录了一张 CD 没有出现任何故障，问题解决。

故障点评：这次故障是由于机箱内部温度（尤其是 COMBO 温度）过高引起的。高速 COMBO（如图 8-49 所示）在读盘的时候温度很高，刻录的时候就更高了，所以应避免长时间用 COMBO 读取碟片或者进行连续的刻录操作。另外机箱内部太脏也会导致各设备散热条件降低，而硬盘和软驱、CD-ROM 和 COMBO 的安装位置不恰当也是造成这次故障的重要原因，所以在安装板卡或者硬盘、光驱的时候应注意尽量给设备留出足够的散热空间。

图 8-49 COMBO 光驱

问 8-33 COMBO 光驱刻录出的盘片自己却不能读出，是何原因

故障现象：一台爱国者 48 速 COMBO 光驱（如图 8-50 所示），最近刻录出的盘片连它自己都不能读出，而普通 CD-ROM 却可以读。第二天重启电脑之后，居然不能刻录了，重装 Windows XP 系统，除了安装主板驱动外别的驱动都没安装，用 Nero 程序刻录还是不行，然后进行硬盘整理也没有用，更换 COMBO 光驱的数据线也不行。最后，将 COMBO 光驱接到朋友的电脑上刻录，一切正常。

解决过程：从以上的各种现象和采取的措施来看，可以排除 COMBO 光驱和数据线出故障的可能性。因此故障可能出在用户自己电脑主机的电源上，或是为 COMBO 光驱提供电源的那 4 芯电源插头上，如出现接触不良、导线过细、铜线有断裂现象等问题，后换一个电源插头故障排除。

故障点评：COMBO 光驱在刻录光盘时，要消耗较大的电能，因此一些使用 COMBO 的用户也反映 COMBO 光驱使用时的发热量相当高，所以在使用 COMBO 光驱时往往会出现一些莫名其妙的故障，出现问题时首先应该检查一下电源和输出插座，如果没有异常的话，再看看其他方面是否存在问题。

图 8-50　爱国者 48X 康宝光驱

第 9 章　辅助设备的使用技巧与故障排除

机箱、电源、键盘、鼠标、移动硬盘、U 盘、摄像头、游戏设备可以说是一台电脑的辅助设备，但重要性毋庸置疑，尤其是电源，对一台电脑来说丝毫不亚于 CPU 或者主板、内存，电源就像一颗心脏，供应者整个电脑的各个部件，尤其当前各个部件的功率都有增无减，一个好的电源越来越受到用户的重视，所以本章集成了这些设备，统一来介绍一下他们的使用技巧与故障排除，希望读者在阅读完之后能有一个总的概括，遇到此类故障及应用时能够手到擒来。

9.1　机箱使用技巧

问 9-1　机箱的样式可分为几种类型

答：机箱从样式上可分为立式（如图 9-1~图 9-5 所示）和卧式（如图 9-6~图 9-8 所示）两种类型：立式机箱内部空间相对较大，而且散热性好，添加各种硬件时也较为方便。缺点是其体积较大，不适合在较为狭窄的环境里使用，另外价格相对高些。卧式机箱虽然价格相对便宜，而且体积较小，但是其散热性能不佳，硬件的升级时也不方便。除了可以放在显示器下面节省桌面空间外，目前 DIY 爱好者很少考虑。综合比较，笔者认为还是中型立式机箱为首选。

图 9-1　Tt 立式机箱

图 9-2　爱国者立式机箱

图 9-3　Tt 立式机箱

图 9-4　立式机箱

图 9-5　爱国者“月光宝盒”立式机箱

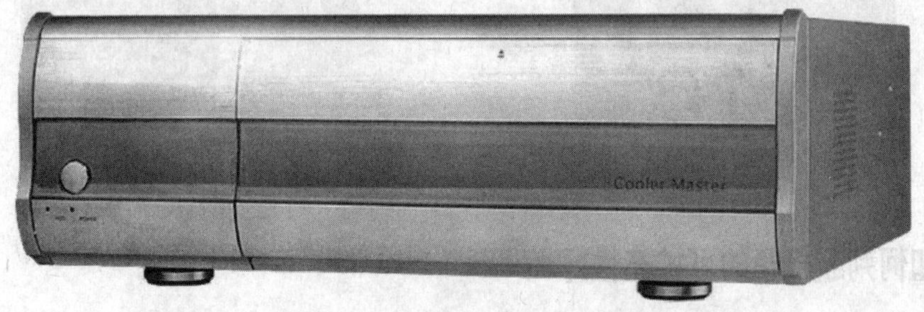

图 9-6　Cooler Master 卧式机箱

图 9-7 某品牌卧式机箱

图 9-8 某品牌卧式机箱

问 9-2 如何判断机箱的材质和用料优劣

答：以笔者多年的经验，可以从这样两个方面来判断：

其一，机箱所用的材料是衡量一只机箱优劣的重要指标，而镀锌板的质量直接决定着机箱质量的好坏。品质优良的机箱（如图 9-9、图 9-10 所示），应采用高级镀锌板，厚度应该在 1mm~1.4mm 以上，而且喷漆和镀层牢固。而劣质机箱多使用 1mm 以下的普通薄铁板甚至是不带镀层的铁板，重量很轻，用力一按便会出现凹陷，而且颜色发暗很容易生锈。

其二，机箱面板的用料。较好的机箱面板普遍采用 ABS 材料注塑，这样的机箱柔韧性好，不易老化变色，能够长期使用。而劣质机箱面板脆弱，有些色泽不均匀，边缘剪切比较粗糙。

机箱的重量是判断质量和用料最直观的方法，拎起机箱掂量一下分量即可以作出判断，此方法虽然不很科学，却是个有效的方法。

图 9-9 金和田立式机箱

图 9-10 多彩立式机箱

问 9-3 如何判断机箱的可扩充性好坏

答：机箱的可扩充性也是衡量机箱的一个指标，扩充性的好坏将直接影响到日后硬件的升级。一般来说，机箱可扩充性和它的体积成正比，体积越大所能提供的驱动器槽位也越多。

如目前的立式机箱大多提供 3 或 4 个光驱位置（如图 9-11、图 9-12 所示），2 个硬盘位置便于升级。Micro ATX 以及卧式机箱只提供 1~2 个光驱位置和 1 个硬盘位置，良好的扩充性可为日后升级带来方便，机箱内部宽敞也有利于散热。

图 9-11　立式机箱内部结构（1）

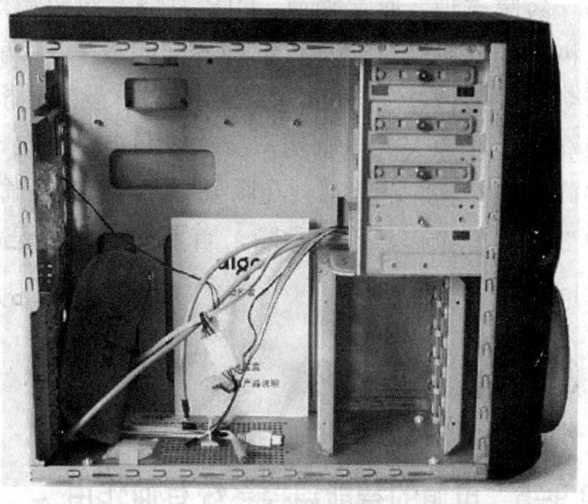

图 9-12　立式机箱内部结构（2）

9.2 机箱故障排除

问 9-4　按下机箱电源开关后，电脑屏幕全黑（不亮），是何原因

解决过程：拆下机箱侧面板，按下电源仔细观察，电源风扇、CPU 风扇都能正常运转，开机时无喇叭报警声，显示器无反应，但显示器指示灯一直亮着（正常应当成绿色），表明显示器无大碍。将内存，CPU 等部件用替换法测试皆无问题。将主板取下拿到其他电脑上测试也是好的，便将问题重点放在了电源及电源开关上，电源经测试无问题，那么是电源开关有问题吗？经仔细检查测试发现复位按钮里面塑料复位装置已断裂，使里面两根金属片粘贴在一起，产生永久短路，而复位开关一直处于复位状态故发生黑屏故障。先不将复位线连上主板，顺利启动电脑，后从电器维修店找来一个类似的复位按钮重新安上后一切恢复正常。

故障点评：机箱开关按键出现问题在实际中也很常见，尤其是劣质机箱，做工粗糙，长时间使用磨损之后就容易出现各种各样的问题，其实机箱的选购应该作为一个重点来看待，好的机箱不仅仅是一台优质电脑的有力保障，在散热、静音、固定部件的牢固性上都能发挥出很大的优势。

问 9-5　电脑最近总是出现死机、重启动，甚至重启动之后不能进入系统的故障

解决过程：开机检测，快要进入桌面时就“嘀”的一声重启动了，尝试了好几次才勉强进入系统，查看该电脑软设置，一切都没有问题，于是打开机箱准备检查内部硬件，就在拆卸机箱侧面板时，笔者的手突然被“电”了一下，看来是机箱漏电，机箱内部的排线比较零乱，看上去似乎已经很久没有清理，灰尘布满了各个部件，估计就是漏电再加上灰尘所导致

的，于是对机箱进行了一次大清理，就在拆卸主板的时候，发现由于机箱的做工问题，导致主板放置不平，不仅出现松动，还导致插在上面的各部件接触不良好，应该是经常发生共振，漏电的问题经过检测是机箱开关出现了问题，最后建议用户更换机箱之后故障排除。

故障点评：通常来说，DIY 发烧友对机箱是很重视的，这也反映了一个问题，那就是由于机箱的问题经常会导致各种各样的故障，目前主流机箱都在倡导散热、智能监控、合理的，更多的安装位、设计风格等系列问题，没想到机箱做工劣质这样的很多年前就已经关注的问题会发生在今天的电脑用户身上，漏电、潮湿、灰尘、做工劣质导致的主板松动、共振等这些问题混杂在一起，都会在瞬间要了电脑的“命”，其实机箱就像一个“家”，想要里面的“住户”都好好工作，不出故障，首要的问题就是让他们生活在一个安全、健康、整洁的“家”里面。

9.3 电源使用技巧

问 9–6 电源的智能温控系统有何作用

答：智能型温控系统可以根据电源（如图 9-13、图 9-14 所示）内部的温度自动调节功能散热风扇的转速，使电源内部的温度保持平衡，电脑系统达到最佳的散热效果，同时减少噪声，节省能耗，延长电机（马达）使用寿命。如果电源风扇因各种意外停止转动，肯定会导致温度升高，智能温控系统会马上发生报警，提醒用户尽快关机以免损坏电源和其他硬件。可以说，如今的高档电源普遍具备这一功能。

图 9-13 磐石 400W 电源　　图 9-14 世纪之星“幻影卫士”电源

问 9–7 开机延时功能和瞬间反应能力有何特点

答：这是电源的一种概念，电源在接通的瞬间到向电脑提供稳定的输出电压势必要有一定的时间作稳定周期，在这个周期时间内电压的稳定度很难保证。通常，专业厂商让电源延时在 100ms~500ms 范围。当输入电压在瞬间发生较大的变化（注意：这里是指在允许范围内）而输出的稳定电压值恢复正常所用的时间，就是电源对异常情况的反应能力。显然，反应能力越灵敏，说明该电源的性能越好。

问 9–8　如何从外观上判断电源质量的优劣？

答：电源的质量好坏通常可以从以下几点来判断：

其一，电源外壳材料的选用。电源外壳材料（如图 9-15 所示）通常是使用标准的厚度有两种，0.8mm 和 0.6mm，经验丰富的人是能够判断出来的。

其二，引出线的粗细。电源所使用引出线的粗细与它的耐用度有很大关系。过细的线材，长时间使用有时会因过热而烧毁。

其三，电源外壳上面的散热孔（如图 9-16、图 9-17 所示）。电源在运行过程中，温度会不断升高，除了电源自带的散热风扇外，散热孔也起到了重要的作用。电源的散热孔面积应越大越好，但是位置要设计正确，不然会使电源内部成为真空状态，反而造成散热不利。

图 9-15　磐石 300W 电源

图 9-16　电源外壳的散热孔

其四，散热片（如图 9-18~图 9-20 所示）的做工。优质电源的散热片体积大而且材质比较厚，多用铝或铜材料。而劣质电源的散热片只有铝质，而且体积较小，也比较薄。

其五，电源的内部结构。优质电源的电路设计布局严谨，元器件做工精细，部分高档电源还设计了智能温控系统，并采用了大容量电容实现滤波，这就保证了给电脑提供纯净，平滑的供电系统。关于电源的效率，它和电源线路设计以及元器件的选用有密切关系，高效率的电源可以提高电能的使用效率，并在一定程度上可以降低电源的自身功耗和发热量。

图 9-17 电源外壳的散热孔

图 9-18 电源内部的散热片及部件

图 9-19 电源内部的散热片

图 9-20 电源内部的散热片

问 9-9　电脑开机时电源发出“嗡嗡”噪音，而过一段时间噪声会逐渐消失，是何原因

答：这是由于长期使用电脑中，电源中积攒了过多灰尘而导致电源散热风扇（如图 9-21 所示）的主轴运转不畅，从而发出了“嗡嗡”的噪音，但当电脑运行了一段时间后风扇的主轴的运转就会平稳下来，噪音也就随之消失。解决方法是将电源从机箱中取出，并将电源盒上盖打开，取下风扇用软毛刷刷去风扇以及散热片等器件上的灰尘，然后在电机（马达）主轴上滴少许润滑油（缝纫机油即可），最后再将电源重新装好故障便可以排除。

图 9-21　电源散热风扇

9.4　电源故障排除

问 9-10　自从升级显卡（GeForce FX5600）之后，电脑就经常出现死机，重启动等现象，如何解决

解决过程：笔者经过一系列的软故障排除没有找到任何问题，只好打开机箱检查硬件，先摸摸 CPU 风扇的散热片，手感不算很热；承启的主板做工不错没有问题；金士顿的内存也不会有问题；将显卡装入另一台电脑，运行半个小时游戏仍然很稳定，难道有兼容性问题？这个想法马上被否定，GeForce FX5600 显示卡一向兼容性很好。经询问用户，电源是 300W，连同机箱一起买的，看了看电源的铭牌数据，上面标着：5V 18A，12V 12A，3.3V 10A。这个所谓的 300W 电源，额定功率连 200W 都不到，于是更换了长城 350W 电源（如图 9-22 所示）到该故障电脑上，开机运行游戏没有再出现死机，问题解决。

故障点评：通过这件事情，给要攒机的用户提几点忠告，如果电脑由于天热经常出现死机、重启动等问题，除了散热等方面问题之外，还要着重考虑一下电源的原因。

图 9-22 长城 350W 电源

问 9–11 电脑最近老是进不了系统，一出现登录界面就重启动，是何原因

故障现象：电脑最近老是进不了系统，一出现登录界面就重启动，但有的时候又勉强能使用一个多小时。

解决过程：这是一台老电脑，Pentium 4/1.6G +845D 的配置，开机自检，一会就进入到桌面，运行任何程序都没有问题，更没有出现上述故障，就是一台正常的电脑，但用户既然反映就一定有问题，于是打开机箱寻找故障根源，一路检查下来都没有问题，就在一筹莫展之时，无意间拉了一下鼠标，电脑立即又重启动了，看来是鼠标插口松动所导致的故障，于是告知用户最好换个鼠标，至此故障排除，但就在安装机箱侧面板时，笔者的手触摸到了机箱的后上方电源附近，这温度毫不夸张的说可能摊鸡蛋了，再看机箱电源的散热风扇果然早已不转了，拆下电源，一看又是个劣质产品，散热风扇都不能更换，电源线插头是直接焊死在电源电路板上的，更换上一个新的 350W 金和田电源（如图 9-23 所示），故障到此才真正排除。

故障点评：可以毫不夸张地说电源在电脑里的位置相当重要，如果说 CPU 是电脑“大脑”的话，那么笔者认为电源就是电脑的“心脏”，一个好的电源不仅仅只是提供大功率电流，稳定电压的问题，除此之外，当前新一代电源标准在节能、智能等方面都取得了不少成绩，一个做工优良的电源恰似电脑的一道天然保护屏障，是最值得 DIY 用户关注的部件之一。

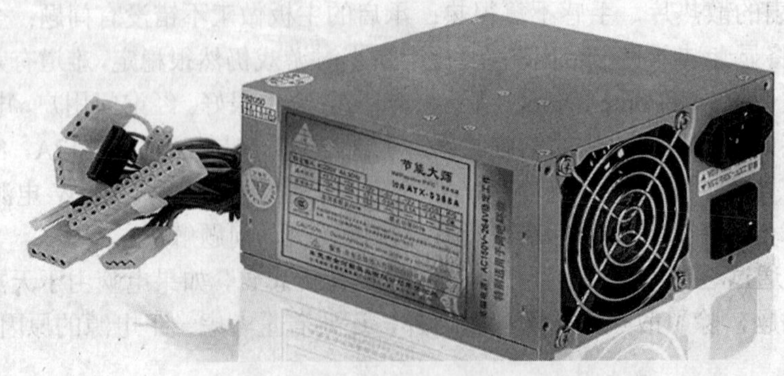

图 9-23 350W 金和田“节能大师”电源

9.5 键盘使用技巧

问 9-12 按下某个键屏幕上没有反应，是何原因

答：键盘（如图 9-24~图 9-27 所示）的种类和品牌很多，但大多数出现按键故障的基本上有两种可能：

其一，键盘内部的电路板上有污垢，导致键盘的触点与触片之间接触不良，使按键失灵。解决方法是将键盘拆开（同时撬起失灵键），用软毛刷将电路板上的污垢清除，同时使用无水酒精（一定要用无水酒精）清洗键盘按键下面与键帽接触的部分，如果表面有一层透明薄膜，应揭开后清洗。

其二，该按键内部的弹簧片因老化而变形，导致接触不良。解决方法是将键盘拆开，把有问题的键换掉即可，如果暂时找不到新的键体，可以把键盘上不常用的键体进行调整即可。

图 9-24 罗技键盘

图 9-25 罗技键盘

图 9-26 Acer 键盘

图 9-27 无线键盘

问 9-13 按下一个键后会同时出现多个字符，是何原因

答：这是由于键盘内部电路板局部短路造成的，当键盘使用时间过长时，其按键的弹簧片可能将电路板上的绝缘漆磨掉，或是由于键体磨损电路板，形成了少量金属粉末，导致某

局部多处短路。解决方法是将键盘拆开，检查有故障按键下面对应的电路板上是否有金属粉末，如果有可用软毛刷将其清除再用无水酒精擦洗干净即可。如果绝缘漆被磨掉，应先用无水酒精将电路板擦干净，把胶布贴在已磨损的地方即可。

问 9-14　电脑在自检时屏幕出现“Keyboard error”提示信息，是何原因

答：可能是键盘接口电路有问题。重新插上键盘时发现接口有明显的松动现象，怀疑是主板键盘接口接触不良，打开机箱，卸下主机板仔细观察，果然发现有一处焊点开裂，将其焊好后重新开机，键盘恢复正常。

9.6　键盘故障排除

问 9-15　用鼠标单击桌面上的任意一图标，都会有三五个图标同时处于被选中的状态，是何原因

故障现象：用鼠标单击桌面上的任意一个图标，都会有三五个图标同时处于被选中的状态，严重时桌面上的图标几乎全被选中，如果强行双击其中想要打开的某个程序，则所有处于选中状态的程序都会自动运行，直到死机。

解决过程：开始以为是病毒作怪，将瑞星的病毒库升级到最新版本也没有发现病毒，查看电脑的各项设置都没有问题，机箱拆开之后观察里面的硬件，整理之后故障依旧，就在一筹莫展之时，突然发现键盘右边的 Shift 键因为弹性不足，按下后不能复位，换了一块键盘故障排除。

故障点评：因为 Shift 键有复选的功能，当其不能复位时，单击桌面上的图标，便会将相邻的图标也同时选中。故障虽小，但要引起重视，往往正是因为这么微小的故障，才不易发觉，白白的浪费时间。

问 9-16　电脑在使用中突然出现死机，重新启动后出现“黑屏”现象，是何原因

解决过程：打开机箱后仔细观察，发现通电时电源指示灯亮、风扇转动正常，所以电源应该是没有问题。利用替换法逐步更换了可能导致电脑“黑屏”的配件，如内存、显卡、CPU 等，但奇怪的是故障依旧。经多次试验后发现，该电脑偶尔可以正常启动，但屏幕上出现“键盘错误”的提示后，就不能继续。据此笔者怀疑可能是键盘接口损坏、松动或是电缆接触不良、部分断路。于是准备将键盘插头拔下来检查一下，可是在拔插头时，笔者感到电缆线的表面温度很高，且已经软化。顺着这根电缆线一直查到电缆与键盘的连接处，这才发现电缆的外包装胶皮已经磨损脱落，而内部的几根导线并在一起，且一些裸露的金属导线也彼此相接触，从而造成了较严重的短路现象。同时由于短路后的电流较大，致使键盘线温度升高，主板也因供电电压不足，才出现了不能启动、“黑屏”的故障。

故障点评：发生此故障的原因主要是安装电脑时键盘线留出的自由活动余量较小，且挤

在了桌缝当中，而用户在使用时感到不便，就经常抽动键盘且用力较大，致使键盘线与键盘脱离，时间常了便造成外皮磨损而短路的故障。

9.7 鼠标使用技巧

问 9-17　在 Windows 下无法使用 PS/2 接口鼠标，是何原因

答：排除鼠标（如图 9-28、图 9-29 所示）自身故障外，可能由以下原因造成的：

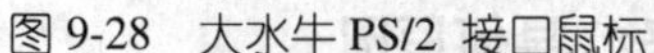

图 9-28　大水牛 PS/2 接口鼠标

图 9-29　台电 PS/2 接口鼠标

其一，用户将鼠标与键盘的接口接错。请仔细检查键盘和鼠标的接口是否连接正确，如果插错只要位置对调即可。

其二，可能是由于其他设备的中断号与鼠标产生了冲突导致不能正常工作。解决方法，选择“我的电脑”|“控制面板”（如图 9-30 所示），然后单击“系统”命令，在弹出的对话框中选择“硬件”|“设备管理器”（如图 9-31 所示），检查其中是否有设备使用了 IRQ 12 中断号，如果有将其调整为其他设备没有用过的中断号即可。

其三，可能是由于主板的 PS/2 接口出现了故障。

图 9-30　控制面板

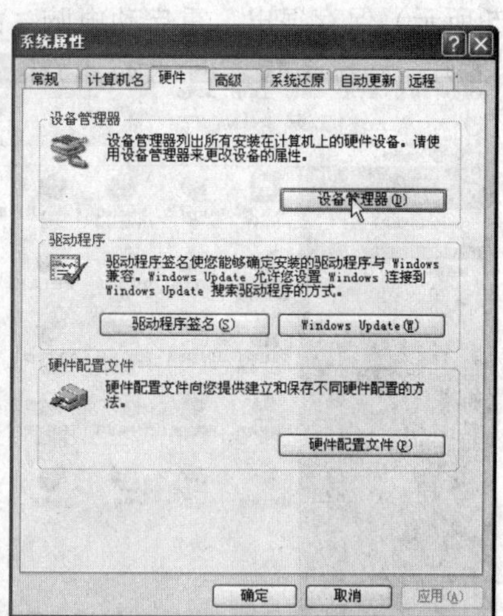

图 9-31　系统属性

问 9–18　鼠标按键失灵是何原因

答：可能是因为鼠标按键（如图 9-32、图 9-33 所示）和电路板上的微动开关距离太远或微动（单击）开关经过一段时间的使用而反弹能力下降，或是塑料簧片长期使用后容易断裂，导致鼠标按键无法正常弹起。拆开鼠标，在鼠标按键的下面粘上一块厚度适中的塑料片，厚度要根据实际需要而确定，处理完毕后即可使用。

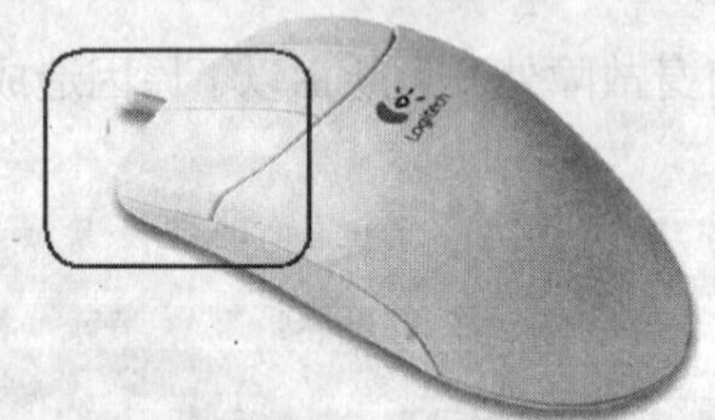

图 9-32　罗技鼠标按键

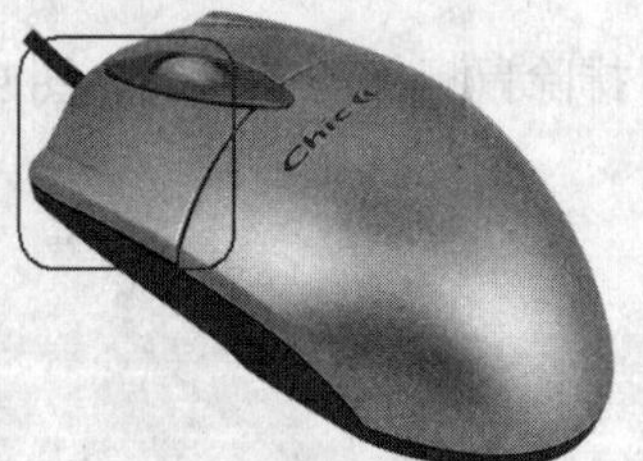

图 9-33　Chic 鼠标按键

9.8　鼠标故障排除

问 9–19　双击鼠标时只能选中对象却不能打开对象，是何原因

故障现象：一台电脑的鼠标最近失灵了，打不开程序和文件夹，每当双击鼠标时只能选中对象却不能打开对象。

解决过程：电脑出现这种情况比较少，怀疑是感染了病毒，通过键盘操作进行杀毒，但没有发现任何病毒。检查鼠标接口一切都正常，将鼠标拿到别的电脑上检测，没有任何问题，看来鼠标自身是没有问题的，估计是设置的问题，于是通过键盘操作，打开控制面板下的鼠标选项卡（如图 9-34 所示），发现鼠标的双击速度被调到了最高，修改双击速度后（如图 9-35 所示）保存退出，重启动电脑，故障排除。

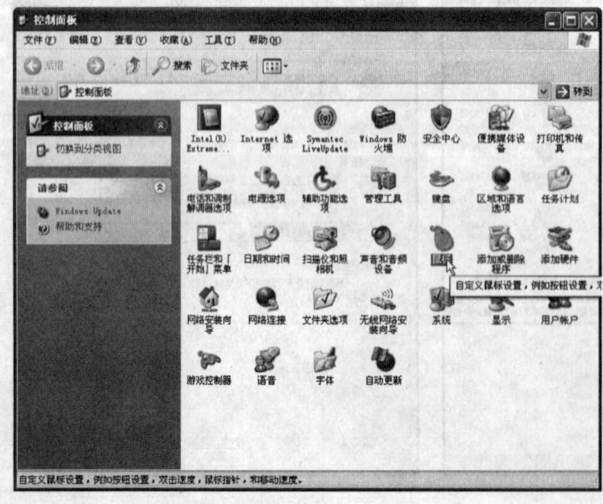

图 9-34　控制面板

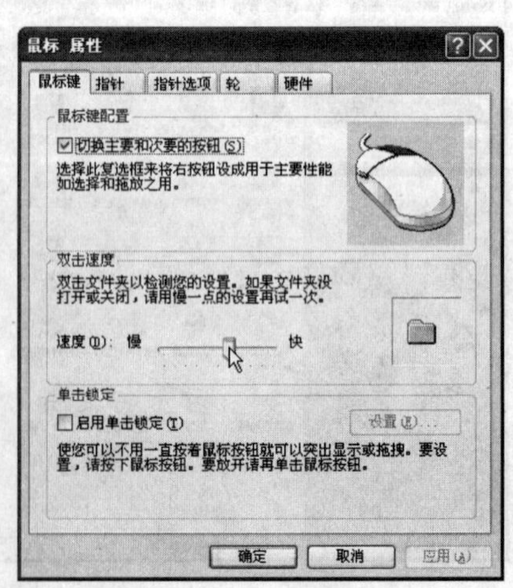

图 9-35　鼠标属性

故障点评：估计是有人胡乱修改了鼠标的属性导致了本例的故障所在。当某部件出现故障的时候，应该遵循先“软”后“硬”的原则来检测，大多数时候的故障都不是硬件的问题，恰恰是一些软故障才是故障的根源。

问 9–20　使用正常的电脑在进行大清理之后，总是出现“黑屏”和“死机”的故障，是何原因

解决过程：开始怀疑是各种板卡没有插牢，接触不良所导致的故障，拆开机箱重新固定各部件之后再开机，故障依旧。将显卡卸下来放在别的电脑上试验，没有问题，更换显示器结果还是“黑屏”，甚至用最小系统检测法，拔掉大部分部件故障还是存在，最后索性连键盘鼠标也拔了，来个真正的最小系统看行不行，就在拔鼠标 PS/2 插头的时候，突然发现它插在了键盘的接口上，原来与键盘接反了，恢复之后故障排除。

故障点评：这是个典型的由于疏忽大意引起的故障，由于键盘、鼠标的接口都在机箱背部（如图 9-36 所示），在看不见的情况下很难引起我们的注意，而通常在使用最小系统或者排除法查找故障的时候也一般不会卸掉鼠标和键盘，于是故障就产生了。

图 9-36　机箱背部接口

9.9　移动硬盘与 U 盘使用技巧

问 9–21　最近想买一个 USB 2.0 接口的硬盘盒，如何判断硬盘盒的接口是 USB 1.1 还是 USB 2.0

答：由于 USB 2.0 标准（如图 9-37 所示）是由 USB 1.1 标准演变而来的，两种设备可以互相兼容，即 USB 2.0 设备可以工作在 USB 1.1 接口上，反之 USB 1.1 设备也可以工作在 USB 2.0 接口上。两者之间除了传输速率不同外没有很大差异，在拓扑结构、连接方式及接口针数上都相同。所以，单从硬盘盒（如图 9-38 所示）的接口外端形状上是无法区分的，但是标准的 USB 2.0 硬盘盒在其外包装上都会印有一个 2.0 字样的图案，如果还不放心，则可以借安装硬盘的时候，观看其内部电路板的正面是否标有 USB 2.0 字样。另外，该电路板背面还比 USB 1.1 的多了一块 USB 2.0/IDE 转换控制芯片。

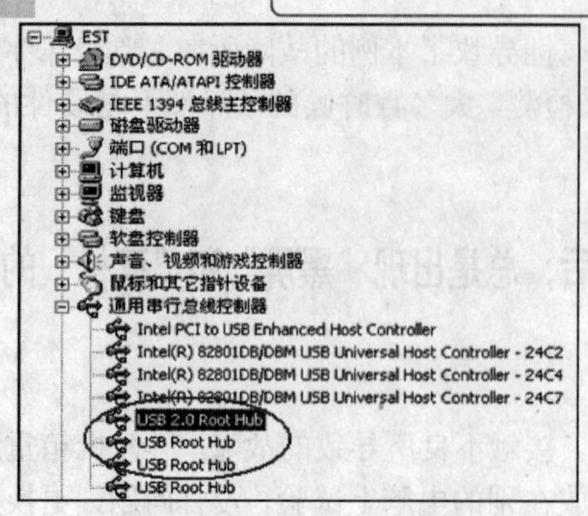

图 9-37　USB 2.0 标准

图 9-38　移动硬盘

问 9-22　系统认不出来移动硬盘或者拷贝文件经常失败，如何解决

答：最好不使用 USB 延长线，这种线的质量一般不太好，会使 USB 数据同步出错，使移动硬盘不能正常工作。如果机箱上的前置 USB 接口无法保证正常使用，多半为供电问题，应尽量把移动硬盘插在原主板背板的 USB 接口上。劣质 USB 硬盘盒做工不佳，导致出现供电不足或是数据丢失等现象。可尝试更换劣质数据线为带屏蔽层的优质 USB 线，若情况依旧可借用或调换一块硬盘试验一下，如果还不成最可靠的办法还是及早更换移动硬盘盒。

问 9-23　在电脑上插拔 U 盘，为何先要在托盘区删除 USB 设备

答：通过任务栏小图标（如图 9-39 所示）关闭可移动磁盘的操作，实际就是先停止主板对 U 盘（如图 9-40 所示）的供电，再安全拔除 U 盘的操作过程。如果直接拔除，虽然对主板也不会造成什么伤害，但是对 U 盘控制芯片的寿命会造成一定的影响。虽然闪存芯片的寿命很长，但是控制芯片和电路是一体的，它的寿命是有限的，只有合理的使用方式才能保证 U 盘的使用寿命。而且，规范的操作还可以避免在数据正在读写的时候就拔除这种可能对 U 盘造成极大伤害的错误。

安全删除 USB Mass Storage Device - 驱动器(J:)

图 9-39　U 盘小图标

图 9-40　技嘉 U 盘

问 9-24　系统提示“无法停止”U 盘时，是否可以直接拔除 U 盘

答：不能。出现这种情况是由于相关的程序还没关闭的缘故，哪些是相关的程序，这些程序是指用户刚才用来备份数据的程序，例如使用了 Word 的“另存为”命令将文档备份到 U 盘（如图 9-41 所示），那么就得关闭整个 Word 窗口后，系统才允许停止并拔除 U 盘，如果硬来的话可能会造成数据的损坏，严重时甚至导致 U 盘报废。

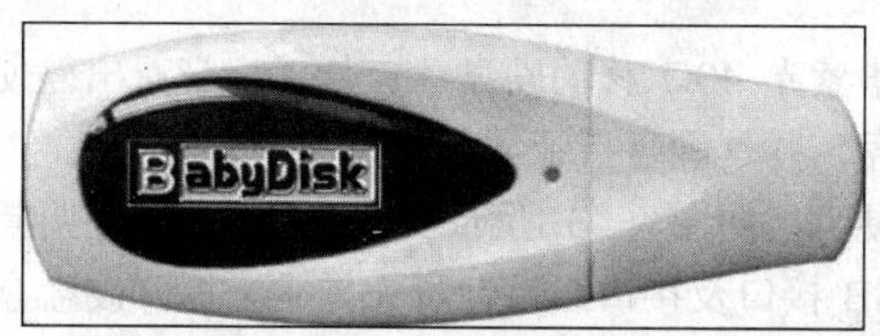

图 9-41　某品牌 U 盘

9.10　移动硬盘与 U 盘故障排除

问 9-25　系统能自动找到 USB 移动存储设备，但在“我的电脑”中却找不到硬盘的盘符，是何原因

故障现象：一块纽曼 40GB 移动硬盘（USB 2.0 接口）插入一台品牌机（P4/2.4GHz，256MB 内存，运行 Windows XP 操作系统）使用时，系统能自动找到 USB 移动存储设备，但在“我的电脑”中却找不到硬盘的盘符。

解决过程：观察该移动硬盘（如图 9-42 所示），发现其指示灯不停闪烁，并发出“咔嚓、咔嚓”的响声。将其拿到另一台电脑及一台东芝笔记本电脑上试验，结果都能正常使用。将移动硬盘插入其他 USB 接口，故障依旧。但用一块 U 盘在此机的 USB 接口上使用，读写都正常。看来问题就出在这台品牌机的 USB 接口与移动硬盘的连接上。将移动硬盘放在耳边，其轻微的“咔嚓、咔嚓”声好像是硬盘驱动器转不起来，怀疑是移动硬盘的供电不足所导致，于是将移动硬盘所附带的 USB 接口供电线插在另一个 USB 接口上，这次再看“我的电脑”移动硬盘盘符出现，故障排除。

图 9-42　纽曼 40GB 移动硬盘

故障点评：某些电脑主板的 USB 接口电压不足，当系统无移动硬盘盘符出现时，不妨将供电的 USB 插头插上试验一下，基本上目前所有的 USB 移动硬盘都提供额外的供电插头。另外，如果移动硬盘长期工作在电压不足的情况下，可能会造成硬盘损坏，所以在使用移动硬盘时，最好接上它的电源线。

问 9–26　带着移动硬盘出差回来后，在几台电脑上都检测不到移动硬盘，是何原因

故障现象：一块清华紫光 40G 移动硬盘，自从用户带着出差使用回来之后，在几台电脑上都检测不到移动硬盘，并且硬盘指示灯也不亮。

解决过程：该移动硬盘（如图 9-43 所示）指示灯不亮，说明问题可能出在移动硬盘本身。仔细观察硬盘的 USB 接口及接口线，针脚无异常。拆开硬盘盒，盘身表面部件也无变色和异常现象，硬盘与硬盘盒的接口针脚也没有变形。查看硬盘盒身，发现硬盘盒的上下面内凹，可能是在出差途中因挤压而变形，于是只用硬盘盒的接口模块连接硬盘而不装入盒内，插入电脑，移动硬盘又恢复了正常。再拔出装入硬盘盒内，移动硬盘又没了反应。难道是内凹的铁质盒身与硬盘表面部件有接触致使移动硬盘工作不正常？用工具将内凹的盒身整平，装好硬盘，插入电脑，移动硬盘恢复了正常使用。

故障点评：目前主流移动硬盘都采用的是 2.5 英寸硬盘，由于硬盘体积很小，内部部件的集成度又很高，所以硬盘本身十分敏感，任何一种微小的外力都有可能导致硬盘停止工作，出现故障，所以在使用移动硬盘时，要轻拿轻放，平时注意就好。

图 9-43　清华紫光 40G 移动硬盘

问 9–27　新买的 U 盘安装驱动后不能使用，在“我的电脑”中没有“可移动磁盘”图标，是何原因

故障现象：一位游戏用户一直安装的是 Windows 98 系统，最近买了一个 U 盘回家安装驱动之后，闪存不能使用，具体现象就是在“我的电脑”中看不到理应出现的“可移动磁盘”图标。

解决过程：这台电脑在使用该 U 盘（如图 9-44 所示）之前，先后安装过数码相机、MP3 播放器等 USB 设备的驱动程序，可能是 USB 外设驱动程序之间出现了冲突问题。于是又将这两个设备连接到 USB 接口试验，使用正常，而闪存不能正常使用多半与这两者有关，动手将这两种驱动程序卸载后，再次安装 U 盘驱动，问题解决。

故障点评：由于该驱动程序设计上的缺陷，极易导致在 Windows 98 下 USB 设备使用时发生冲突。具体表现为，在使用新的 USB 设备时，系统自动就在主板的 USB 接口上加载了已经安装过的其他 USB 设备驱动程序，从而导致后来的 USB 设备无法正常工作。要使它们和平共处，可通过类似升级驱动程序加以解决，不过先卸载其他 USB 设备驱动程序，再重新安装 U 盘的驱动也可解决类似问题。

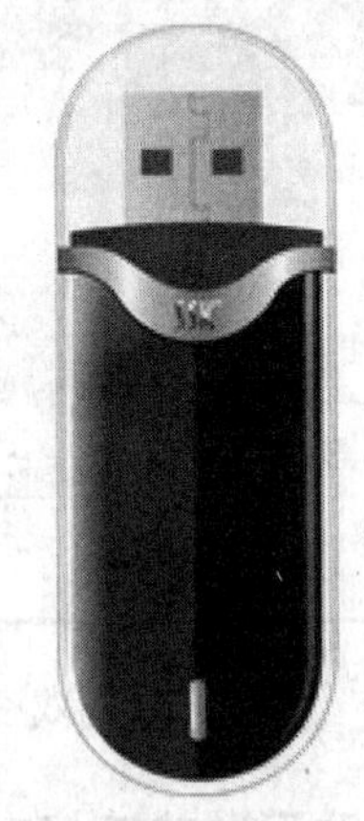

图 9-44　某品牌 U 盘

9.11　游戏设备使用技巧

问 9-28　一个串口游戏手柄，插上开机后没有提示安装，也没有驱动程序，如何解决

答：由于串口并不是即插即用的，所以用户需要手动设置了手柄以后才能使用手柄，单击“控制面板”|“游戏控制器”选项，找到相应的型号，然后按照系统提示一步一步安装（如图 9-45~图 9-48 所示）即可，对于某些需要安装驱动程序的，也同样按照系统提示安装即可，再设置一下按键即可使用手柄。

图 9-45　“控制面板”选项

图 9-46　“游戏控制器”选项

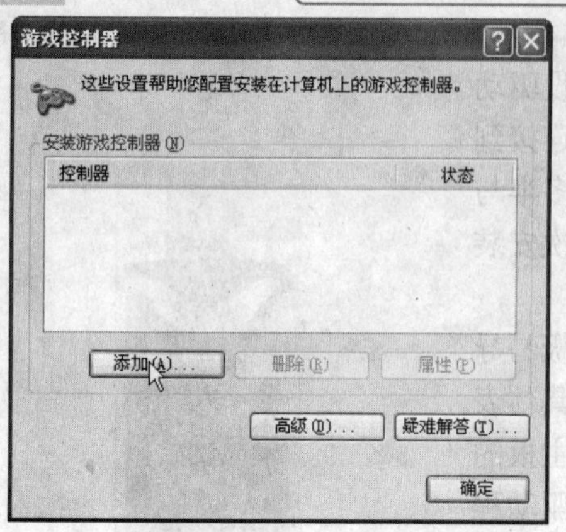

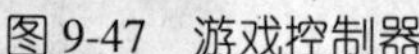
图 9-47 游戏控制器

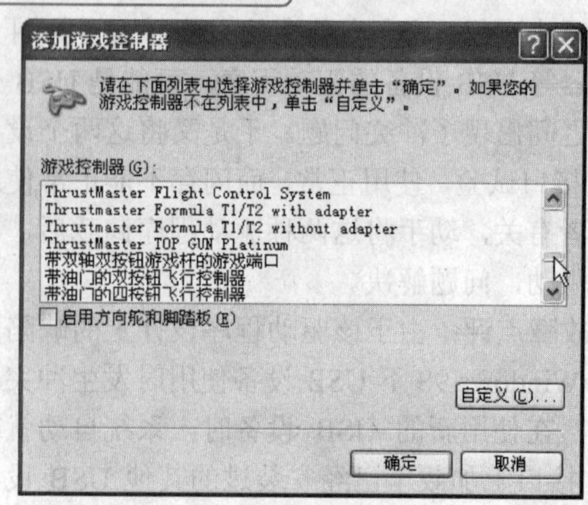

图 9-48 添加游戏控制器

问 9–29 购买游戏手柄时需要注意什么

答：手柄（如图 9-49~图 9-52 所示）因为其门槛低，现在市场上可谓鱼龙混杂，其价位也从十几元到几百元不等，功能也就相差得多。在选购时，除了功能之外，一般要注意有：做工、手感、按键灵敏度和耐用度。掂掂重量是一个最简单也比较有效的办法，假冒产品所用元器件偷工减料质量肯定较轻。罗技、微软、北通等所生产的游戏手柄质量不错，购买时应优先考虑。

图 9-49 某品牌手柄

图 9-50 SONY 手柄

图 9-51 WINGMAN 手柄

图 9-52 WINGMAN 手柄

问 9–30　飞行摇杆一般都要求什么硬性指标

答：飞行摇杆（如图 9-53~图 9-56 所示）首先要有 Z 轴功能，即可水平方向扭转，这样可以用摇杆来直接模拟飞机上的脚蹬动作，可以控制尾舵，否则无法完成飞行模拟的要求。以对摇杆要求极低的《战地 1942》操作控制为例。没有 Z 轴功能，玩家必须依靠左右翻滚等动作 100%对准目标飞过去，如果飞到了近处发现有些偏差想纠正就已经晚了，如果有 Z 轴功能这时候轻轻一扭就可以直接校准方向，准确轰炸目标。这仅仅是一个具体的例子，在实际操作中有了 Z 轴可以做出极多的复杂操作。

之所以把 Z 轴功能放在第一位来谈，这是因为多数廉价的摇杆都没有这个功能，请一定要注意。

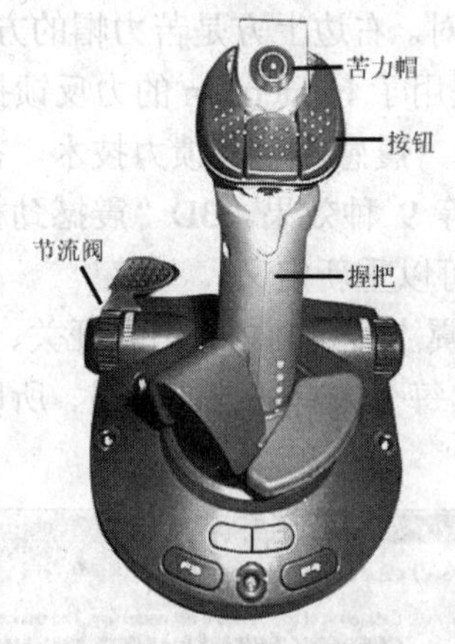

图 9-53　清华同方摇杆

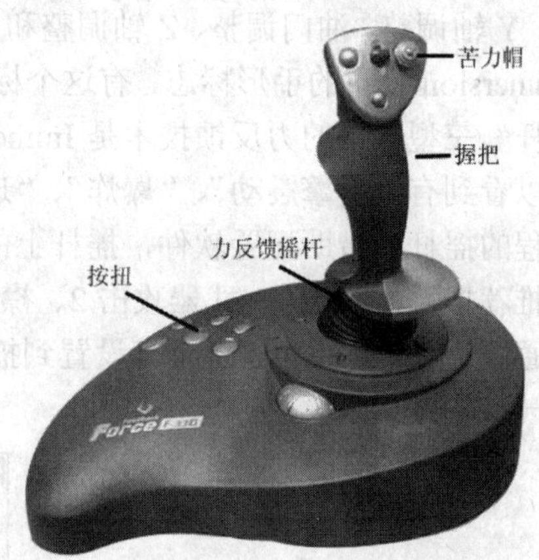

图 9-54　GENIUS Force F-33D 摇杆

图 9-55　微软飞行摇杆

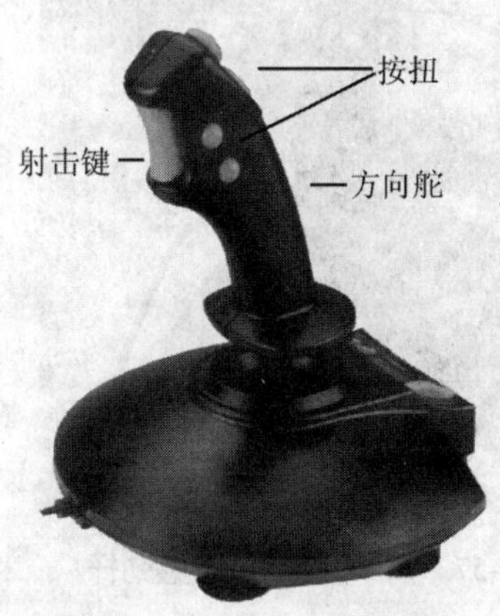

图 9-56　人因龙之翼摇杆

第二，摇杆必须拥有至少一个控制视野移动的“苦力帽”(HAT POV)。玩家使用键盘玩飞行游戏时，在采用座舱视角的情况下，要观察座舱周围，搜索敌人，就要使用键盘上的若干功能键来进行。在游戏的战斗中这样切换，恐怕连敌人的尾巴都看不见。而使用遥杆上的“苦力帽”就很方便，握住摇杆后“苦力帽”就在拇指下面，它可以8个方向转动，随便一拨视角就切换到相应的方位，松开就自动回中，所以它也是摇杆上必不可少的，遗憾的是多数廉价的摇杆也没有这个功能。

第三，就是用来控制燃料输入与引擎的模拟节流阀，就是通常所说的油门，这个大部分的摇杆都具备，如果连这个也没有，那这种摇杆简直就是一个竖起来的方向键罢了，好的摇杆节流阀控制起来平滑、有一定的阻力，段位也多。

问 9–31　如何初步设置清华同方 3D 震撼劲杆三型属性

答：清华同方 3D“震撼劲杆”（如图 9-57 所示）有一个大范围的 Z 轴、8 方向苦力帽、一个快速扳机键和 8 个可编程开火键。3D“震撼劲杆”三型的属性页面（如图 9-58 所示），上面有 X、Y 轴调整、油门调整、Z 轴调整和 9 个按键校对。右边上方是苦力帽的方向校对，下方是 Immersion 公司的手形标志，有这个标志就证明采用了 Immersion 的力反馈技术。3D“震撼劲杆”三型采用的力反馈技术是 Immesion 新一代“震感式”反馈力技术。在力反馈页面中可以看到有“引擎震动”、“爆炸”、“速射机枪”等 9 种效果。3D“震撼劲杆”三型也是可编程的摇杆。借助配置软件，摇杆上的每个键都可以重新定义。

一般推荐把武器攻击 1、武器攻击 2、襟翼下降、襟翼上升、回中、引擎开关、起落架、地图、普通视角、战斗视角、跳伞等设置到摇杆上，当然每个人有各自的习惯、所以设置是不能强求一致的。

图 9-57　清华同方 3D 震撼劲杆

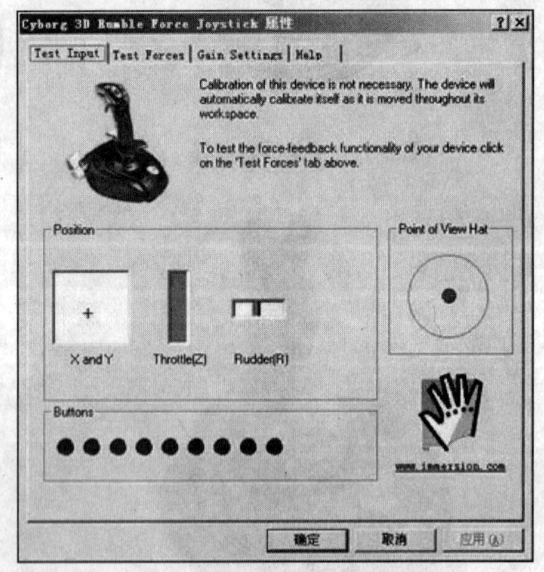

图 9-58　3D 震撼劲杆三型的属性页面

问 9–32　当前很多游戏方向盘都具备“力回馈”的功能，何为“力回馈”

答：所谓力回馈，其实是一种机械表现出的反作用力，将游戏传递的数据通过力回馈设备表现出一定的力量与方向。例如玩赛车的游戏时，有时由于弯度的作用，向左转不会太容

易，在力回馈方向盘（如图 9-59~图 9-62 所示）上便会产生一定的阻力，感觉到向左转较为困难，力回馈的作用是让玩家感受到游戏中力的真实存在。只要游戏中有支援力回馈的功能（现在很多游戏已经有支持了），在游戏进行之中，便可以模拟车辆在行进中所遇到的各种振动，或是利用力回馈来表现目前车辆遇到的阻碍。

图 9-59 力回馈方向盘

图 9-60 力回馈方向盘

图 9-61 力回馈方向盘

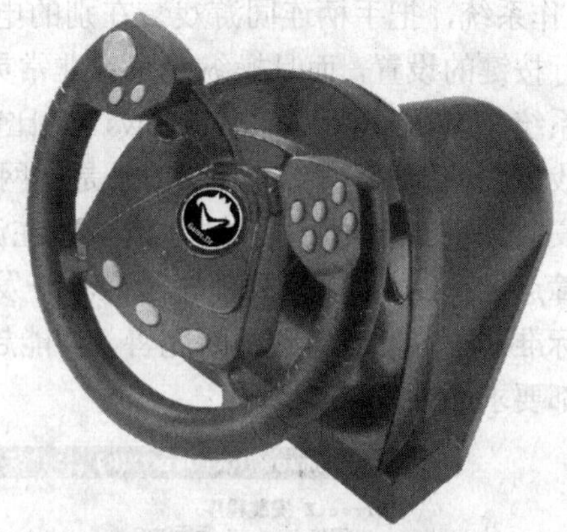

图 9-62 力回馈方向盘

9.12 游戏设备故障排除

问 9-33 添加 120GB 硬盘后，启动速度变慢，运行程序时出现短时间停止响应的现象，在游戏中表现尤其明显，是何原因

故障现象：一位用户给自己的爱机添加了一块 120GB 硬盘，原本以为系统性能可以得到大幅度提升，可是安装好以后，在运行一些常规软件如 Office 等时，不仅启动的速度比以往慢很多，而且在运行程序时还会出现短时间停止响应的现象，在游戏中表现尤其明显。

解决过程：既然安装新硬盘之前系统运行正常，那么引发故障的原因应该和新硬盘有一定的关联。于是便开始排查装硬盘时改动过的硬件设置，并检查了硬盘数据线和电源线，但都没有发现问题。就在这时发现电脑并行端口处于空闲状态，而原来这里接了一个 25pin 的游戏手柄，用户在装硬盘时嫌接线太多碍事，就暂时把没用的手柄拔了下来。关机后把游戏手柄重新连接到并行接口上，再次进入系统后，一切恢复正常，再把新硬盘接上，也没有再出现程序运行缓慢的现象。

故障点评：这应该是游戏手柄驱动程序导致的故障，该用户购买的是杂牌手柄，随机驱动程序可能有不完善的地方，当支持的硬件被拔下时，原来的驱动程序就可能扰乱系统的正常运转，从而导致上述故障，为了得到验证，在“设备管理器”中把游戏手柄的驱动程序卸载，然后再把手柄拔下，系统没有再出现运行缓慢的现象了。

问 9-34　在某些游戏中根本找不到已安装的手柄，是何原因

故障现象：手柄能够顺利安装，在游戏控制器的测试中各个按键的功能也都正常，可是在某些游戏中却根本找不到已安装的手柄。

解决过程：该用户在购买手柄的时候已经试用过了，所以手柄自身应该是没有什么问题的。应该将“矛头”指向电脑，该用户是个游戏迷，为了游戏特意安装了兼容性更好的 Windows 2000 操作系统，把手柄连同游戏装在别的电脑上，在游戏的设置中不仅找到了手柄，能够顺利进行按键的设置，而且操纵起来也非常灵敏。两台电脑的配置差不多，只是另一台安装的操作系统是 Windows XP。Windows XP 比起 Windows 2000 来，许多性能都得到了提升，而和游戏方面相关的只有 DirectX。于是从网上下载 DirectX 9.0（如图 9-63 所示）简体中文版进行安装，重新启动后再次进入游戏，在游戏的控制器选项中终于找到了游戏手柄。

故障点评：DirectX 系列程序是微软开发的图形应用接口程序，目前已经成为图形业界参考的标准，随着新版本的不断完善，功能越来越强大，是游戏玩家必备的利器，甚至大部分游戏都要求必须安装。

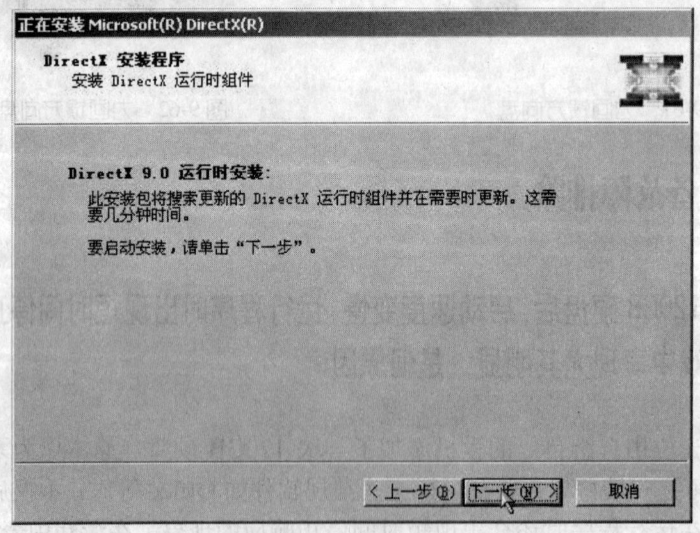

图 9-63　DirectX 9.0 安装界面

第 10 章　网络及设备的使用技巧与故障排除

网络的重要性越来越明显，难以想象今天没有网络会是一个什么样子，所以电脑相关的网络部件也显得格外重要，甚至其关注程度超过了电脑自身，本章分别从网卡，集线器，路由器，ADSL 等设备和内容着手，来介绍他们的使用技巧和故障排除，相信阅读完本章之后会对读者有一个实实在在的帮助。

10.1　网络及设备使用技巧

问 10-1　如何优化 ADSL 的拨号速度

答：如果用户在 Windows XP 中进行 ADSL 虚拟拨号时，发现拨号速度非常缓慢。可以单击“开始”|“控制面板”选项，双击“网络连接”图标，单击 ADSL 属性。在网络连接属性框中，单击宽带连接类型设置项处的“设置”按钮，选中“启用软件压缩”、“启用 LCP 扩展”、“为单链路连接协商多重链接”等选项，确定即可（如图 10-1 所示）。

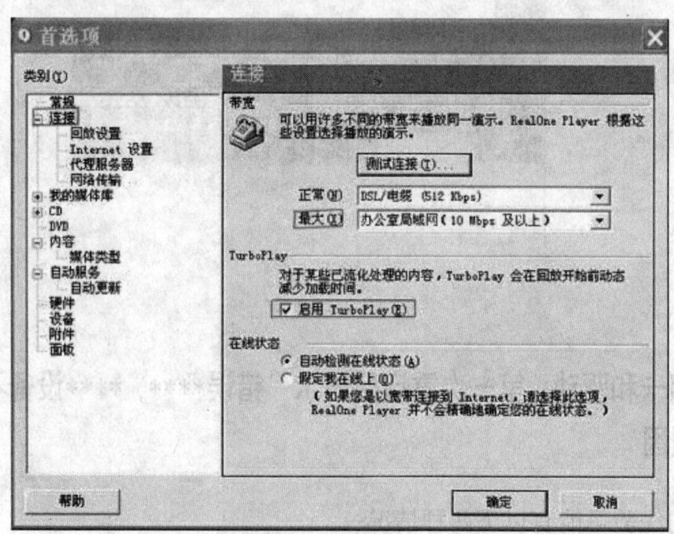

图 10-1　网络连接属性框

问 10-2　ADSL 访问速度过慢是何原因

答：造成 ADSL 访问速度慢的主要原因有以下 4 点：

其一，如果访问国外站点会受到出口带宽及对方站点配置情况等因素影响。

其二，由于 ADSL 技术对电话线路的质量要求较高，如果电信机房到用户间的电话线路在某段时间受到外在因素干扰，就会影响用户的访问速度。

其三，ADSL Modem 的质量太差。

其四，同时使用 ADSL 上网的用户过多。

问 10-3　网络给用户的网卡分配 IP 地址时，系统自动弹出提示窗口说当前分配的 IP 地址已经和系统的另外一块网卡地址发生冲突了，可是电脑中明明只安装了一块网卡，是何原因

答：出现这种现象多半是改变了网卡（如图 10-2 所示）的 PCI 插槽位置，而系统注册表仍然保留了原始位置处的相关信息，这就相当于在系统设备管理器中仍然存在着一个"幻影"网卡，这样一来，一旦你将新位置处的网卡地址设置成和"幻影"网卡地址相同时，就会出现莫名其妙的 IP 地址冲突现象。

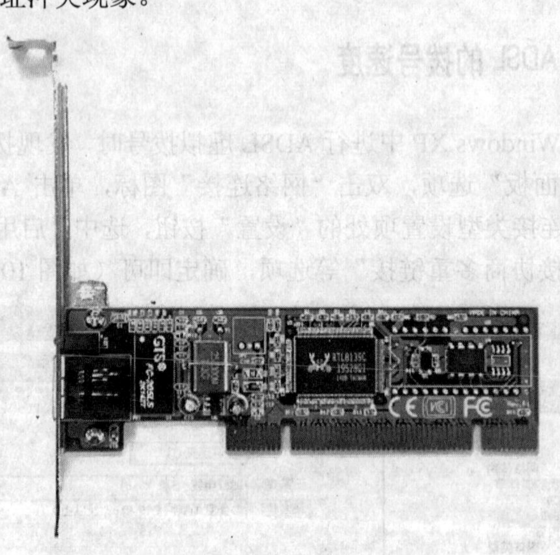

图 10-2　网卡

问 10-4　装完网卡和驱动，第一次重启后显示"错误****，****设备不能正常工作"是何原因

答：以笔者的经验可能有以下两种情况：

其一，虽然发生可能性非常小，但也不是不可能，那就是驱动与网卡不配套。特别是那种散装网卡，往往只给一两张驱动盘。

其二，可能就是网卡与其他设备的 IRQ 冲突，看看具体是哪个冲突，如果还有空闲 IRQ，修改网卡属性，把"资源"中的"使用自动设置"去掉，然后手动设置 IRQ，调整到空闲的 IRQ，如果不幸 16 个 IRQ 全都满了，那只好忍痛割爱，禁止掉一个设备，笔者认为禁止 COM2，释放 IRQ3 是个不错的选择，然后手动设置网卡 IRQ。

问 10-5　用户安装的广电网，有两台电脑同时上网，一直是一台机器作主机通过 HUB 带动另一台，这样一来用另一台上网主机就必须打开，是否有简单的方法可以让这两台电脑都可以独立上网

答：最简单的方法就是将 HUB（集线器）（如图 10-3 所示）换成小型路由器（如图 10-4 所示），事实上目前这也是一种非常普遍的做法，小型用户使用 HUB 来共享上网的方式在前几年是非常普遍的，目前已有点落后，路由器相比 HUB 是“智能”的，通过它可以给联网内的电脑分配 IP 地址，网内电脑是并列关系，可以互不干扰独立上网，并且不分享带宽，就速度上来说有一定的优势，目前的小型家用 4 口路由器的价格也很“优惠”，除了能够满足独立上网之外，还提供了 DHCP、路由、安全等设置（如图 10-5 所示），非常实用。

如果资金预算充足，小型无线路由器（如图 10-6~图 10-8 所示）也是一个不错的选择，不仅具备路由器的一切功能，还节省了网线，从此带来美观及方便。

图 10-3　HUB（集线器）　　　　图 10-4　小型路由器

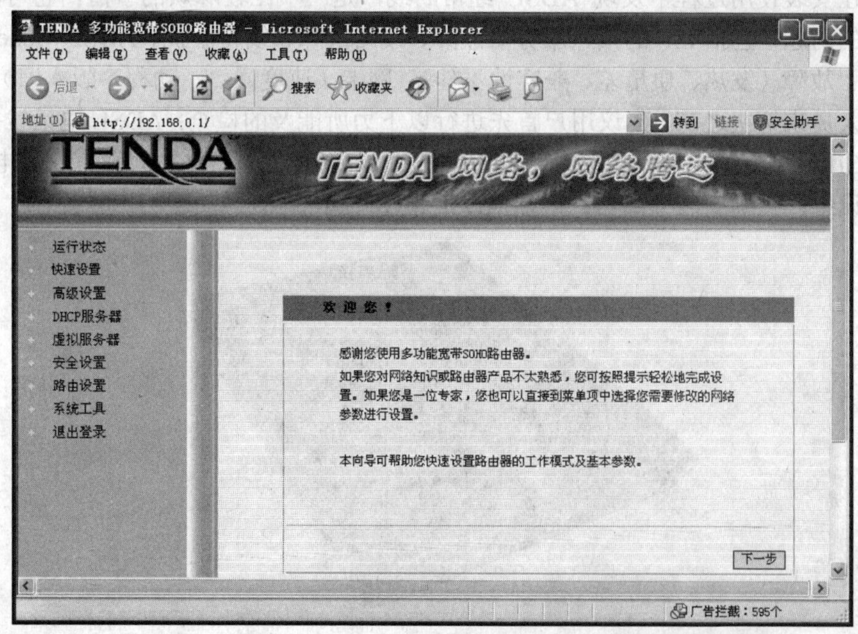

图 10-5　“腾达”路由器设置界面

图 10-6　TP-Link 无线路由器　　图 10-7　小型无线路由器

图 10-8　BenQ 无线路由器

问 10–6　ADSL 经常断线是何原因

答：在安装使用过程中发现 ADSL 经常断线，是一个比较麻烦的事情，它可能涉及到很多方面的问题，包括 ISP 的接入服务器故障、线路故障、线路干扰、ADSL Modem（如图 10-9 所示）故障（发热、质量差、兼容性不佳）、网卡（速度慢、驱动程序版本旧）故障等。在找专业人员来解决之前，建议用户首先进行以下力所能及的检查：ADSL 电话线接头是否稳妥；ADSL 远离电源线和大功率电子设备；ADSL 入户线和分离器之间没有安装电话分机、传真机等设备；正确安装分离器；确保 ADSL MODEM 散热良好。

图 10-9　ADSL Modem

如果在确定以上操作无误还是解决不了问题的话，就只有打电话或到电信局去询问。

问 10-7　保持网卡驱动最新是否可以提高网速，频繁升级网卡驱动好吗

答：发布在网上的许多网卡驱动程序都是 Beta 版本的或者是泄露版本的，尽管有的下载页面在比较显眼的位置标明了当前版本的网卡驱动可能不稳定，但是不少人还是不闻不问，热衷于使用这些不稳定的驱动程序。一旦将网卡驱动程序升级到不稳定版本之后，轻则导致网络连接出现各种莫名其妙的故障，严重时则会导致电脑系统发生崩溃。为了避免系统发生崩溃，笔者建议用户在升级网卡驱动程序的时候，一定要检查一下当前版本是不是比较稳定的版本，或者看一下最新驱动程序是否已经有人使用过，并且证实该版本的驱动程序没有漏洞存在，只有符合上述条件的网卡驱动才值得升级。

问 10-8　插上网卡后 Windows 启动却没找到新硬件是何原因

答：如果换一块网卡或换一个槽仍不能解决，说明网卡不完全支持 PnP，如 Realtek 8029（如图 10-10 所示）的卡经常发生这种情况。解决方法，手动添加硬件，注意设置好 IRQ 和 I/O 地址。

图 10-10　Realtek 8029 芯片

问 10-9　无线网络设备的用户名和密码是否有必要修改

答：有必要，一般的家庭无线网络都是通过一个无线路由器（如图 10-11、图 10-12 所示）或中继器（如图 10-13、图 10-14 所示）来访问外部网络的。通常这些路由器或中继器设备制造商为了便于用户设置这些设备建立起无线网络，都提供了一个管理页面工具，这个页面工具可以用来设置该设备的网络地址以及账号等信息，为了保证只有设备拥有者才能使用这个管理页面工具，该设备通常也设有登陆界面，只有输入正确的用户名和密码才能进入管理页面（如图 10-15、图 10-16 所示）。

然而，在设备出售时，制造商给每一个型号的设备提供的默认用户名和密码都是一样，不幸的是，很多家庭用户购买这些设备回来之后，都不会去修改设备的默认的用户名和密码，这就使得黑客们有机可乘，他们只要通过简单的扫描工具很容易就能找出这些设备的

地址并尝试用默认的用户名和密码去登陆管理页面，如果成功则立即取得该路由器或交换机的控制权。

图 10-11　TP-link 小型无线路由器

图 10-12　D-link DIR 635 型无线路由器

图 10-13　D-link 无线接入器

图 10-14　华硕 Wl 330g 型无线接入器

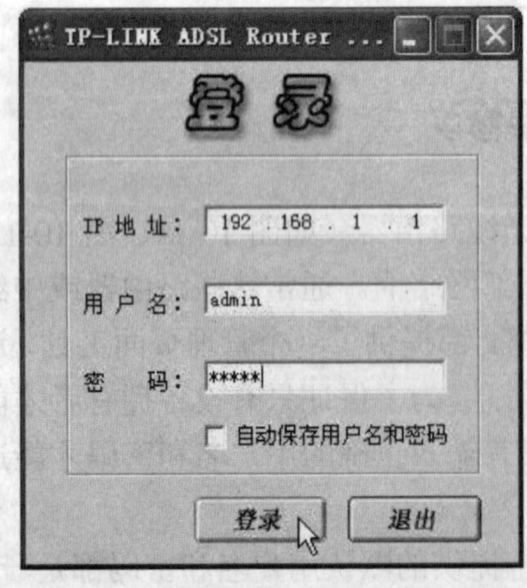

图 10-15　路由设置登陆界面

图 10-16　路由登陆

问 10–10 无线设备的默认服务区标识符（SSID）是否可以修改

答：通常每个无线网络都有一个服务区标识符（SSID），无线客户端要加入该网络的时候需要有一个相同的 SSID，否则将被“拒之门外”。通常路由器或中继器设备制造商都在他们的产品中设了一个默认的相同的 SSID。如 linksys 设备（如图 10-17、图 10-18 所示）的 SSID 通常是 linksys。如果一个网络，不为其指定一个 SSID 或者只使用默认 SSID 的话，那么任何无线客户端都可以进入该网络，无疑这为黑客的入侵网络打开了方便之门。

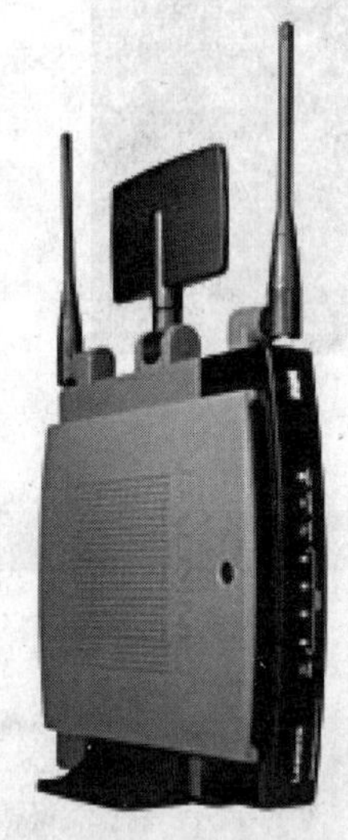

图 10-17 linksys 的 WRT300N 型无线路由器

图 10-18 linksys 的小型中继器

问 10–11 如何快速、有效地判断网络是否处于连通状态

答：相信多数人都会使用类似 ping 这样的网络管理命令（如图 10-19 所示），来逐一 ping 查各个重要的 IP 地址，然后根据 ping 查的结果（如图 10-20 所示）来分析得出网络当前是否处于连通状态。事实上，我们可以巧妙地利用 Windows 系统任务管理器中的“联网”功能，来快速、有效地查看到网络当前的连通状态，首先按下键盘上的 Crtl+Alt+Del 复合键，打开 Windows 系统任务管理器窗口（如图 10-21 所示），单击该窗口中的“联网”标签（如图 10-22 所示），在该页面的底部，我们可以清楚地查看到本地计算机中目前共有几条网络连接，每一个网络连接当前是否处于连通状态。

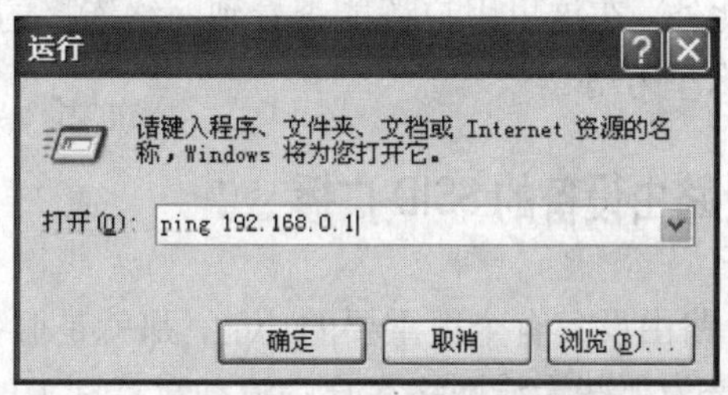

图 10-19 执行 ping 命令

```
Microsoft Windows XP [版本 5.1.2600]
(C) 版权所有 1985-2001 Microsoft Corp.

C:\Documents and Settings\Sappers>
C:\Documents and Settings\Sappers>ping 221.129.24.163

Pinging 221.129.24.163 with 32 bytes of data:

Reply from 221.129.24.163: bytes=32 time<1ms TTL=128
Reply from 221.129.24.163: bytes=32 time<1ms TTL=128
Reply from 221.129.24.163: bytes=32 time<1ms TTL=128
Reply from 221.129.24.163: bytes=32 time<1ms TTL=128

Ping statistics for 221.129.24.163:
    Packets: Sent = 4, Received = 4, Lost = 0 (0% loss),
Approximate round trip times in milli-seconds:
    Minimum = 0ms, Maximum = 0ms, Average = 0ms

C:\Documents and Settings\Sappers>
```

图 10-20 Ping 命令运行显示

图 10-21 任务管理器

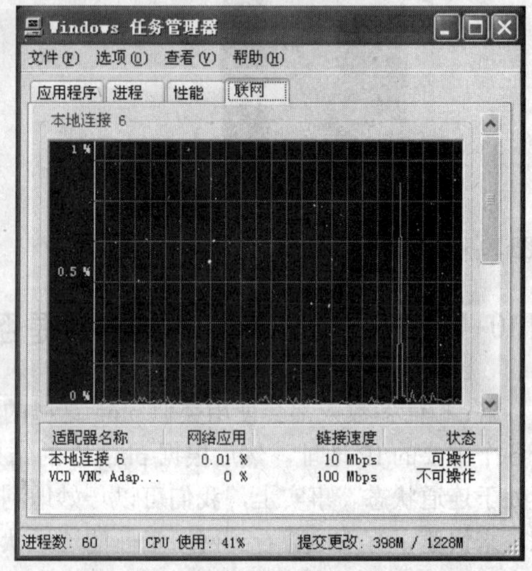

图 10-22 任务管理器“联网”选项卡

例如在标签页面中，我们发现本地计算机有两条网络连接，该网络连接当前的工作状态是一条可用一条不可用。此外，在这里用户还能查看到网络连接的速度究竟为多大，安装在本地计算机中的网卡是什么型号等。

问 10-12 为何应该禁止路由设备的 SSID 广播

答：在无线网络中，各路由设备有个很重要的功能，那就是服务区标识符广播，即 SSID 广播。最初，这个功能主要是为那些无线网络客户端流动量特别大的商业无线网络而设计的。

开启 SSID 广播的无线网络，其路由设备会自动向其有效范围内的无线网络客户端广播自己的 SSID 号，无线网络客户端接收到这个 SSID 号后，利用这个 SSID 号才可以使用这个网络。但是，这个功能却存在极大的安全隐患，就像自动为想进入该网络的黑客打开了门户。在商业网络里，由于为了满足经常变动的无线网络接入端，必定要牺牲安全性来开启这项功能，但是作为家庭无线网络来讲，网络成员相对固定，所以没必要开启这项功能。

问 10–13　为何要设置 MAC 地址过滤

答：设置 MAC 地址过滤（如图 10-23 所示），众所周知，基本上每一个网络接点设备都有一个独一无二的标识称之为物理地址或 MAC 地址，当然无线网络设备也不例外。所有路由器或中继器等路由设备都会跟踪所有经过他们的数据包源 MAC 地址。通常许多这类设备都提供对 MAC 地址的操作，这样用户可以通过建立自己的准通过 MAC 地址列表（如图 10-24 所示），来防止非法设备（主机等）接入网络。

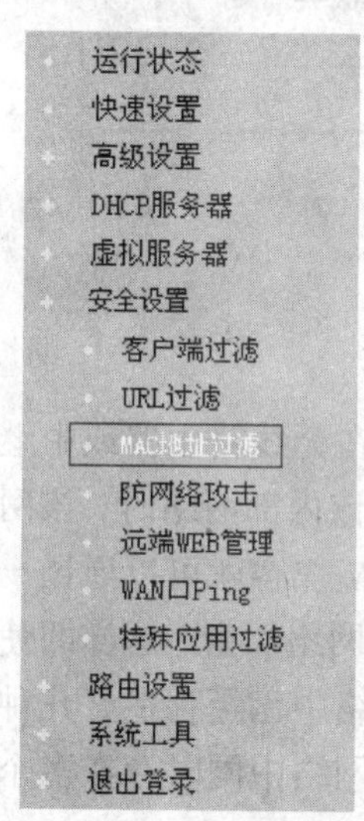

图 10-23　MAC 地址过滤选项

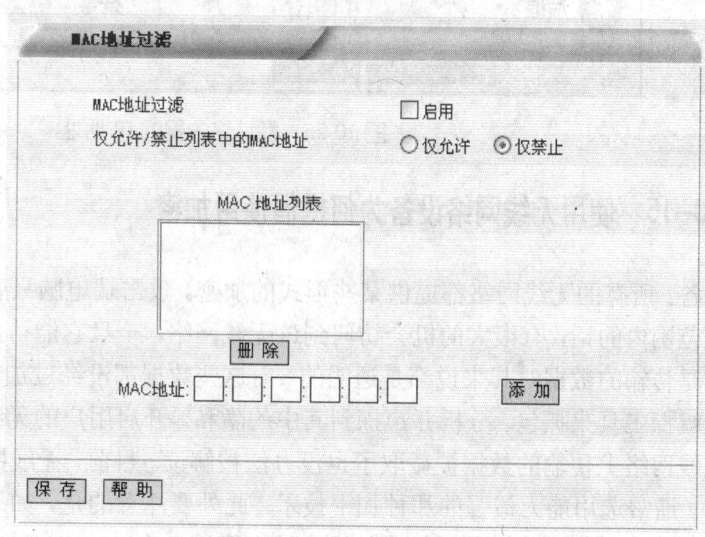

图 10-24　MAC 地址过滤设置页面

问 10–14　无线网络对外只发送信息却不接收，如何解决

答：首先要保证无线网络连接线路处于通畅状态，在查看线路是否处于连通状态时，我们可以先打开 IE 浏览器，并在弹出的浏览窗口地址栏中输入路由器默认使用的 IP 地址（如图 10-25 所示），之后正确输入路由器登录账号，打开路由器的后台管理界面，接着在该管理界面中执行 ping 命令，来 ping 一下本地 Internet 服务商提供的 DNS 服务器地址，要是目标地址能够被 ping 通的话，那就表明路由器设备到 Internet 服务商之间的线路连接处于畅通状态，要是目标地址无法被 ping 通的话，那说明路由器内部的部分参数可能没有设置正确，这时我们就必须对路由器内部的配置参数进行一下逐一检查。

在确认路由器内部配置参数都正确的前提下，可以在局域网中找一台网络配置正确、上网正常的工作站，并在该工作站中执行 ping 命令，来 ping 一下路由器使用的 IP 地址，要是该地址可以被正常 ping 通的话，那就意味着局域网内部的线路连接也处于畅通状态，要是 ping 不通路由器使用的 IP 地址时，那就有必要检查本地工作站使用的网络参数与路由器使用的网络参数是否相符合，也就是说它们的地址参数是否处于同一网段内。

要是上面的各个地址都能被顺利 ping，但无线网络连接仍然处于只发不收的状态时，那不妨重点检查一下本地工作站的 DNS 参数以及网关参数设置是否正确，在确认这些参数正确后，还需要再次进入到路由器后台管理界面，从中找到 NAT 方面的参数设置选项，并检查该选项配置是否正确；在进行这项参数检查操作时，我们重点要检查一下其中的 NAT 地址转换表中是否有内部网络地址的转译条目，如果没有，那无线网络连接只发不收故障多半是由于 NAT 配置不当引起的，这时用户只要将内部网络地址的转译条目正确添加到 NAT 地址转换表中就可以了。

图 10-25　默认路由器的 IP 地址

问 10-15　使用无线网络设备为何提倡使用加密

答：所有的无线网络都提供某些形式的加密。攻击端电脑只要在无线路由器或中继器的有效范围内的话，有很大的机会访问到该无线网络，一旦它能访问该内部网络时，该网络中所有是传输的数据对其来说都是透明的。而这些数据都没经过加密，黑客就可以通过一些数据包嗅探工具来抓包、分析并窥探到其中的隐私。开启用户的无线网络加密，这样即使用户在无线网络上传输的数据被截取了也没办法被解读。目前，无线网络中已经存在好几种加密技术。通常选用能力最强的那种加密技术。此外要注意的是，如果网络中同时存在多个无线网络设备的话，这些设备的加密技术应该选取同一个。

问 10-16　如何正确连接宽带路由器

答：要想让宽带路由器发挥作用，只有先保证与之相连的网络线路处于通畅状态，而要保持线路通畅首先需要做到的就是正确地将宽带路由器接入到网络中。正常情况下，应该使用双绞线缆将宽带路由器控制面板中的 WAN 端口（如图 10-26 所示）与 ADSL Modem 连接在一起，而电话线缆一定要插入到 Line 端口中，而且需要提醒注意的是，连接宽带路由器与宽带猫的双绞线缆一定要使用直通线。按照上面的方法将宽带路由器接入到网络中后，路由器控制面板中对应 LAN 端口的 Link 信号灯应该处于长亮状态或闪烁状态，如果该信号灯状态不正常的话，那说明宽带路由器与局域网网络之间的线路连接存在问题，此时必须对连接线路进行重新检查。

图 10-26　小型 4 口路由器的 WAN 接口

问 10–17　可以上 Q Q 却打不开网页，是何原因

答：这种故障现象通常是由于域名解析不正确引起的，必须重新对宽带路由器的 DNS 参数进行一下检查。在检查 DNS 参数是否正确时，也需要先运行 IE 浏览器程序，然后在 IE 浏览器窗口的地址栏中，直接输入宽带路由器的 IP 地址，单击回车键后，再在账号登录窗口中正确输入账号密码，之后就能顺利进入到宽带路由器的管理窗口，依次单击该窗口菜单栏中的“网络参数”，“DNS 服务”命令，在其后出现的设置界面中，看看 DNS 参数是否设置正确。一般来说，应该使用本地 ISP 提供的 DNS 服务器 IP 地址，而不要使用路由器默认的 DNS 服务器 IP 地址，待 DNS 参数修改正确后，再执行一下保存操作，将上面的修改设置保存起来，并将宽带路由器设备重新启动一下，相信这样就能解决网页无法打开的故障现象了。

当然，要是通过上面的努力问题仍然出现时，我们还需要在本地电脑系统中，进入到本地连接属性设置窗口，选中其中的“Internet 协议”参数（如图 10-27 所示），再单击“属性”按钮，然后在 Internet 协议的属性设置界面中，将本地网卡使用的 DNS 服务器地址也修改为本地 ISP 提供的 DNS 服务器 IP 地址（如图 10-28 所示），这样一来就能彻底解决网页打不开的故障现象。

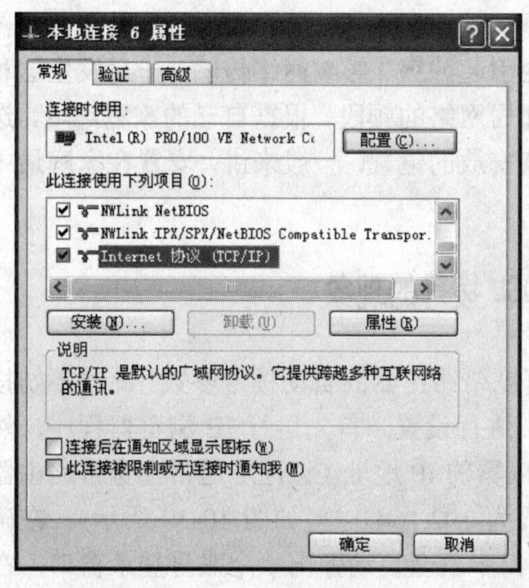

图 10-27　Internet 协议

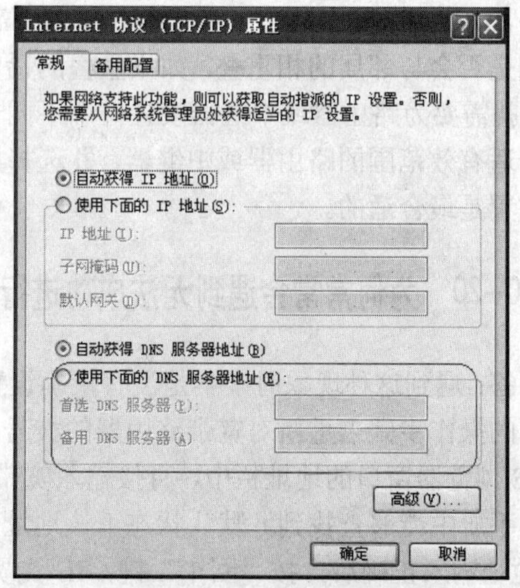

图 10-28　DNS 设置选项

问 10-18　为网络设备分配静态 IP 有何好处

答：由于 DHCP 服务（如图 10-29 所示）越来越容易建立，很多家庭无线网络都使用 DHCP 服务来为网络中的客户端动态分配 IP。这导致了另外一个安全隐患，那就是接入网络的攻击端很容易就通过 DHCP 服务来得到一个合法的 IP。而在成员相对固定的家庭网络中，可以通过为网络成员设备分配固定的 IP 地址，再在路由器上设定允许接入设备 IP 地址列表，从而可以有效地防止非法入侵，保护家庭网络。

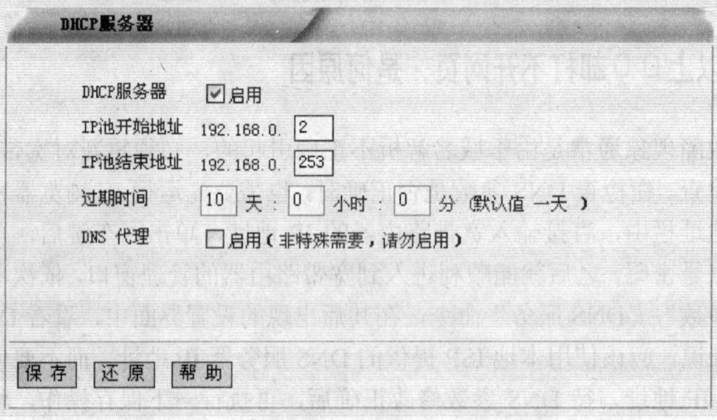

DHCP服务器

DHCP服务器　☑启用

IP池开始地址　192.168.0. 2

IP池结束地址　192.168.0. 253

过期时间　10 天：0 小时：0 分（默认值 一天）

DNS 代理　☐启用（非特殊需要，请勿启用）

保存　还原　帮助

图 10-29　小型路由器后台 DHCP 设置界面

问 10-19　为何要隐藏路由器或中继器

答：要知道，无线网络路由器或中继器等设备，都是通过无线电波的形式传播数据，而且数据传播都有一个有效的范围。当用户的设备覆盖范围，远远超出自家的范围之外时，那就需要考虑一下网络安全性，因为这样黑客可以很容易在用户家以外登陆到家庭无线网络。此外，如果邻居也使用了无线网络，那么还需要考虑一下用户自己的路由器或中继器的覆盖范围是否会与邻居的相重叠，如果重叠的话就会引起冲突、影响网络传输，一旦发生这种情况，就需要为路由器或中继器设置一个不同于邻居网络的频段。根据自己的家庭环境，选择好合适有效范围的路由器或中继器，并选择好其安放的位置，一般来讲，安置在家庭最中间的位置是最合适的。

问 10-20　为何常常会遇到无法成功进行 ADSL 拨号的现象

答：遇到这种现象时多半是没有正确设置好宽带路由器的自动拨号参数。此时不妨按照下面的操作步骤来重新对宽带路由器的拨号参数进行设置。首先运行 IE 浏览器程序，然后在 IE 浏览器窗口的地址栏中，直接输入宽带路由器的 IP 地址（该地址通常在宽带路由器的操作手册中能够查找到）默认状态下该地址一般为 192.168.0.1（如图 10-30 所示），在确认 IP 地址输入正确后，按“回车”键，IE 浏览窗口中就会自动弹出一个账号登录窗口，在该窗口中正确输入账号密码（如图 10-31 所示）（该密码信息也能在宽带路由器的操作手册中查询到），之后就能顺利进入到宽带路由器的管理窗口，依次单击该窗口菜单栏中的“网络参数”，“WAN 口设置”命令（如图 10-32 所示），在其后界面右侧显示窗格中，找到“WAN 口连接类型”设置选项，然后将该选项参数设置为 PPPoE，同时在这里正确输入拨号上网的用户名与口令信息，最后保存好上面的设置参数，再将宽带路由器重新启动，这样一来就能保证宽带路由器自动拨号成功了。

图 10-30　路由器地址

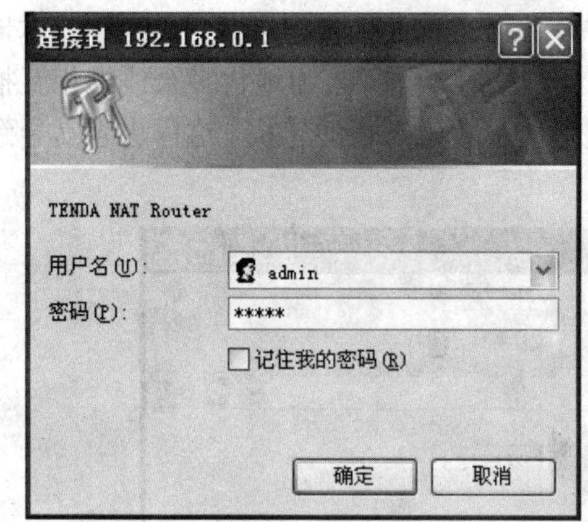

图 10-31　路由器后台控制登陆界面

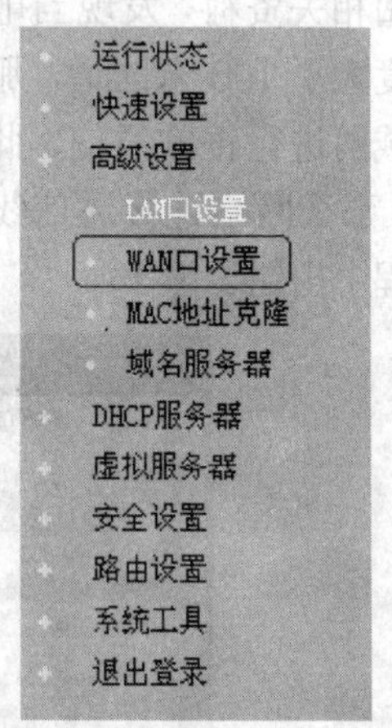

图 10-32　WAN 端口设置选项

问 10-21　无线网络间歇性“断网”，如何解决

答：在本地局域网通过无线路由器接入到 Internet 网络中的情形下，如果局域网中的工作站经常出现一会儿能正常上网、一会儿又不能正常上网的故障现象时，首先需要确保工作站与无线路由器之间的上网参数一定要正确，在该基础下重点检查无线路由器的连接方式是否设置得当。通常情况下，无线路由器设备一般能支持 3 种或更多种连接方式，不过默认状态下多数无线路由器设备会使用“按需连接，在有访问数据时自动进行连接”这种连接方式，换句话说就是每隔一定的时间无线路由器设备会自动检测此时是否有线路空载，如成功连接后该设备并没有侦察到线路中有数据交互动作的话，它将会把处于连通状态的无线连接线路自动断开。

为此，当在实际上网的过程中，经常遇到间歇“断网”故障现象时，可以尝试进入到无线路由器后台管理设置界面，找到连接方式设置选项，并查看该选项的参数是否已经被设置为了“自动连接，在开机和断线后进行自动连接”，要是不正确的话，必须及时将连接方式修改过来，并将前面的参数修改操作进行保存，最后重新启动一下无线路由器设备，相信这样多半能解决无线网络间歇“断网”故障。

问 10-22 为何打开本地的网上邻居窗口后，只能从中看到本地电脑的名称，而无法看到局域网其他电脑的名称

答：在网上邻居窗口中只要能看到本地电脑名称（如图 10-33 所示），那就表明安装在本地电脑中的网卡设备在硬件方面不存在问题；且也能表明网卡的驱动程序安装是正确的。笔者在查看本地连接的其他属性参数时，发现各项参数配置都是正确的，在查看网络连接物理线路时，看到连接该电脑的网线留得很长。在布线的时候工作人员可能考虑到走线美观方面的因素，将多余的线缆相互捆扎在一起。当笔者将捆在一起的线缆全部放开之后，再次进入网上邻居窗口中时，网上邻居窗口中不但出现了本地电脑名称，局域网中其他电脑名称也显示出来。

查阅相关资料，发现当电脑使用普通的双绞线作为连接介质时，如果连接两个节点的双绞线长度大于 100 米的话，那么网络通信信号就会产生大幅度地衰减，最终导致本地电脑无法与局域网进行正常通信，此外，双绞线进行走线时，如果人为地将多余线缆相互捆扎在一起的话，那么网络连接通信线路就被人为地增加了数值不小的感抗，这样也容易导致信号在传输过程中出错。

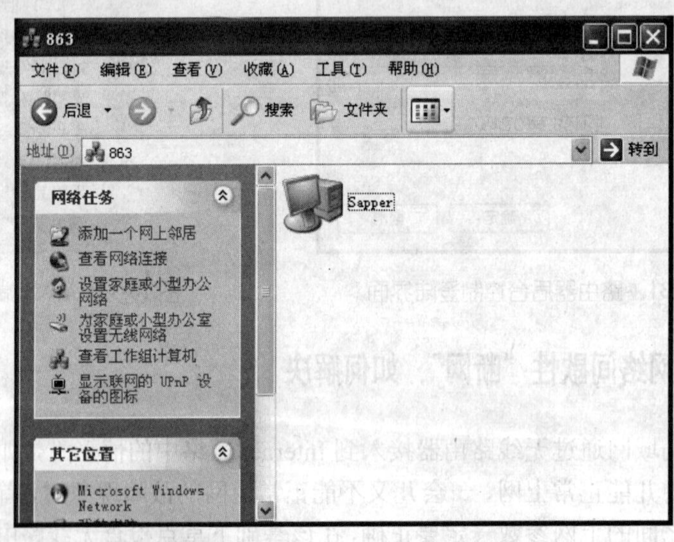

图 10-33 “网上邻居”里的本地电脑图标

10.2 网络及设备故障排除

问 10-23 家里的 ADSL 最近总是时不时的连不上网络，每次拨号都以失败告终，是何原因

解决过程：ADSL 上网有 3 个环节：电脑、ADSL Modem、电话线。首先将新装的 ADSL Modem 换到别家电脑上测试一切正常。为主机系统杀毒后问题依旧。前两个环节都没有问

题，再将电话线从头检查一遍，没有发现问题，电话也能够正常使用，最后将电话线从接口处到 ADSL Modem 之间全部换成新的，故障才得以排除，之后发现与 ADSL Modem 连接的电话线插头上的铜丝有些锈迹。

故障点评：电话线虽然打电话正常，但 ADSL Modem 上网时要进行信号的分频，因此对线路的要求很高，线路稍有问题就会影响 ADSL 上网，这说来是个不起眼的小毛病，但检查起来还真有点难度。

问 10–24 电脑最近在关机时总会出现系统挂起的情况，显示器黑屏，键盘鼠标无响应，是何原因

解决过程：根据故障现象，拆开机箱，查看显卡是否松动，经检测没有问题，随后又将机箱内各部件重新固定了一下还是不行，难道是显卡出现问题了？将显卡卸下来装在别的电脑上一点问题都没有，看来不是显卡的问题，最后用替代法分别替换了内存，电源，硬盘都没有问题，可电脑还是时不时出现这种故障，仔细一想前段时间电脑一直正常，直到换了一块 ECOM 网卡（如图 10-34 所示）后才出现的这个故障，于是将网卡拆下来，故障排除了，看来就是网卡的原因，为了继续使用这块网卡，后从其官方网站下载了最新的驱动程序，问题最终得到解决。

故障点评：对于这种第三方硬件不兼容问题，一般都是到其网站上查找解决方案，找到最新的驱动程序安装到机器系统中，即可解决问题。

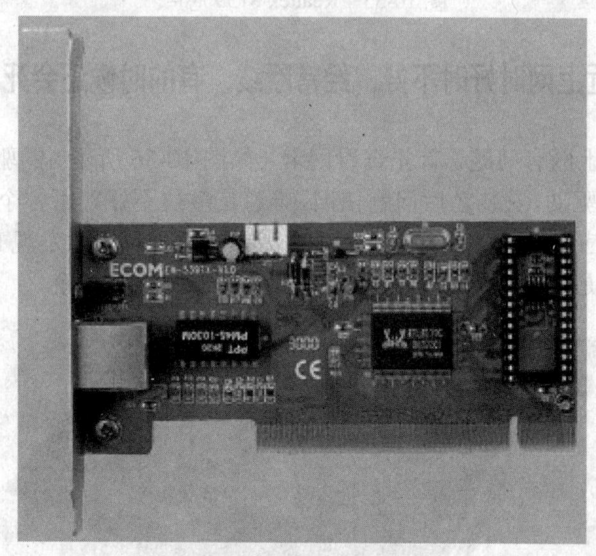

图 10-34 ECOM 网卡

问 10–25 电脑断电之后，再重启就不能上网，是何原因

解决过程：该电脑是通过交换机共享邻居的 ADSL 上网。打开控制面板中的“网络连接”，发现其中已经没有“本地连接”的图标。根据这一现象，推测电脑的网卡出现故障。

右击“我的电脑”，打开“设备管理器”项，发现“网络适配器”中 Realtek 8139 网卡（如图 10-35 所示）的图标上多了一个红色的感叹号。查看其属性，设备状态栏提示网卡已不能正常使用。是什么原因导致网卡出现上述故障呢？在杀毒无果的情况下，该用户说，除了电脑在重新启动提示硬盘自检时按下 Esc 键跳过外，其他再也没有做过什么。电脑非法关机后的硬盘自检，是电脑检测系统文件，自动修复被非法关机破坏文件的关键一步，而这一步恰恰被用户忽略，导致网卡驱动程序被损坏，不能上网。打开“设备管理器”，卸载 Rtl 8139 网卡，重新启动电脑。电脑在启动的过程中，发现 Rtl 8139 网卡，并自动安装了网卡的驱动程序。至此，故障解决。

故障点评：电脑非常规关闭后的硬盘自检，一般要等上数秒钟，许多朋友往往吝啬这数秒钟的时间而直接跳过，导致非法关机产生的被损坏文件得不到及时修复，产生一些莫名其妙的错误，如果长此以往，还将危及到硬盘的使用寿命。

图 10-35　Realtek 8139 芯片

问 10-26　电脑最近上网时好时不好，经常断线，有的时候还会死机，是何原因

解决过程：由于上网有问题，首先查看网卡（如图 10-36 所示）的驱动程序，版本太老，于是下载了新版本的驱动，安装之后问题依旧，难道是散热不好？可各个风扇都在运转正常，机箱内温度也不高，应该不是散热问题，就在一筹莫展之时，无意发现 PCI 插槽上网卡露出了一些金手指，看来是网卡松动，插紧网卡后重启电脑，故障排除。

图 10-36　D-Link 网卡

故障点评：网卡接触不良是一个常见问题，目前各种网卡种类繁多，鱼龙混杂，质量不好的网卡做工不规范，甚至由于自身尺寸的不合格，导致不能完全插入 PCI 插槽的网卡也有的是，所以在选购网卡时，要多留意，最好购买大厂名牌产品。

10.3　摄像头使用技巧

问 10-27　如何日常维护摄像头

答：当前摄像头（如图 10-37~图 10-39 所示）非常流行，大多数玩家用户及流行网吧都配置了摄像头，为了使摄像头良好的运行，日常就要做好维护，常用的方法有：

其一，不要将摄像头直接指向阳光，以免损害摄像头的图像感应器件。

其二，避免摄像头和油、蒸汽、水气、湿气和灰尘等物质接触，避免直接与水接触。

其三，不要使用刺激的清洁剂或有机溶剂擦拭摄像头。

其四，不要拉扯或扭转连接线，类似动作可能会对摄像头造成损伤。

其五，非必要情况下，不要随意打开摄像头，试图碰触其内部零件，这样容易对摄像头造成损伤。

其六，平时应当将摄像头存放在干净、干燥的地方。

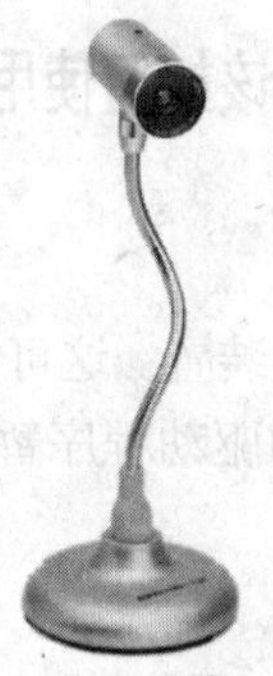

图 10-37　“天敏”晶锋摄像头

图 10-38　“天敏”子弹头摄像头

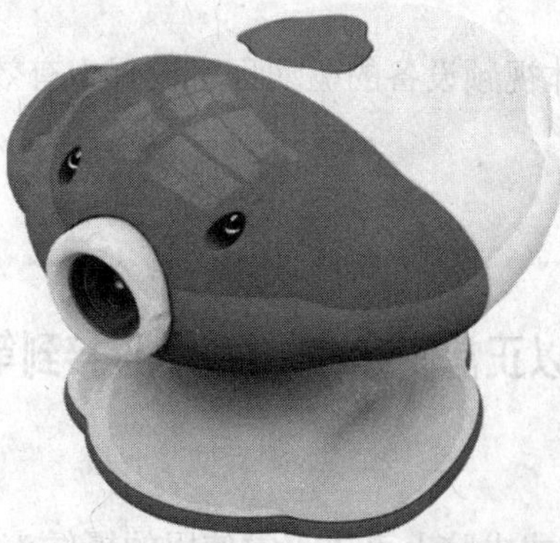

图 10-39　ANC“小海豚”摄像头

问 10-28 每次刚打开摄像头时，视频画面的颜色总是不正，但过一会就好了，是何原因

答：这不是什么问题，摄像头（如图 10-40 所示）在启动后几秒钟内需要进行预热，然后自动亮度控制便会将当前颜色调整至正常。

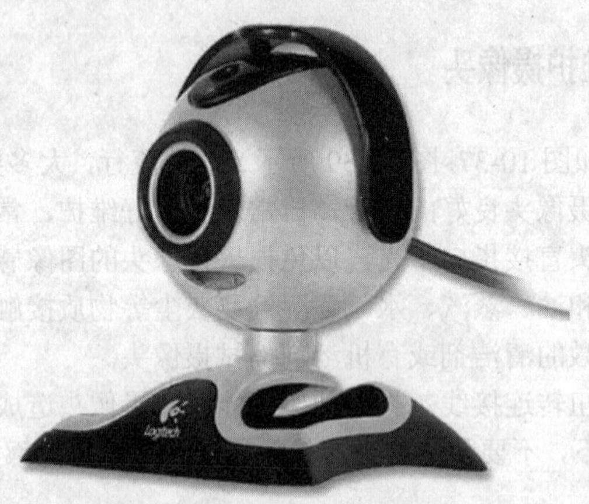

图 10-40 罗技 快看高手版 Pro4000

问 10-29 我的电脑上已经联接了一个视频输入设备，这时该如何使用刚刚购买的摄像头

答：当电脑上已拥有多种视频输入设备时，系统将使用缺省装置。这可能会对你使用新购置的电脑摄像头有影响。最好的方法是使其他视频输入设备的驱动程序暂时不能使用，完成这个工作可以执行操作步骤如下：

STEP 1 打开控制面板，双击“多媒体”图标。

STEP 2 选择“多媒体”，再选择“设备”标签页。

STEP 3 打开“视频捕捉设备”，再双击现有捕捉设备的名称就可以打开一个对话框，显示相机的属性。

STEP 4 这时便可以将具体视频设备的驱动程序设置为有效或无效。

10.4 摄像头故障排除

问 10-30 在台式电脑上可以正常使用的摄像头，连接到笔记本电脑后使用不正常，是何原因

故障现象：一个原来在台式电脑上可以正常使用的摄像头（如图 10-41 所示），在连接到笔记本电脑后就使用不正常。

解决过程：开始以为是驱动程序的问题，卸载之后重新安装问题依旧；上网下载了最新版本的显示设备驱动程序依然不行，最后打开显示设备的属性对话框，在桌面上单击鼠标右键，选择“属性”|“设置”|“高级”|“疑难解答”，把硬件加速从最高档逐渐降低两档，保存设置，故障居然排除。

故障点评：摄像头与显示卡最容易冲突，发生问题之后，除了找摄像头自身的原因外，在外设中，首先要检查显示卡，尝试降低图形显示卡的速度。

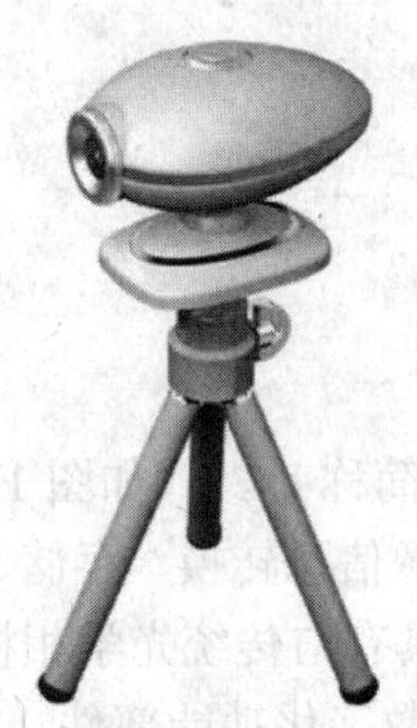

图 10-41　ANC S866 摄像头

问 10-31　摄像头显示画面时总会出现偏色甚至晃动的现象，是何原因

故障现象：一个使用正常的摄像头最近显示画面时总会出现偏色甚至晃动的现象。

解决过程：该摄像头（如图 10-42 所示）一直没有问题，表现良好，估计硬件故障不太可能，于是上网到其官方网站下载了最新的驱动程序，安装完成之后依然会不时的出现这个问题，观察摄像头接口及连线，都完好无损，拿到别的电脑上试验却使用正常，再插回到原来的电脑上，这次居然没事了，在止前后没什么变化，只是改变了摄像头的摆放位置，原来摄像头一直放在显示器旁边的音箱上，自此换了一下位置，故障排除。

故障点评：仔细想一下，是不是音箱的电磁干扰了摄像头正常的工作，导致画面偏色及波动的现象发生，看来电磁干扰真是无处不在，所以当摄像头出现类似故障时，首先看一看是否有干扰源。

图 10-42　某品牌摄像头

第11章　数码相机及数码摄像机的使用技巧与故障排除

11.1　数码相机使用技巧

问 11–1　数码相机是如何构成的

答：数码相机（Digital Camera，简称 DC）（如图 11-1、图 11-2、图 11-3 所示）是集光学、机械、电子功能于一身，具有影像信息转换、存储、传输及数字化存取等功能，可将实时拍摄的影像与电脑交互处理。除了具有与传统光学相机等同的机身、镜头、自动对焦系统、快门控制系统等部件以外，还配备有数字化功能部件，如 CCD 图像传感器——其作用相当于传统相机的感光胶片，图像处理专用 DSP——用于对图像进行压缩、转换、滤波、修正等，DSP 是相机的“CPU”，还有其他一些专用控制器，用于管理相机程序，完成存储卡的读写任务等。

图 11-1　佳能 EOS20D 数码相机

图 11-2　索尼 N1 数码相机

图 11-3　索尼 W100 数码相机

此外，数码相机中还有一片 EPROM 芯片，其中固化了相机的固件（Firmware），相当于计算机主板的 BIOS 芯片，也可以说相当于相机的操作系统。

问 11-2　数码相机是如何成像的

答：数码相机不同于普通的光学相机，它是采用电子元器件成像而非胶卷成像。其工作原理是：首先光线透过镜头（如图 11-4 所示）投射到感光元件上，被感光元件上的滤镜分解成不同的色光，这些色光又被各滤镜相对应的感光单元感知后产生不同强度的模拟信号，感光元件的电路将这些信号收集起来，通过数模转换器转换成为数字信号，然后由 DSP 对这些信号进行处理，还原成数字影象，数字影象再被传输到存储卡上保存起来。

图 11-4　索尼数码相机

问 11-3　数码相机的成像器件分为几种类型

答：数码相机的成像器件，即传感器主要有 CCD（Charge Couple Device，即电荷耦合器件）和 CMOS（Complementary Metal-Oxide Semiconductor，即互补金属氧化物半导体）两种（如图 11-5、图 11-6、图 11-7 所示）。CCD 和 CMOS 都是数码相机用来感测光线，取代银盐成像的组件，相当于传统相机的胶卷（底片），其基本结构都是采用像素排列方式。

CCD 是目前主流的成像器件，其优点是技术成熟，成像质量好。缺点是耗电量大，生产工艺复杂，成本较高。只有为数不多的几家电子产业巨头能够生产 CCD。

CMOS 作为数码相机成像器件出现的时间并不长，但发展却非常迅速，大有与 CCD 分庭抗礼之势，CMOS 的突出优点是价格便宜，生产工艺简单，耗电量低——CMOS 每个感光元件都具备独立的电荷/电压转换电路，可将光电转换后的电信号独立放大输出并且 CMOS 的感光元件只在感光成像时才会工作，所以比 CCD 更省电。其缺点是在成像动作较多时，CMOS 在频繁的启动过程中因为电流的经常变化会产生热量，导致杂波从而影响到画面质量。CMOS 阵营的主要支持者是佳能系列数码相机产品。目前顶级的“单反”数码相机如柯达（Kodak）DCS 14n 与佳能（Canon）EOS 1Ds 都采用 CMOS 成像。

常用的扫描仪、传真机、复印机等都是使用 CCD 感测影像的。

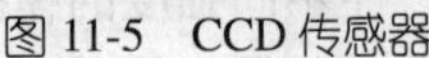

图 11-5　CCD 传感器

图 11-6　CCD 传感器

图 11-7　CMOS 传感器

问 11-4　如何理解数码变焦与光学变焦不同之处

答：数码变焦，英文名称为 Digital Zoom，是利用数码相机（如图 11-8、图 11-9 所示）内置的软件把原来 CCD 影像感应器上的一部份像素使用“插值”处理手段进行放大。光学变焦则是通过镜头的放大实现对远处景物的拍摄。数码相机利用数字影象技术，可以提供高于镜头光学变焦倍数的变焦能力，虽然数码变焦可以让物体在照片中变的更大，但因为它所产生的照片是通过软件运算方式得到的，所以它最终得到的照片并非和光学变焦得到的照片一样是真实的像素，它并不能“原汁原味”地还原远处的景物，所以说数码变焦其实是牺牲照片质量为代价的，在实际操作中并没有太多的实用价值。

图 11-8　佳能 IXUS 65 数码相机

图 11-9　尼康 D200 数码相机

问 11-5　怎样合理使用数码相机的 LCD 取景器

答：数码相机都有一个可以随时浏览影像的液晶显示屏，称为 LCD（Liquid Crystal Display）取景器（如图 11-10、图 11-11 所示）。一般数码相机的 LCD 都是 TFT 型的，由偏光板、玻璃基板、薄模式晶体管、配向膜、液晶材料、导向板、色滤光板、萤光管等组成。LCD 的大小一般用英寸表示，例如：2.0 英寸、2.5 英寸，最大的为 3.5 英寸。显示屏越大，浏览影像就越清楚也越容易观看，但同时耗电量也就越大。在选购数码相机时，LCD 的大小也是一个非常重要的参数。有些数码相机同时还具有光学取景器，还有不少数码相机的 LCD 可以旋转，使数码相机的取景角度范围更大，甚至可以直观地实现自拍。

图 11-10　佳能 PowerShot A520 数码相机

图 11-11　OLYMPUS 数码相机

问 11-6　数码相机是否还有其他的取景方式

答：当然有。数码相机除了液晶显示屏（LCD）外，还有一种是通过目镜取景器（如图 11-12 所示）。目镜取景器可分为光学取景器、TTL 取景器和电子取景器 3 种。光学取景器不通过相机镜头取景，只是模仿镜头的视角和焦距，取景时与镜头无关。TTL 取景器一般配备在较昂贵的数码相机（俗称“单反”相机）上，它是将穿过镜头的光线反射或散射到取景器上，所取景物与通过液晶屏看到的图像是一致的。电子取景器是在取景的同时可以显示光圈、快门速度等拍摄信息，还可以显示相机菜单。3 种取景器优劣各不相同，各具特点。

图 11-12　CANON 数码相机取景器

问 11-7 是否需要刻意保养 LCD

答：当然需要。数码相机的 LCD 非常脆弱并且昂贵，所以用户在使用的时候一定要小心，千万不要用坚硬的物体碰撞，以免摔坏了 LCD 屏。液晶屏表面很容易脏，清洁时最好用干净的干布，推荐使用镜头布（如图 11-13、图 11-14 所示）或者眼镜布，不可使用有机溶剂清洗。液晶显示屏的表现会随着温度变化，在低温的时候，如果亮度有所下降，这属于正常现象。而且平时需要做保养工作。

图 11-13 专用镜头布(a)

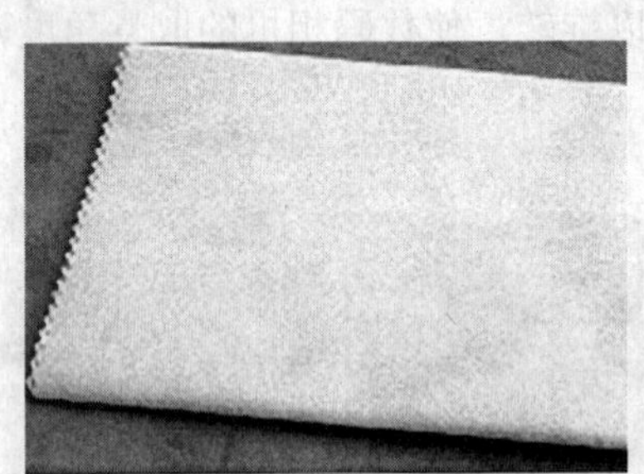

图 11-14 专用镜头布(b)

问 11-8 数码相机如何才能实现正确曝光

答：数码相机（如图 11-15 所示）如今已经非常普遍，但在使用过程中好多朋友不会用光。很多数码相机专业人士都知道：高档相机大多带有“点”测光（如图 11-16 所示）功能。用“点”测场景的中间亮度的地方，按照拍摄需要对不同的地方点测，比如要突出蓝天，就对天空测光，这样可以保持较好的曝光，使色彩饱和度提高。

而没有“点”测功能的相机，则采用对不同主体分别测光的方法，使用曝光锁（AE-L）锁定曝光值，再移动构图。比如场景中一半是墙一半是天空，测天空，可以使天空更蓝，测墙壁可以使墙壁更清楚。如果相机没有曝光锁功能，就记住曝光值，从新构图，再使用手动挡，把曝光值调到刚刚测得的数值。使用曝光负补偿，适当减小曝光，可以获得更饱和的色彩。这个方法胶片比数码模式更出色。

图 11-15 尼康 D40、D80 数码相机

图 11-16　OLYMPUS 相机“点”测光功能

问 11-9　快门速度代表什么，B 快门是什么意思

答：快门速度代表的是曝光时间的长短，光线越充足，所需的曝光时间越短，光线不足的状况下，所需的曝光时间越长，在长时间的曝光，需注意的是手震动的问题，通常长时间曝光需要搭配三脚架来稳定相机，让画面不会产生晃动的“残影”，B（Bulb）快门是自己控制快门开启的时间长短，在按下快门键时，快门就开启，直到你的手放开后。

问 11-10　数码相机是如何存储图像

答：与传统相机将影像记录在胶片上不同，数码相机是将图像以数字方式存储在磁卡上。如果说数码相机是电脑的主机，那么存储卡相当于电脑的硬盘。存储记忆体除了可以记载图像文件以外，还可以记载其他类型的文件，通过 USB 和电脑相连，就成了一个移动硬盘。目前的数码相机存储卡有 CF 卡、SM 卡、MMC 卡、SD 卡、XD 卡、SONY 记忆棒和 IBM 小硬盘。存储容量分别有 32MB、64MB、128MB、256MB、1GB 和 2GB 等，IBM 小硬盘的容量可以达到 2.2GB，SD 卡的容量已经达到 4GB，对图片存储上的优越性是传统相机无法比拟的。

问 11-11　这些存储卡有何区别

答：CF 卡（Compact Flash）是由 SanDisk、日立、东芝、德国 Ingentix、松下五家公司联合提出，由 SanDisk 公司于 1994 年首次制造出来的。CF 卡（如图 11-17、图 11-18、图 11-19 所示）采用闪存（flash）技术，不需要额外的电源维持所存储的数据，它可以通过专用的适配器支持 PCMICA 接口读卡器。其重量只有十几克，大小如火柴盒一般。对需要保存的数据来说，CF 卡比传统的磁盘驱动器安全性和保护性都高，而且耗电量极低，存储容量大，兼容性好，主流的“单反”数码相机和高端相机基本上都支持 CF 卡。

值得注意的是 CF 卡分为两种类型，即 CF Ⅰ型和 CF Ⅱ型。CF 存储卡的插槽只能向下兼容，所以 CF Ⅱ型插槽可以使用 CF Ⅰ型和Ⅱ型卡，而 CF Ⅰ型插槽只能使用 CF Ⅰ型卡，不能使用 CF Ⅱ 型卡。CF 卡的缺点是体积相对较大，对于当今的大多数超轻薄时尚数码相机不太适用。

图 11-17　三星 CF 卡

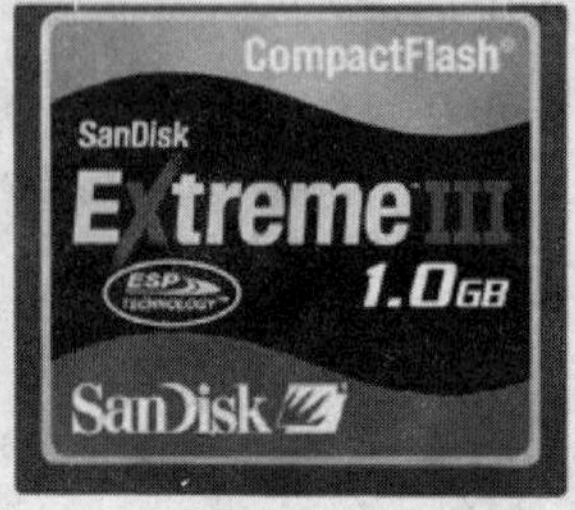

图 11-18　SanDisk CF 卡

图 11-19　ADATA　CF 卡

SD 卡（Secure Digital Memory Card）是一种基于半导体闪存的新一代存储设备。是由松下、东芝和 SanDisk 公司共同研制的。SD 卡（如图 11-20、图 11-21、图 11-22 所示）内集成了 SanDisk 快闪存储卡控制与 MLC（Multilevel Cell）技术和 Toshiba（东芝）0.16u 及 0.13u 的 NAND 技术，通过 9 针的接口界面与专门的驱动器相连接，不需要额外的电源维持存储的数据。它的存储容量高、读写速度快、安全性高，重量只有 2 克，大小如邮票一般，多用于数码相机、MP3 随身听及数码摄像机中。SD 接口是当今世界上被采用得最多的闪存卡接口，比早先开发成功的 CF 卡还要多，市面上主流的数码相机，MP3 等大多为 SD 卡。

图 11-20　I-O DATA　SD 卡

图 11-21　Transcend SD 卡

图 11-22　Hi-Speed SD 卡

SM（Smart Media）卡属于 Flash Memory 存储卡，是东芝公司在 1995 年 11 月发布的，1996 年三星公司购买了生产和销售许可，这两家公司成为主要的 SM 卡厂商。SM 卡本身没有控制电路，由被分成了许多薄片的塑胶制成，因此体积非常小且轻薄，也是市场上常见的微存储卡，如奥林巴斯的老款数码相机（如图 11-23 所示）以及富士的老款数码相机多采用 SM 存储卡。由于 SM 卡的控制电路是集成在数码产品当中，使得数码相机的兼容性容易受到影响。

MMC（Multi Media Card，多媒体存储卡）（如图 11-24、图 11-25 所示）由 SanDisk 和 Siemens 公司在 1997 年开发的，其重量不超过 2 克，大小只相当于 CF 卡尺寸的 1/5 左右，成为世界上最小的半导体移动存储卡，工作电压更低，比 CF 卡和 SM 卡等产品更加省电，特别适合于各类便携式手持数码设备，如数码相机、PDA、MP3 播放器、笔记本电脑、便携式游戏机、数码摄像机乃至手持式 GPS 等。

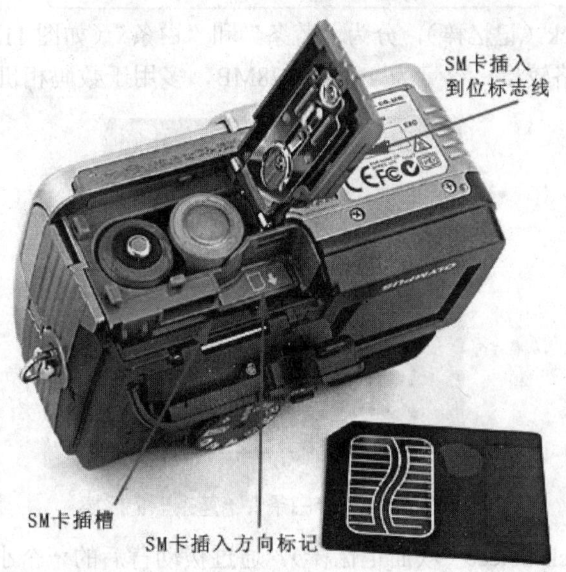

图 11-23　奥林巴斯数码相机

图 11-24　PRETEC 存储卡

图 11-25　ADATA 存储卡

随着 MMC 卡技术的发展，又出现了技术含量更高的 RS-MMC（如图 11-26 所示）和 MMC Micro 卡（如图 11-27 所示）。RS-MMC（Reduced Size MMC），每一片都包含一个机械式的扩展器，可以把 RS-MMC 转换成标准的 MMC，具有存储容量高、掉电数据自动保存等功能，因没有转换部件，所以可延长电池使用时间。而 MMC micro 存储卡主要为三星特定机型使用，国内用户接触到这种存储卡的机会并不多。其大小约为 RS-MMC 体积的三分之一。

图 11-26　SanDisk RS-MMC 卡

图 11-27　KINGMAX MMC Micro 卡

SONY 记忆棒（Memory Stick）是由日本索尼（SONY）公司开发的，为索尼公司的数码产品专用，种类繁多。归纳起来有以下几种：

（1）Memory Stick（记忆棒），分为“蓝条”和“白条”（如图 11-28 所示），“白条”具有版权保护功能，价格较贵，容量为 4MB～128MB，多用于数码相机和数码摄相机。

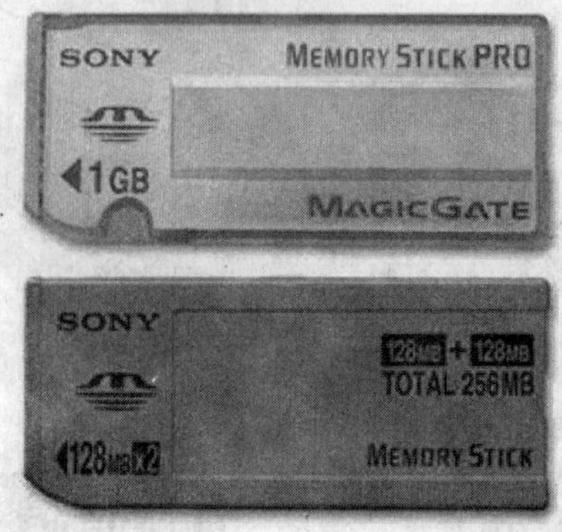

图 11-28　Sony“白条”、“蓝条”记忆棒

（2）Memory Stick Select（双面记忆棒），通过拨动背后的一个小开关，一面用完之后可以翻过来用另一面，每面存储容量为 128MB，两面共 256MB（128MB×2）。

（3）Memory Stick Duo，蓝色（如图 11-29 所示），大小是普通记忆棒的 1/3，外型尺寸仅为 31×20×1.6mm，重量大约 2 克，和 XD 卡有些相仿，便于携带。通过附带的扩展卡，使得能够使用普通记忆棒的数码设备就能使用这种记忆棒。

（4）Memory Stick Pro，即增强型记忆棒。白色（如图 11-30 所示），读写速度是老式记忆棒的 8 倍，其高速读写采用 4 通道并行通信，最高传输速率可达 160Mbps。将所有记忆棒 PRO 的先进功能打包压缩成 Duo 格式，它采用了更高密度的叠加技术。具有版权保护功能，容量高达 32GB。

图 11-29　Sony Duo 记忆棒

图 11-30　Sony Pro 记忆棒

小硬盘（Micro Drive，也称作微型硬盘）是美国 IBM 公司推出的大容量存储介质。IBM 公司利用自己在硬盘制造方面的优势，首先制造出了与 CF 卡Ⅱ型接口一致的微型硬盘，首款产品的容量便高达 340MB（如图 11-31 所示），一年后容量即达到 1GB。从理论上讲，支持 CF 卡Ⅱ型接口的数码相机都能支持微型硬盘（如图 11-32 所示），但实际情况却并非如此。有些机型虽然采用Ⅱ型接口，却不支持微型硬盘，但新型机器除外。

作为一种大容量存储介质，微型硬盘将被广泛地用于 DC 和 DV 等众多移动数码产品中。Seagate 最近发布了容量为 5GB 且兼容 CFⅡ接口的微型硬盘产品，Hitachi 也在追加人力财力，以扩大位于泰国的 4GB 微型硬盘的生产能力，以满足市场对 1 英寸微型硬盘的需求，我国也有了容量高达 2.4GB 的 1 英寸微型硬盘产品。总之，微型硬盘这种以前被认为是显得奢侈的存储产品，正在以令人惊讶的步伐快速地走近我们。

图 11-31　IBM 340MB 微型硬盘

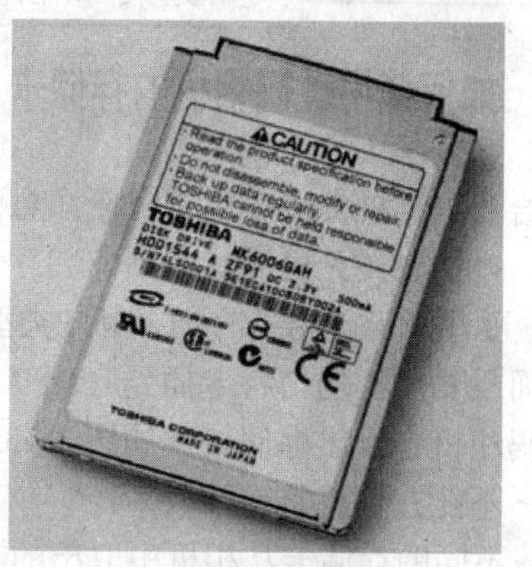

图 11-32　微型硬盘

XD 卡（如图 11-33 所示）是由日本奥林巴斯株式会社和富士有限公司联合推出的一种新型存储卡，主要应用在富士和奥林巴斯的机型（如图 11-34 所示）上。它采用单面 18 针接口，理论上图像存储容量最高可达 8GB，读写速度更高，可以满足大数据量写入，功耗也更低，如一张邮票大小，外观尺寸仅为 20×25×1.7mm，重量仅为 2 克，可以算得上是最小的存储卡了。XD-Picture 存储卡不仅可以用于个人电脑适配卡和 USB 读卡机，使之非常容易与个人电脑连接，而且还可配合 Compact Flash 转接适配器，并允许在数码相机里做为 Compact Flash 卡使用。只是目前的价格昂贵，不过，随着闪存芯片及其他存储卡价格的不断下滑，XD 卡的价格也将有较大的降价空间。

图 11-33　东芝 XD 卡

图 11-34　使用 XD 卡的 Olympus FE-160 数码相机

问 11-12　奥林巴斯和富士的老款数码相机是否可以使用 XD 卡

答：为了使老款的奥林巴斯和富士数码相机也能够使用 XD 卡，一些公司专门制造了一种转接卡，这种转接卡可以将 XD 卡转换成为 SM 卡，从而使老款数码相机也能扩展照片存储能力。这种转接卡本来是用在读卡器上的，对于一些型号不是很新的读卡器来说，XD 卡是不支持的，不过一般都支持 SM 卡。

使用方法：先将 XD 卡插入转接卡，再把转接卡插入读卡器，读卡器就能读 XD 卡了。不过，现在它又有了新的用途——插入数码相机的存储卡仓，不用合上盖子就能当 SM 卡用。

问 11-13 如何使用数码相机的存储卡

答：给数码相机安装存储卡时应注意两点：

第一，一定要在关机的状态下安装存储卡。

第二，要注意存储卡的方向，有些类型的存储卡，必须按照卡上相应的标记指示装入数码相机，而且要用力均匀将卡插到底。

从数码相机中取出存储卡（如图 11-35 所示）时同样应注意两点：

第一，不能在开机状态下取卡。

第二，不同的存储卡从相机中取出的方式也不一样。有的是在仓盖打开后，直接用手将卡拔出；有的则要在仓盖打开并按下相机释放键后才能取出；有的则是往下按卡，卡会自动弹起。另外，取卡时要应小心谨慎，特别要防止卡落到地上。

使用数码相机时，会经常对存储卡进行格式化，格式化存储卡时应注意以下几点：

第一，格式化需一次完成，不得中途打开存储卡的仓盖，也不能中途关闭数码相机。

第二，不要在计算机上格式化存储卡，特别不能将存储卡格式化成 FAT32 格式，因为很多数码相机不支持这种格式；

第三，如果想删除存储卡上的所有影像，建议使用数码相机的全部删除功能。

图 11-35 取出存储卡

问 11-14 如何保养数码相机的存储卡

答：存储卡是数码相机上比较昂贵的配件，必须对它精心保护，通常应注意以下几点：

第一，尽量用原配数码相机对存储卡进行格式化，并要在数码相机内电池电量充足的情况下对存储卡进行格式化。

第二，避免在高温、高湿的条件下使用和存放存储卡，避开静电和磁场存放存储卡，并远离液体和腐蚀性材料，拍摄后及时将存储在存储卡上的信息传输到计算机备份。

第三，不能重压、弯曲存储卡，避免存储卡掉落和受撞击，不要触及存储卡的外露触点，防止存储卡硬性外伤。

例如：使用 XD 卡时，尽量不要用读卡器进行格式化操作，否则会造成卡的格式错误，使其无法存储照片，造成死机现象；在用读卡器传输图像时，应该用复制操作，不要进行剪切操作，而作删除操作时只能使用数码相机自身的删除功能，否则也可能造成存储卡的故障。

问 11-15 如何将数码相机与电脑连接

答：数码相机和 PC 的连接方式有多种，常见的就是 USB 接口和 IEEE 1394 接口（如图 11-36 所示）。

USB 的全名为 Universal Serial Bus，是电脑系统接驳外围设备（如键盘、鼠标、打印机等）的输入/输出接口标准。它将所有外设的连接接口统一起来，在 USB 方式下，所有的外设都在机箱外连接，连接时不必打开机箱，而且允许外设“热插拔”。USB 采用“级联”方式，通过链式连接，一个 USB 控制器可以连接多达 127 个外设。USB 还能智能识别 USB 上外围设备的插入或拔出，具有易于使用、高带宽、数据传输稳定、支持即时声音播放及影像压缩等特点。目前几乎所有扫描仪、数码相机、打印机、集线器和外置存储设备均采用 USB 接口，基本上已取代了 PC 上的串口和并口。

IEEE 1394 接口是一种目前为止最快的高速串行总线，其最高传输速度为 400Mbps/s，将来还会提升到 800Mbps，1Gbps，1.6Gbps。对于各种需要大量带宽的设备提供了专门的优化，接口可以同时连接 63 个不同设备，是目前唯一支持数码摄像机的总线。允许外设“热插拔”，支持即插即用，现在的 Windows 2000、Windows XP、Windows 2003 都对 IEEE 1394 提供了很好的支持，在这些操作系统中用户不用再安装驱动程序，就能使用 IEEE 1394 设备。IEEE 1394 既可作为外部总线，也可作为内部总线使用，不过，现在支持 IEEE 1394 的设备不太多，只有一些高档数码相机与数码摄像机等一些使用高带宽的设备使用 IEEE 1394。IEEE 1394 总线需要占用大量的资源，所以需要高速度的 CPU。

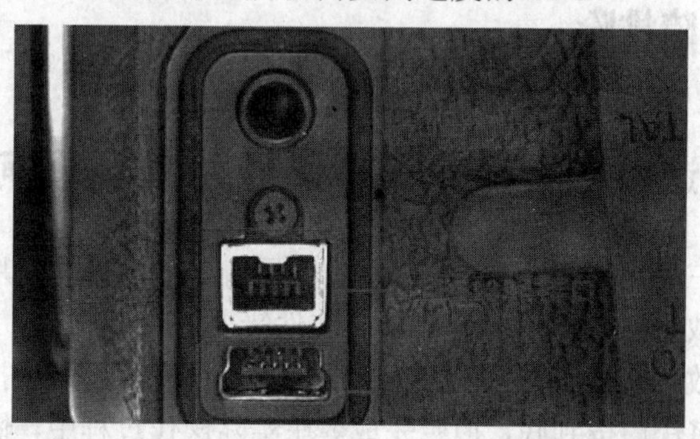

图 11-36 佳能数码相机具有 USB 和 IEEE 1394 数据接口

问 11-16 什么是数码相机的抖动补偿功能

答：由于摄影者手持相机总会不可避免的产生晃动，特别是快门速度较慢时，更会因抖动导致所摄图像模糊，为最大限度的降低这种影响，各数码相机厂商都在自己的产品中配备了“抖动补偿功能”，也就是对因摄影者手部晃动而产生的“光轴偏移”现象进行补偿。

“抖动补偿功能”原理大致分为两种：一种是光学补偿；另一种是CCD补偿（也称为电子补偿）。

光学补偿就是从光学镜头防抖入手，像佳能和松下电器的数码相机采用的就是光学补偿原理，佳能的光学补偿技术是安放在镜头内的陀螺仪一旦侦测到微小的移动，就会将信号传至微处理器，微处理器立即计算需要补偿的位移量，然后通过补偿镜片组，根据镜头的抖动方向及位移量加以补偿，从而有效的克服因相机的振动产生的影像模糊。松下电器采用的技术是由镜筒中间的抖动补偿透镜装置根据光轴偏移进行移动补偿。

CCD补偿抖动装置不是在镜头中，而是设计在CCD上，原理就是将CCD安置在一个可以上下左右移动的支架上，先检测出是否有抖动，然后将抖动传给陀螺传感器，传感器检测出抖动的方向、速度、移动量等等，经过处理，计算出足以抵消抖动的CCD移动量进行补偿。这种结构避免了光学防抖动补偿方式带来的问题，也同时解决了困扰“单反”交换镜头的诸多体积和由此带来的成像质量下降的各种问题。

问 11-17 数码相机是不是越轻薄越好

答：并非如此。近来市面上出现了轻薄甚至超薄的卡片式数码相机，该种机型以其方便、时尚等优点，迅速赢得了消费者的青睐。但数码相机并不是越轻越薄越好，因为卡片式数码相机厚度一般为2厘米左右，导致其变焦能力差，镜头畸变严重，成像质量存在欠缺，并且有很多卡片式数码相机舍弃了光学取景器，只能用液晶显示屏取景，液晶屏的耗电量高，缩短电池的使用时间。为了减少相机的厚度，卡片式数码相机多数采用可充电锂电池，使用起来不方便。而且过于小巧的数码相机不宜把持，相机越小越轻，拍照时就越容易抖动，拍出的照片的效果越难保证。所以卡片式数码相机比较适宜一般的家用娱乐，对专业摄影者是不合适的。

11.2 数码相机故障排除

问 11-18 照片曝光过度预览播放时屏幕提示“文件错误”，是何原因

故障现象：一台三星 i5 数码相机，在光线充足情况下拍摄的照片发白，比曝光过度的情况还厉害！预览播放时过几秒后屏幕提示“文件错误”。

解决过程：这款数码相机（如图 11-37 所示）成像过程为：先轻按快门按钮，让相机完成自动对焦过程，再将快门按到底，拍照完成。在实际操作过程中，快门按钮控制的是镜头内的电子快门，快门开启与闭合的瞬间，光线通过镜头成像在CCD上，然后存入记忆卡中。为了保护相机内的感光器件，快门平常总是关闭的。是不是因为快门闭合不灵活，拍摄瞬间光通量无法控制而出现拍出的照片会显得曝光过度呢？果然，拆开机器，打开镜头可以看到快门组件部分的光圈，有一排金色排线，其中两根是光圈电磁铁的供电线，两根是快门电磁铁的供电线。工作时相机主板的供电通过这两条线路来供给响应的电磁铁，控制光圈和快门

的开闭。仔细检查发现光圈上有明显的受潮迹象或油污迹象，说明是机器遭遇过比较潮湿的环境或镜头部件的油污污染到了快门组件。拆开清洁后安装回原样。问题解决。

故障点评：此故障是由相机保护不当，或遭遇雨水淋湿，或长期放置于潮湿环境下导致快门连线锈蚀，或接触不良引起电子快门不能正常工作，属于硬件故障，建议非专业人士不要自己轻易拆机，最好在专业人员指导下维修，或直接送维修部或找机器售后服务部门协助解决。

图 11-37　三星 I5 数码相机

问 11-19　拍摄的照片上半部分正常，下半部分都是黑影，是何原因

故障现象：一台佳能 300D 数码相机（如图 11-38 所示），拍摄的照片上只有上半部分正常，下半部分都是黑影，操作功能一切正常。

图 11-38　佳能数码相机

解决过程：先查找产生这种现象的原因。根据相机的情况初步判断相机的控制系统没有问题，应该检查相机的机构。将相机设定在“M”档的“B 门”，打开后盖，检查相机快门的工作是否正常，相机工作在“B 门”时，反光板及其下方的副反光板应该收拢为一块整板，向上抬起，紧靠在五棱镜的底部，而本机快门帘的开启功能正常，但反光板组件出了问题：主反光板已经向上收起紧靠在五棱镜的底部，但副反光板却不能收起，依然展开，与水平位置成 45°，刚好挡住了聚焦平面上半部的进光，造成拍摄的照片上半部分正常，下半部分

都是黑影。原因找到了，马上将相机拆开，原来是穿插在副反光板左侧嵌形叉内一根丁字型塑料小柱子断了，使得副反光板在工作时失去了伸展的支撑物，从而无法在自身弹簧的作用下随着反光板的工作收拢或者展开。小心取出该塑料件，将该件与机身的接触面清理干净，找到相同的配件装上去，涂少许胶水，将它固定，再将机器复原，故障排除。

故障点评：此故障同样是相机内部硬件损坏造成的，最好请专业人士拆机维修。

问 11-20　一台奥林巴斯数码相机连接在电脑上无反应，是何原因

解决过程：一般来说相机没电会产生这种状况，但目前的电池状态是满的，难道是计算机的 USB 接口有问题，将一块闪存插在同样的接口上完全能够识别，既然相机和计算机都没有问题，那就应该是 USB 连线（如图 11-39 所示）的问题了，经过排查，USB 连线由于平时不注意保养，出现断裂的情况，换一条连线，故障排除。

故障点评：大家在使用 USB 连线时一般都不太注意，用完就草草的扔在一边，所以导致了这个故障，一般来说原装的 USB 连线质量都不错，坏了之后是一个损失。

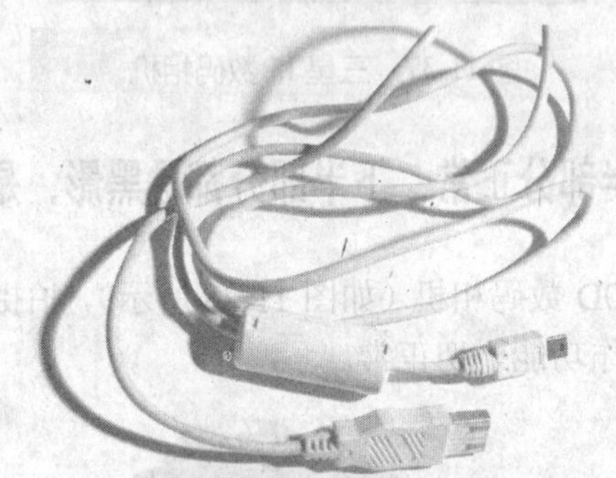

图 11-39　USB 连线

问 11-21　数码相机掉在地上关不了机，如何解决

故障现象：一台佳能 A60 / A70 数码相机，不小心掉在地上，导致变焦镜头摔坏，关不了机，关机开机时出现“E18”错误报警。

解决过程：打开机壳（注意：一定要先将拍摄和播放按钮设在“拍摄”状态，才能打开机壳，否则容易将电路板上的微动开关损坏），卸下主板和显示主件，然后卸下变焦镜头主件，发现相机的变焦齿轮错位。逐一拆下齿轮、电机、测光调焦元件等并分类放好，然后再将错位的齿轮重新对正组装，仔细认真地将拆下的部件一一装回去，故障基本可以排除。

故障点评：佳能 A60 / A70 数码相机（如图 11-40 所示），变焦镜头的品质较高（9 片 7 组），所用的变焦齿轮较宽厚，不太容易摔坏，大多数都是摔下时的强冲击力导致齿轮错位。建议平常不用的时候，最好把开关设在“播放”的档位，以防止误碰电源开关而开机，相机在包内开机，镜头伸出受阻，从而产生 E18 故障。提醒使用者在进行变焦镜头主件的拆卸时，要在无尘环境中操作，以防止灰尘落入镜片和 CCD。

图 11-40　佳能 PowerShot A60 数码相机

问 11-22　一台佳能 A60／A70 数码相机，出现“E18”或“E50”报错信息，是何原因

解决过程：佳能 A60 / A70 数码相机（如图 11-41 所示）出现这种情况，通常是由于相机的 CF 卡插座出现故障，此时应更换相机的 CF 卡插座。CF 卡插座的拆装应该使用热风枪，如果买不到原装的插座，也可购买一个成品的 CF 卡读卡器，拆下 CF 卡插座来代换。出现“E18”或“E50”报错信息时，需要把相机内的 4 节 AA 电池和 CRl220 取出，放置 30 分钟后，再重新装入。AA 电池盖和 CF 卡盖的连接都有微动开关，接触不到时是无法启动的。在 AA 电池仓内的顶端，可以看见有一个比火柴头还小的元件，这个元件是温度检测元件，在 AA 电池发热到指定温度时，机器即关机报警。电池漏液也常会使它动作保护，遇到这种情况，应更换它。

故障点评：数码相机的 CF 卡及卡座损坏时一般显示“E50”报错信息。CF 卡插座的针脚，OV 脚最长，数据脚中等，正电源脚最短，这样排列是为了保护 CF 卡和卡内的数据不被损坏。但如果将 CF 卡插反，就会造成 CF 卡插座的损坏。

图 11-41　佳能 PowerShot A70 数码相机

问 11-23　一台三星 I6 相机在自然光下拍出的照片总是曝光过度，是何原因

解决过程：造成曝光过度的情况有这样几种可能：

第一，调节相机的时候无意触动了相机的曝光补偿功能，相当于手动增大了曝光值，此种情况只需找到曝光补偿的设置项，恢复到“0”即可。

第二，选错了拍摄场景，如在正常光线条件下，选择了“夜景”或“黄昏”场景，拍摄出来的照片一定曝光过度（如图 11-42 所示），如果场景不太好选择，建议使用者选择“自动”档。

第三，使用了错误的曝光方式，相机一般都提供多种曝光测光模式，正常状态下应使用“平均测光”模式，逆光拍摄时，应选择“中央测光”模式，还有一些特殊场合应选择“中央重点测光”模式，如果选择的曝光方式与实际拍摄情况不符，就会出现曝光过度或曝光不足的情况。

第四，相机快门使用不当，拍摄时，应先“半按”相机快门，此时相机开始对焦，然后继续按下快门，这样才能以正确的曝光值拍摄照片（如图 11-43 所示），有些人对相机的这一功能不甚了解，拍照时，要么狠命的一下子按下快门，根本没有对焦的机会，要么“半按”快门后又松开快门，再完全按下，等于没有对焦。

第五，相机本身的问题，测光不正确了。这种情况普通用户是无能为力的，只有送维修部解决。

图 11-42 曝光过度照片

图 11-43 曝光正常照片

故障点评：使用数码相机与使用光学照相机一样，都需要掌握一定的拍摄技巧，建议使用者在买来数码相机以后要仔细阅读说明书并严格按照说明书的要求操作，以免造成不必要的麻烦。

问 11-24 使用读卡器直接删除存储卡上的文件，结果使得存储卡容量变小，如何解决

解决过程：将存储卡从读卡器中取出，重新放回数码相机中，用数码相机自带的删除功能对存储卡上的文件进行删除，再运用格式化功能对存储卡进行格式化，重新检查卡容量，应该恢复原状啦。

故障点评：数码相机在保存数码照片时，一般不仅仅保存图像文件，还会建立缩图、索引、内部数据表等辅助文件，使用读卡器直接删除了某个文件会使数码相机文件关联紊乱，而且写入数码相机不能识别的文件或留下文件碎片，都会导致可使用存储空间下降。另外像 SM、SD、MMC 这几种记忆卡本身都不包括接口电路，卡的操作对设备依赖性很强，所以建议只通过一种设备写卡，否则可能造成另一种设备不能识别或丢失某些功能，甚至造成存

储卡废弃的情况，因此在使用过程中最好只让读卡器读取数据，而不要删除或写入文件，特别不能用读卡器直接对存储卡进行格式化操作。

问 11-25　相机分辨率设定为最高，拍摄出来的照片仍然模糊不清，是何原因

故障现象：每次在用数码相机拍摄时都将分辨率设定为最高，但拍摄出来的照片仍然模糊不清，而且照片上常常有很多小点。

解决过程：拍出的照片模糊原因有很多，但与分辨率的高低无关。如果是因为光线不足，可以通过提高光圈及 ISO 设定，尽量提高快门速度，必要时最好使用闪光灯或者使用三脚架固定相机即可得到清晰的照片了。如果是拍摄时对焦模式或者对焦点选择不当造成画面模糊，可以选择正确的对焦模式，或找准对焦点。如果照片模糊部位发生在同一部位，则是镜头脏污造成图像模糊，用专用镜头纸擦净镜头就行了。

至于画面上的小点，专业术语称其为“噪点”，也是因为光线太暗或者感光度设定太高造成的，这是普通数码相机难以克服的问题。“噪点”的产生通常是因为 CCD 组件中的“电极暗电流”造成。暗电流是指在没有入射光的情况下 CCD 仍具有的电荷量，理论上暗电流应该是零，但实际无法达到，其强度会随温度增高而增加，一般温度每增加 10℃，“噪点”数量可能增加 1 倍。

故障点评：数码相机与光学（胶片）相机一样，操作不当时都会造成画面模糊。当在低光照条件下拍照时，为使相机的成像传感器充分曝光，需要延长快门打开的时间，这个时间有时可以长达 2 秒以上，而人手持相机可以达到的最长稳定时间为 1/30~1/60 秒，所以手不能长时间稳定地把握相机就会发生抖动，确定好在曝光时相机移动了，拍摄的图像就会模糊不清。另外，拍摄夜景时，在“夜景闪光”模式下需要的曝光时间远远大于 1/30 秒，这导致了手持相机拍摄也不能获得清晰的照片。

问 11-26　照片里的景物颜色与实物的景物颜色不一样，如何解决

故障现象：拍照时发现照片里的景物颜色和眼睛看到的景物颜色不一样，特别是室内及夜晚拍摄的照片，颜色变化更大。

解决过程：这主要是由于相机的白平衡没有调节好造成的。可以使用相机的白平衡自定义功能来准确调节，具体操作方法是：将相机对准拍摄现场白色的物体，然后半按下快门，此时，相机会自动记录这种光线下白色的状态，依据这个数值，就可以在接下来的拍摄下中正确的对色彩进行还原了。

故障点评：白平衡即 white balance，物体颜色会因投射光线颜色产生改变，在不同光线的场合下拍摄出的照片会有不同的色温。例如以钨丝灯（电灯泡）照明的环境拍出的照片可能偏黄，一般来说，CCD 没有办法像人眼一样会自动修正光线的改变。所以通过白平衡的修正，它会按目前画像中图像特质，随即调整整个图像红绿蓝三色的强度，以修正外部光线所造成的误差。一般而言，白平衡有多种模式，以适应不同的场景拍摄，比如：自动白平衡、荧光白平衡、室内白平衡，有些数码相机（如图 11-44 所示）除了设计自动白平衡或特定色温白平衡功能外，也提供手动白平衡调整功能。

图 11-44 佳能 A520 数码相机

问 11-27 照片因为难看的“红眼”影响了整体效果，如何解决

故障现象：为女儿拍了很多照片，却发现多数照片上的眼睛是红色的，使得照片因为难看的“红眼”影响了整体效果。

解决过程：对这种“红眼”的现象相信大多数摄影初学者都不会陌生，“红眼”现象的产生是由于闪光灯的闪光轴与镜头的光轴距离过近，在外界光线很暗的条件下人的瞳孔会相应变大，当闪光灯的闪光透过瞳孔照在眼底时，密密麻麻的微细血管在灯光照应下显现出鲜艳的红色而反射回来，在眼睛上形象“红点”的现象，就是常说的“红眼”。

如今许多 DC，在设计上比较重于轻薄短小、携带方便，因此闪光灯距离镜头都比较近。特别是某些“傻瓜式”相机的内置闪光灯（如图 11-45 所示）就在镜头旁边，而有些“单反”相机虽然具备“机顶灯”，但其距离镜头也依然比较近。

总之，只要是镜头与闪光灯之间的夹角设计得太小，就很容易形成恼人的“红眼”现象。针对这种“红眼”现象，许多数码相机也作了相应的“对策”。如通过闪光灯的“预闪”，促使瞳孔做某种程度的收缩，以减少反射回来的红光。这种方法虽然可以有效地减少“红眼”现象，而实际效果上也是极其有限，并不能真正完全消除或是避免“红眼”现象的发生。比较有效的方法是使用漫射光线，让闪光灯做某种程度的折射（如先照向天花板，再折射于人身上），或是利用外部的闪光灯（如图 11-46 所示），加大镜头与闪光灯之间的距离，可以有效地消除“红眼”。

图 11-45 数码相机内置闪光灯

图 11-46 数码相机外接闪光灯

故障点评：“红眼”现象的产生是因为镜头与闪光灯之间的夹角设计得太小，所以在选购数码相机是尽量选择镜头与闪光灯距离相对较大的机器，或者尽量在光亮足够强的情况下拍摄照片，一旦发现拍成的照片有“红眼”现象，还有一种补救的办法，是采用具有“去红眼”功能的软件，对照片进行二次加工即可消除“红眼”。

11.3　数码摄像机使用技巧

问 11-28　数码摄像机产品各有什么特点

答：数码摄像机（Digital V）产品一般可分为 Mini DV、Digital 8 DV、超迷你型 DV、数码摄录放一体机、DVD 摄像机、硬盘摄像机和高清摄像机七类，是依据他们使用的存储介质的不同而划分的。下面分别进行介绍：

Mini DV 型（如图 11-47 所示）是采用 Mini DV 磁带（即 1/4 英寸的金属磁带）记录高质量的数字视频信号。DV 格式是一种国际通用的数字视频标准，其特点是：影像清晰，水平解析度达到 500 线，可产生无抖动的稳定画面。DV 录制的音频可以达到 VCD 的音频效果，质量优于 FM 广播。DV 的体积小巧，重量轻，方便携带，采用 IEEE 1394 端口或是 USB 端口连接个人电脑，并可把 DV 上音视频转化为数字格式，在电脑上进行编辑，可以方便轻松地制造自己的电影和音像制品。DV 转录后的视频文件为 AVI 格式，图像和声音效果出色，但占用的空间也非常大。

图 11-47　三星 mini 摄像机

Digital 8 型（如图 11-48 所示）采用的是 D8 磁带（8 毫米的金属磁带）记录数字视频信号，与以往的 Hi8 和 V8 录像带通用，只不过在 HI8 基础上加入数码技术，水平清晰度与 DV 带一样也能达到 500 线。代表性产品 SONY 公司生产。Digital 8 型产品有个好处，就是其光学变焦都比较大，价格也便宜，看重这一点又不在乎体积的还是可以考虑的。不过，现在连 SONY 自己都不再研发 D8 了，所以不推荐购买。

超迷你型 DV（如图 11-49 所示）是采用 SD 或 MMC 等存储卡保存数字视频信号的。记录的文件格式为压缩格式。录音系统属于双声道录音，具备静态拍摄功能。由于它的感光器件是采用 CMOS 而非 CCD，所以成像质量不如 CCD 感光器件的 DV。但是，它具有比

CCD 感光器件的机器价格低，节省电源，体型小巧等优点，缺点是这类产品成像质量不高，而且多数没有光学变焦功能。

图 11-48 Digital 8 型摄像机

图 11-49 Canon 数码摄像机

数码摄录放一体机又被称为 DVCAM（如图 11-50 所示），源自其采用 DVCAM 格式（索尼公司）作为视音频储存介质。DVCAM 的性能和 DV 几乎相同，只是二者磁迹的宽度不同，DVCAM 的磁迹宽度为 15 微米，而 DV 的磁迹宽度为 10 微米；记录速度和记录时间也不同，DV 带是 60~276 分钟的影音，而 DVCAM 带可以记录 34~184 分钟，目前，能用 DVCAM 的机器只有索尼公司的几个型号，并不普及，市面上也不多见。

图 11-50 Sony DVCAM 摄录一体机

DVD 数码摄像机（光盘式 DV）（如图 11-51、图 11-52 所示）是采用 DVD-R、DVR+R 或 DVD-RW、DVD+RW 格式存储视频图像的。这种机器拍摄后可直接通过 DVD 播放器播放，操作简单、使用方便，即便不太懂 PC 知识也同样可以玩转 DVD 数码摄像机。由于 DVD 格式是目前最通用的兼容格式，因此 DVD 数码摄像机也被认为是未来家庭用户的首选。但 DVD 数码摄像机与 Mini DV 的用法不尽相同，在拍摄之前，应先放入 DVD 光盘，如果使用 DVD-RW 可擦写光盘，还要对光盘进行初始化，拍摄过程中要选择是用 DVD-Video 还是用 DVD-Video Recording 的拍摄格式，拍摄完成之后要进行“光盘封口”操作，不然光盘就不能直接在 DVD 播放器上播放。目前在单层、单面的 DVD 光盘片上可储存达 1.4GB 容量的数据；如使用单层双面的 DVD 光盘片，可储存至 2.8GB 容量的数据。

图 11-51　Cannon DVD 摄像机

图 11-52　Sony DVD 摄像机

硬盘摄像机（如图 11-53、图 11-54 所示）是采用硬盘作为存储介质保存视频图像的。硬盘摄像机好处很多，比如外出拍摄时无需携带大量 MiniDV 磁带或 DVD 光盘，大容量硬盘摄像机还能够确保长时间拍摄，也不像 Mini DV 摄像机那样需要烦琐、专业的视频采集设备，仅需一根 USB 连线就可以轻松完成与电脑连接传输、编辑视频数据。目前硬盘容量有 20GB、30GB 和 60GB，还可以使用微型硬盘。微型硬盘体积和 CF 卡一样，卡槽可以和 CF 卡通用，比磁带和 DVD 光盘体积还小，使用时间上也是众多存储介质中最长的。

当然，由于硬盘式 DV 产生的时间并不长，还多少存在着一定的不足：如怕震动、价格高等。从目前来看，硬盘式数码摄像机更适合那些有大量拍摄需求、且懂得如何保护硬盘和熟悉 PC 的人群。

图 11-53　Sony 硬盘摄像机

图 11-54　JVC 硬盘摄像机

高清摄像机（High Digital V，简称 HDV）（如图 11-55 所示）支持 1080i/1080P 标准——国际上认可的数字高清晰度电视标准。其中字母 i 代表隔行扫描，字母 P 代表逐行扫描。而 1080 则代表垂直方向所能达到的分辨率。1080P 是目前最高规格的家用高清信号格式。高清摄像机标准的概念是要开发一种家用便携式摄像机，可以方便地录制高质量、高清晰的影像，保证拍摄效果的“原汁原味”，播放录像的时候也不降低图象质量。

按照该标准，可以在常用的 DV 带上录制高清晰画面，音质也更好。采用该标准摄像机拍摄出来的画面可以达到 720 线的逐行扫描方式（分辨率为 1280×720）以及 1080 线隔行扫描方式（分辨率 1440×1080）。

2004 年，索尼发布了全球第一部民用高清数码摄像机 Handycam HDR-FX1E（如图 11-56 所示），这是一款符合 HDV1080i 标准的高清数码摄像机，从此拉开了高清数码摄像机（HDV）向民用市场普及的序幕。

图 11-55　硬盘高清先锋——索尼 HDR-SR1E 摄像机

图 11-56　Sony Handycam HDR-FX1E 摄像机

问 11-29　什么是数码摄像机的水平清晰度

答：电视的画面清晰度是以水平清晰度作为单位的，这个单位称为“电视行（TV Line）”也称为“线”。电视上的画面以水平方向分割成很多“线”，“线”数越多，画面就越清晰。当我们把用摄像机（如图 11-57 所示）拍摄的影音信号在电视上播放时，需要将影音信号换算成与电视相同的水平清晰度。一般的数码摄像机都标明了水平清晰度的大小，普遍等于或者高于 500 行线数。模拟信号的摄像机最多能有 240 线的清晰度，S-Video 清晰度在 350 线以上。而一些中档以上的数码摄像机，实际的水平清晰度最高可达 575×4/3=766 线。“线”数受到限制的另一个因素是带宽，如 6MHz 带宽可通过水平分解力为 480 线。数码摄像机记录信号的彩色带宽为 1.5MHz，是模拟记录方式的 3 倍，水平清晰度达到 500 线以上，与 DVD 的影像质量相当。

图 11-57　索尼 HC3E 数码摄像机

问 11-30　什么是数码摄像机的“夜摄”功能

答：数码摄像机在黑暗地方或者光线不足（周围环境的亮度很低）的情况下，能够以特殊的设置其功能，补偿画质的损失，这种功能被称为“夜摄”功能。为了能够在夜晚或昏暗的环境下，拍摄出画质清晰的影像，各数码摄像机生产厂商想尽办法，争相把加强“夜摄”功能作为突破技术手段之一。目前绝大多数数码摄相机（如图 11-58、图 11-59 所示），都具备“夜摄”功能。“夜摄”功能主要有：红外“夜摄”、彩色“夜摄”和“夜眼”功能。作为数码摄像机的一项重要功能，不少数码摄像机本身就能够自动发射出红外线来拍摄周围 10 英尺（约 3 米）范围内的影像。

图 11-58　索尼 DCR-SR100E 数码摄像机

图 11-59　红外夜视彩色摄像机

问 11-31　为何数码摄像机还具有模拟视频输出/输入端口

答：通过数码摄像机的模拟视频输出/输入端口，可以直接把 DV 带上的内容在电视上播放，因为一般的电视机，只接收模拟信号，而存放在 DV 带上的数字信号需要转换为模拟信号才能被电视机接收，此时为模拟视频输出；反之，以信号线把电视机和数码摄像机连接起来，数码摄像机就能用 DV 带录下电视节目，这个过程就是模拟信号转化为数字信号的过程，此时为模拟视频输入。

一般的数码摄像机都有两个模拟转换接口，一个为普通的信号端口，另一个是 S 端子复合插头。使用 S 端子复合插头，更有利于获得优质图像。连接视频的插头，一般为黑色。

问 11-32　什么是 DV 的光学“防抖动”和电子“防抖动”功能

答：在拍摄影像时，持机的手臂常常不可避免地发生抖动，使拍摄出来的影像画面模糊不清，从而直接影响了拍摄效果。因此，很多 DV 生产厂家（如图 11-60 所示）都将具有“防抖动”功能设为数码摄像机所必须具备的功能。DV 的“防抖动”功能通常有两种：其一是光学“防抖动”；其二是电子“防抖动”。光学防抖动效果要明显好于电子防抖动。

光学防抖动是机械式的防抖动，它是在镜头随手臂一起抖动时，自动调节镜头中的镜片位置来消除抖动的影响，使得拍摄的画面清晰稳定。各种品牌的 DV 差不多都具有光学防抖动功能。电子防抖动是采用总像素更大的 CCD 来扩大成像面积，从而抵消因手抖所引起的图像损失。

当前市场上销售的 DV 产品，基本上也都具有电子防抖动动功能。

图 11-60 JVC MG505AC 数码摄像机

问 11-33 数码摄像机的模拟音频输入/输出是否用于传输声音

答：是的。通常用的磁带录音机，就是通过声音波段，决定不同磁带上磁粉的多少而造成声音的差别，这就是音频的模拟信号。而数码摄像机（如图 11-61 所示）是把声音转化为数字信号储存在 DV 带上，和模拟视频输出/输入的原理一样，音频也要通过音频输入/输出端口将数字信号转成模拟信号，或将模拟信号转成数字信号。

大部分的数码摄像机的录音系统为 PCM 立体数码录音系统，PCM 是脉冲编码调制的总称。可选择 12 比特（录音频率为 32KHz，双声道）和 16 比特（录音频率为 48KHz，双声道）两种不同模式进行录音。16 比特的清晰度高于 12 比特，而且 16 比特的录音效果可以比拟高音质的 CD。在数码摄像机进行录音的时候，PCM 录音系统可以 5 倍的压缩率采集声音，并以数字形式将声音储存在 DV 带上。

图 11-61 松下 GS158GK 数码摄像机

问 11-34 摄像的同时同期录音声音效果是否好

答：数码摄像机的另一个重要功能就是在摄制影像的同时还可以进行声音的录制，所以麦克风（话筒）也是数码摄像机的主要部件之一，其录音功能的好坏直接影响摄像的质量。

数码摄像机的麦克风分内置和外置（如图 11-62~图 11-65 所示）两种。一般家用型或非专业型产品，为节省空间，方便携带，麦克风都是内置的，缺点是可能会在录音的同时录下机器的转动声音，这些噪音在后期制作中很容易分辨，却很难分离掉。在众多数码摄像机中，松下机型的内置麦克风功能最多，并给摄像、录音都加上了 Zoom Mic 功能，当用远摄镜拍摄较远人物的时候，麦克风可以随镜头变焦，缩窄收音范围，从而减少噪音；收音方面也具有 Wind Cut 功能，可减少因风声过大引起的噪音。

对于专业的数码摄像机来说，通常使用的都是外置麦克风，外置的麦克风有一点好处，就是可以避免录下机器转动的声音，外置麦克风上的隔风层，能够减少空气流过的声音。当然，很多数码摄像机，都可以另外配置一个变焦麦克风，提高录制的声音质量。

图 11-62　索尼 S930C 外接麦克风

图 11-63　索尼 ECM-MS908C 外接麦克风

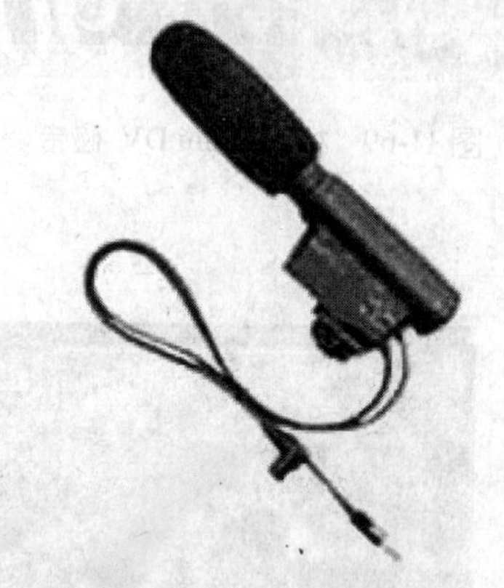

图 11-64　松下 VW-VMS2E 麦克风

图 11-65　JVC MZ-V3U 外接麦克风

问 11-35　数码摄像机的存储介质和数码相机是否一样，且都使用存储卡

答：不太一样。数码摄像机除 DVD 摄像机（如图 11-66 所示）和硬盘摄像机以外，一般都采用磁带来存储视频和音频信号。因为数码视频和音频文件需要占用很大的空间容量，所以一般是以数字格式存储在磁带上。有些数码摄像机增加了存储卡插槽，目的是为了更方便提取静态图片，同时也强调了摄像机的多用性。

数码摄像机常用的磁带有 Mini DV 磁带（如图 11-67~图 11-70 所示）、Micro MV 磁带（如图 11-71 所示）和 DVCAM 磁带 3 种。

图 11-66 三星 VP-DC565Wi 数码摄像机

图 11-67 Sony Mini DV 磁带

图 11-68 TDK Mini DV 磁带

图 11-69 松下 Mini DV 磁带

图 11-70 JVC Mini DV 磁带

图 11-71 Sony Micro MV 磁带

问 11–36 数码摄像机如何与电脑连接

答：数码摄像机通常是与电脑上的 IEEE 1394 接口（如图 11-72 所示）连接来实现数据传输的。一般新型号的笔记本电脑都具备 IEEE 1394 接口，用一根 IEEE 1394 电缆线分别连接摄像机的 DV 端口和电脑上的 IEEE 1394 接口。但一些早期的台式机的主板一般没有 1394 接口，需要另外购买一块带 IEEE 1394 接口的视频采集卡，插在主板的 PCI 槽上。

有些数码摄像机还可以通过 USB 接口与电脑连接，如 JVC 公司的 Mini DV 数码摄像机 GR-D 系列（GR-D30 除外）、GR-DX 系列和 GR-DV 系列都可以通过 USB 接口用摄像机自

带的连接线与电脑连接即可。用随机提供的影像编辑软件 ImageMixer 可方便地将影像输入电脑。

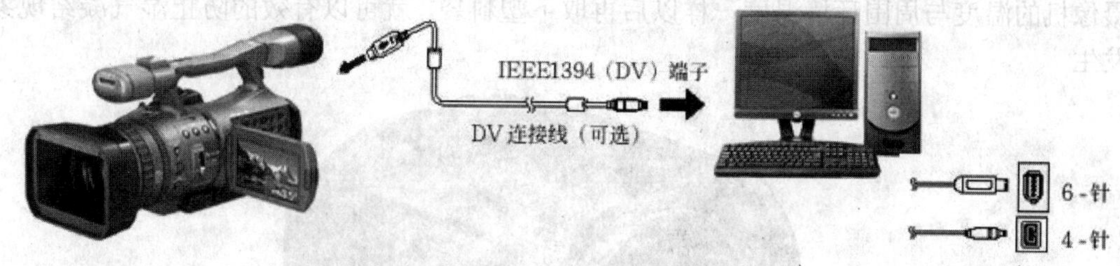

图 11-72 数码摄像机与电脑连接示意图

问 11-37 如何将数码摄像机摄制的动态影像制作成 VCD

答：首先要将所拍摄的动态影像信号输入电脑，然后用影像编辑软件进行编辑后，转换成 MPEG1 的影像格式，保存在电脑中，再用相应的 VCD 制作的刻录软件，将 MPEG1 的影像文件转换成 VCD 格式，最后刻录成 VCD 光盘即可。

11.4 数码摄像机故障排除

问 11-38 数码摄像机有时不能正常打开是何原因

解决过程：首先检查电源，如果是使用电池做电源，则将已经充好电的电池组装入摄像机，若使用交流适配器做电源，则需要检查是否接好了交流电，此时打开摄像机后，若机器仍无法操作，就要重新取出电池组或断开电源，等待 1 分钟后重新连接。如果仍然无法工作，可以试着使用尖头物体按一下机身上 reset 按钮，问题一般就可以解决了。如果仍然不能解决问题，只能送维修部请专业技术人员进行修理。

故障点评：电池组已经放电、电量低或未装在摄像机内，都可能导致上述问题出现。

问 11-39 按下摄像键，数码摄像机没有反应是何原因

解决过程：引起这种现象的原因可能有 3 种：

第一，没有事先把模式转盘拨到“摄像档”。

第二，录像带用完了，这种情况按下摄像键自然不起作用。

第三，可能是因为湿气凝结使得摄像带与摄像机的磁鼓粘连在一起，摄像机开启了自动保护功能，摄像键按钮暂时失效，此时，需要退出录像带，把摄像机放在干燥通风的地方插上电源保持一小时以上，问题基本可以解决。

故障点评：当下雨后或者高温高湿的环境下使用数码摄像机（如图 11-73 所示）时，或冬天把数码摄像机从外面寒冷的天气中拿到温暖的房间里时，都很容易发生第 3 种情况，所以使用时应特别注意避免发生这种情况。即便必须要把摄像机从寒冷的地方拿到温暖的地

方，也要提前做好保护工作，可以在寒冷的环境中先将数码摄像机装在塑料袋中，然后密封好，拿到温暖的环境中不要马上打开，而是等待一段时间（一般为 1 小时左右）以后，当摄像机的温度与周围环境温度一样以后再取下塑料袋，就可以有效的防止湿气凝结现象的发生。

图 11-73 JVC 硬盘高清摄像机

问 11–40 打开摄像机接通电源，准备拍摄时却发现取景器中有正常的光栅显示却没有图像，是何原因

解决过程：首先检查是否已经取下镜头盖，如果是因为没有取下镜头盖导致此种现象，那么问题太简单了。如果不是就要检查摄像机的“VFPW—SAVE”（取景器节电）项目是否设定为“ON”，如果是，就将它设定为“OFF”。如果问题还没有解决的话，就要检查是否取景器发生了故障，如果最后证明确实是取景器故障，也只好送专业维修部处理。

故障点评：有些数码摄像机（如图 11-74 所示）设有“VFPW-SAVE”（取景器节电）项，设定为“ON”时，取景器处于节电状态，即当摄像者的面孔离开取景器时，取景器中的影像会自动消失，同时电源也自动关闭。

图 11-74 佳能 MV850i 数码摄像机

问 11–41 为何有时用取景器取景时看到的影像模糊不清

解决过程：一般摄像机在取景器（如图 11-75 所示）的两侧都有一个小小的调节旋钮，这是为了适应不同视力的人而专门设计的，在拍摄前使用者应根据自己的视力情况进行调节，经过调整以后，取景器中的影像就会变得十分清晰了。

还有一种情况是自动聚焦不清晰，当拍摄表面黑暗的物体、有光泽或反射光太强的物体、反差太小的物体、快速移动的物体、一部分靠近摄像机而另一部远离摄像机的物体时，自动聚焦功能会使摄像机聚焦不准，也会出现影像模糊的情况，这时，使用手动聚焦功能就可以有效地避免影像模糊。

另外，在长时间静止拍摄后，自动聚焦马达会进入短暂的自动停机保护状态，再移动拍摄其他物体时，摄像机也可能聚焦不清；这时，只要按动推拉按钮进行变焦或快速移动摄像机就可以激活聚焦马达，使自动聚焦开始工作，影像也就随之清晰了。

故障点评：使用机器前应仔细阅读说明书，这种故障是由于使用者不太熟悉具体某一款摄像机的功能设置所致。

图 11-75 SONY 摄像机

问 11–42 回放的图像上出现横线或短暂的马赛克，有时声音也出现中断现象，是何原因

解决过程：笔者估计，这个问题可能是磁头使用时间长了出现了灰尘覆盖所致。解决方法：使用专门的清洁带清洁磁头，或者使用棉球蘸无水乙醇来轻轻地擦洗磁头。擦拭时，切记不可用手或其他硬物触及磁头，以免划伤磁头。当数码摄像机使用了很长时间后，清洁带也不起什么作用时，可能是磁头已经比较严重地磨损了，这时就只能换一个新的视频磁头了。

建议：以后每拍摄 10 小时左右就要清洁一次视频磁头，这样可以保证你一直可以获得满意、清晰的拍摄效果。

故障点评：这种情况一般是由于数码摄像机的视频磁头由于拍摄时间过长，导致被灰尘覆盖。

问 11-43 最近购买的数码摄像机，录像以后回放磁带时，发现录制的节目全部呈现出马赛克现象，是何原因

解决过程：开始以为是机器的故障，于是将机器倒回前面重新播放，问题依旧。又怀疑是磁带坏了，把以前拍摄的 DV 带进行播放，依旧为马赛克现象。将 DV 与电脑连接进行视频采集，采集的视频画面也都充满了马赛克图像。因机器是最近购买的，应排除磁头老化的可能性，那么问题应该出现在磁带上。是不是磁带的质量低劣而将磁头损伤呢？先清洗磁头试试吧，于是将随机赠送的清洗带放入机器并将 DV 设置为 VCR 模式并进行播放，清洗了两次以后重新开机使用 DV 播放器，发现图像依旧，看来问题并没有得到解决。若继续使用 DV 带进行清洗，又担心清洁带磨损磁头。是否可以参照解决录像机播放雪花问题的方法，放入一盘空录像带，快进快退几次呢？于是找来一盘空白 DV 带放入 DV 中，来回运行了几次以后，再将自己以前拍摄的 DV 带放入回放，液晶屏幕显示出清晰的画面，故障解决啦！

故障点评：数码摄像机的视频磁头比较容易受损，在选用磁带时一定要严格把关，千万不能贪便宜而购买劣质产品，也不能多次反复使用同一盘磁带，这样非常容易磨损磁头，同时也会因为磁粉脱落而造成磁头变脏。最后就是当机器播放画面出现问题时，可以采取用清洗带清洗、或者按上述方法来解决。

问 11-44 在使用 1394 卡对数码摄像机进行视频捕捉时总是出现丢帧的现象，如何解决

解决过程：很多图像处理软件在进行视频捕捉时都会在状态栏上给出丢帧提示，有时候是确实丢帧，而有时候则不是，判断是否真正丢帧的方法为是：显示该丢帧提示的数值若为 0，则不是真正丢帧，数值若不为 0，则确实存在丢帧现象。造成此现象的原因和解决办法如下：

（1）操作系统版本低或没有安装相应的补丁程序。

解决办法：升级操作系统或安装相应的补丁程序。建议使用 Windows 2000/XP 系统和安装 DirectX 8.0 以上的插件程序。

（2）电脑系统中碎片太多，在进行大数据量传输时对传输的数据产生影响。

解决办法：采集图像前先进行磁盘碎片清理操作。

（3）1394 卡的 IRQ 号与其他设备的 IRQ 号相同，造成两个设备相互干扰，使图像丢帧。

解决办法：给 1394 卡单独设置一个 IRQ 号。

（4）硬盘没有选择 DMA 功能。

解决办法：以 Windows XP 系统为例，“开始”→“控制面板”（如图 11-76 所示）→“系统”→“设备管理器”→“IDE ATA/ATAPI 控制器”→“主要 IDE 通道”（如图 11-77 所示）→“高级设置”界面（如图 11-78 所示）中“传送模式”栏，选“DMA 模式”（如图 11-79 所示）；

（5）在进行视频采集时同时进行了其他操作。

解决办法：单独进行视频采集工作，不要同时进行其他操作并尽可能关闭防火墙之类的后台程序。

故障点评：在使用图像处理软件之前，应先熟知该软件的使用方法，对待出现的问题认真分析，最好使用数码摄像机厂商推荐的图像处理软件。

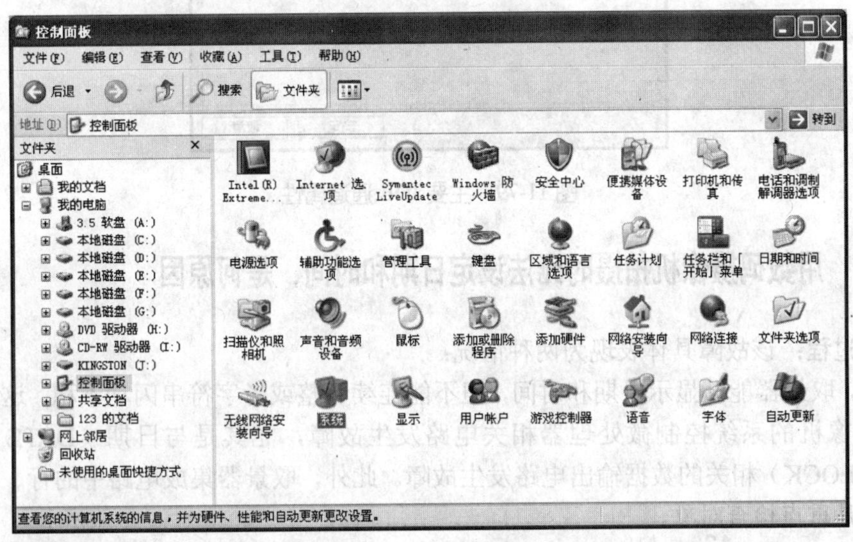

图 11-76　控制面板窗口

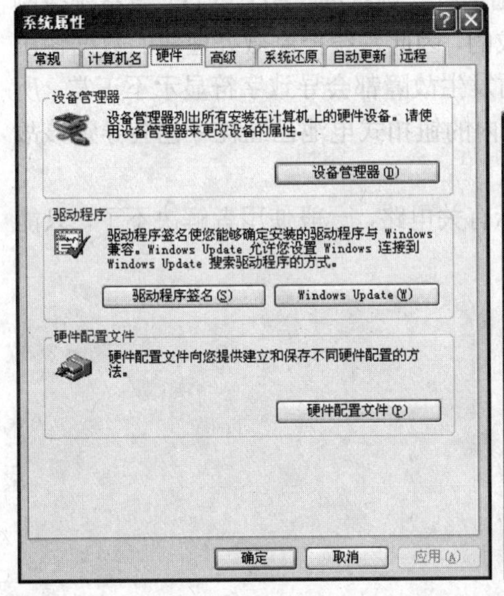

图 11-77　系统属性

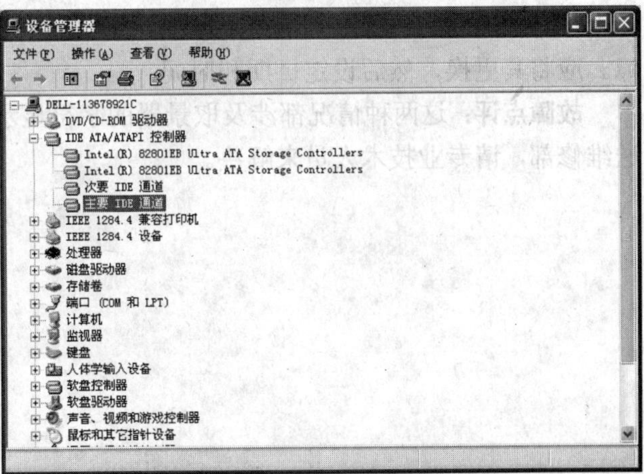

图 11-78　设备管理器窗口

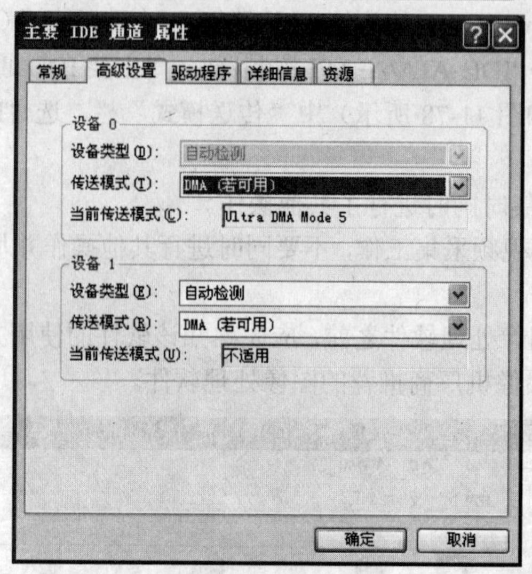

图 11-79 主要 IDE 通道属性

问 11−45 用数码摄像机拍摄时无法设定日期和时间，是何原因

解决过程：该故障具体表现为两种情况：

第一，取景器能够显示日期和时间，但不能连续调整或者字符串闪动不稳。这种情况多是因为摄像机的系统控制微处理器相关电路发生故障，尤其是与日期（DATE）和时间（TIMECLOCK）相关的数据输出电路发生故障。此外，取景器集成电路中的行、场脉冲输出电路也是重点检查对象。

第二，取景器不能够显示日期和时间，当然也无法设定日期和时间了。

由于取景器字符显示功能是通过取景器电路输出的行、场脉冲（HD、VD）与系统控制微处理器输出的数据共同作用下，通过屏幕显示完成的，因此系统控制微处理器的数据输出电路以及取景器电路的行、场脉冲电路，无论哪方面发生故障都会导致字符显示不正常，所以上述有关电路应进行重点检查。此外，数码摄像机内的钮扣式电池已经耗尽也会导致该故障。应将其更换，然后设定日期和时间。

故障点评：这两种情况都涉及取景器的字符显示有关电路，一般使用者解决不了，只能送维修部，请专业技术人员来解决。